Basistraining

|Mathematik|

Übungsmaterialien

Oberstufe

2

Basisaufgaben

1 Äquivalenzumformungen: Kreuzen Sie alle Äquivalenzumformungen an.

Zwei Seiten einer Gleichung werden vertauscht.	
Eine Gleichung wird durch die Summe dieser Gleichung mit einer anderen Gleichung ersetzt.	
Eine Gleichung wird durch die Differenz dieser Gleichung mit einer anderen Gleichung ersetzt.	
Eine Gleichung wird mit einer beliebigen reellen Zahl c multipliziert.	
Die linke Seite einer Gleichung wird mit einer Zahl $c \neq 0$ multipliziert.	
Zwei Gleichungen werden ersetzt durch die Summe mit der jeweils anderen.	

Zusatzaufgabe: Erläutern Sie bei anderen Umformungen, warum es sich nicht um Äquivalenzumformungen handelt.

2 Das lineare Gleichungssystem ist in Zeilenstufenform gegeben.
Ordnen Sie jeweils die richtige Lösung zu.

A $x + y + 5z = 19$
$2y + 7z = 22$
$3z = 6$

B $-2x + y + 6z = -7$
${-y} + 3z = 2$
$2z = -2$

C $2x + 3y + 4z = 2$
${-y} - 2z = -\frac{1}{6}$
$6z = -\frac{3}{2}$

☐ $L = \{(1 \,|\, 4 \,|\, 5)\}$ ☐ $L = \{(5 \,|\, 4 \,|\, 2)\}$ ☐ $L = \left\{\left(\frac{1}{2} \,\middle|\, \frac{2}{3} \,\middle|\, -\frac{1}{4}\right)\right\}$ ☐ $L = \{(-2 \,|\, -5 \,|\, -1)\}$ ☐ $L = \left\{\left(-\frac{1}{2} \,\middle|\, \frac{1}{3} \,\middle|\, -\frac{1}{4}\right)\right\}$

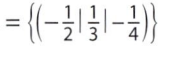

3 Ordnen Sie dem Gleichungssystem jeweils die Lösung zu.

A $4x + 3y - 2z = 5$
$2x - y + z = 9$
$x + 5y - 4z = -10$

B $-3x + 7y - 2z = 24$
$2x - 5y + z = -17$
$x + 4y - 6z = -2$

C $-9x + 7y - 8z = -37$
$8x - 13y + 6z = 7$
${-4x} + 5y - 3z = -8$

$x - 2y + 3z = -1$
$y + 3z = 10$
$z = 2,$
$z = 2, y = 4, x = 1$

☐ $L = \{(2 \,|\, 3 \,|\, 5)\}$ ☐ $L = \{(5 \,|\, -3 \,|\, 3)\}$ ☐ $L = \{(3 \,|\, -1 \,|\, 2)\}$ ☐ $L = \{(-4 \,|\, 2 \,|\, 1)\}$

4 Lösbarkeit linearer Gleichungssyteme: Vervollständigen Sie mithilfe der Buchstaben:

Ein lineares Gleichungssystem kann ____ , ____ oder ____ Lösungen haben. Ein lineares Gleichungssystem hat keine

Lösung, wenn sich ____ ergibt; es hat ____ Lösungen, wenn es ____ Variablen als Gleichungen gibt (z. B. weil eine

Zeile ____).

Wenn sich ____ und ____ ergibt und die Anzahl der Variablen mit der Anzahl der ____ übereinstimmt, hat das lineare

Gleichungssystem eine eindeutige Lösung.

A kein	B keine	C eine	D zwei	E drei	F unendlich viele	G mehr

H weniger	I genauso viele	J ein Widerspruch	K eine Zeilenstufenform	L kein Widerspruch

M keine Nullzeile	N ein Vielfaches einer anderen Zeile ist	O Gleichungen	P Nullzeilen	Q eine Nullzeile

5 Geben Sie jeweils die Lösungsmenge des linearen Gleichungssystems an.

a)
$$\begin{vmatrix} 2x + y - z = 2 \\ 5y - 2z = 4 \\ 4z = 32 \end{vmatrix}$$

b)
$$\begin{vmatrix} 2x + y - 2z = 8 \\ 3y + 6z = 12 \\ 0 = 0 \end{vmatrix}$$

c)
$$\begin{vmatrix} 7x + 4y - 3z = 18 \\ 5y + 8z = 37 \\ 0 = 13 \end{vmatrix}$$

_____

_____

d)
$$\begin{pmatrix} 1 & 4 & 2 & | & 9 \\ 0 & 3 & 8 & | & 2 \\ 0 & 0 & 0 & | & 7 \end{pmatrix}$$

e)
$$\begin{pmatrix} 2 & 3 & -1 & | & -3 \\ 0 & 5 & -3 & | & -21 \\ 0 & 0 & 6 & | & 12 \end{pmatrix}$$

f)
$$\begin{matrix} x - y + z = 6 \\ 2x + ay + 2z = 9 \\ 3x - 2y - z = 9 \end{matrix}$$

_____

_____

6 Das lineare Gleichungssystem wurde in reduzierte Zeilenstufenform gebracht.
Geben Sie jeweils die Lösungsmenge des linearen Gleichungssystems an.

a)
$$\begin{pmatrix} 1 & 0 & 0 & | & 17 \\ 0 & 1 & 0 & | & 28 \\ 0 & 0 & 1 & | & 43 \end{pmatrix}$$

b)
$$\begin{pmatrix} 1 & 1 & 2 & | & 7 \\ 0 & 1 & 4 & | & 8 \\ 0 & 0 & 0 & | & 0 \end{pmatrix}$$

c)
$$\begin{pmatrix} 1 & 2 & 1 & | & 23 \\ 0 & 1 & 5 & | & 47 \\ 0 & 0 & 0 & | & 13 \end{pmatrix}$$

d)
$$\begin{pmatrix} 1 & -7 & 4 & | & 93 \\ 0 & 0 & 0 & | & 0 \\ 0 & 0 & 0 & | & 0 \end{pmatrix}$$

_____

Weiterführende Aufgaben

7 Der durchschnittliche Tagesbedarf eines Menschen an Vitamin C beträgt 110 mg. Mit einem 200-g-Smoothie soll der Tagesbedarf an Vitamin C exakt abgedeckt werden. Vervollständigen Sie die Sätze.

Vitamin C (in mg/100 g)	Orange	Paprika	schwarze Johannisbeere	Sanddorn
	50	120	180	450

a) Das ist möglich aus den ersten drei Sorten: 5g Paprika, 5g Johannisbeere und _____ Orange

b) Kreuzen Sie alle passenden Zusammenstellungen an.

☐ 184 g Orange, 3 g Paprika, 2 g Johannisbeere, 2 g Sanddorn

☐ 196 g Orange, 1 g Paprika, 1 g Johannisbeere, 2 g Sanddorn

☐ 184 g Orange, 4 g Sanddorn

Zusatzaufgabe: Geben Sie eine weitere Möglichkeit der Zusammenstellung an, sofern das möglich ist.

8 Ergänzen Sie jeweils die Lücken so, dass das lineare Gleichungssystem die vorgegebene Lösung hat.

a) $L = \{(3|-7)\}$

$$\begin{vmatrix} 4x + 2y = \underline{\quad} \\ 6x - y = \underline{\quad} \end{vmatrix}$$

b) $L = \{(2|-1|\underline{\quad})\}$

$$\begin{vmatrix} x + y - z = -2 \\ 2x + y + 3z = \underline{\quad} \\ \underline{\quad} \cdot x + y + z = 8 \end{vmatrix}$$

c) $L = \{(c - 1|1|\underline{\quad}) \,|\, c \in \mathbb{R}\}$

$$\begin{vmatrix} x + y - z = 0 \\ 2x + y - 2z = -1 \\ 4x - 4z = \underline{\quad} \end{vmatrix}$$

Basisaufgaben

1 Vervollständigen Sie die Tabelle.

Grad n			3	4
Allgemeine Funktionsgleichung n-ten Grades	$f(x) =$	$ax^3 +$		
Funktionswert an der Stelle $x = 0$	$f(0) =$			
Funktionswert an der Stelle $x = -1$	$f(-1) =$			
1. Ableitung	$f'(x) =$			
2. Ableitung	$f''(x) =$			
3. Ableitung	$f'''(x) =$			

2 Kreuzen Sie die richtige Anzahl an: Um eine ganzrationale Funktion n-ten Grades zu bestimmen, benötigt man ein Gleichungssystem mit ☐ $n - 1$ / ☐ n / ☐ $n + 1$ Gleichungen.

3 Der Graph einer ganzrationalen Funktion f dritten Grades besitzt den Hochpunkt $H(1\,|\,4)$; $x_N = -1$ ist Nullstelle und $x_W = 3$ Wendestelle von f. Stellen Sie das lineare Gleichungssystem auf, das sich aus dieser Beschreibung ergibt.

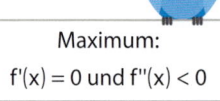

Maximum: $f'(x) = 0$ und $f''(x) < 0$

① Allgemeine Form einer ganzrationalen Funktion f dritten Grades mit Ableitungen:

$f(x) =$ _____

$f'(x) =$ _____

$f''(x) =$ _____

② Mithilfe der bekannten Eigenschaften ein lineares Gleichungssystem aufstellen:

$x_N = -1$ ist Nullstelle von f $f(-1) = 0$ $-a + b - c + d = 0$

$(1\,|\,4)$ ist Punkt des Graphen von f $f(\,\underline{\quad}\,) = 4$ _____

$H(1\,|\,f(1))$ ist Hochpunkt des Graphen von f $f'(1) = \underline{\quad}$ _____

$x_W = 3$ Wendestelle von f $\underline{\quad\quad} = \underline{\quad}$ _____

Zusatzaufgabe:

a) Überprüfen Sie, ob der Funktionsterm $x^3 - \frac{1}{8}x^2 + \frac{15}{8}x + \frac{25}{8}$ die geforderten Eigenschaften erfüllt.

b) Lösen Sie das LGS und geben Sie die gesuchte Funktion f an.

4 Die Abbildung zeigt den Graphen einer ganzrationalen Funktion f.

a) Begründen Sie, dass f mindestens vierten Grades sein muss.

_____

_____

b) Lesen Sie die Koordinaten des Hochpunktes und des Sattelpunktes ab. Stellen Sie ein lineares Gleichungssystem auf, mit dem man die Funktionsgleichung ermitteln kann.

_____

_____

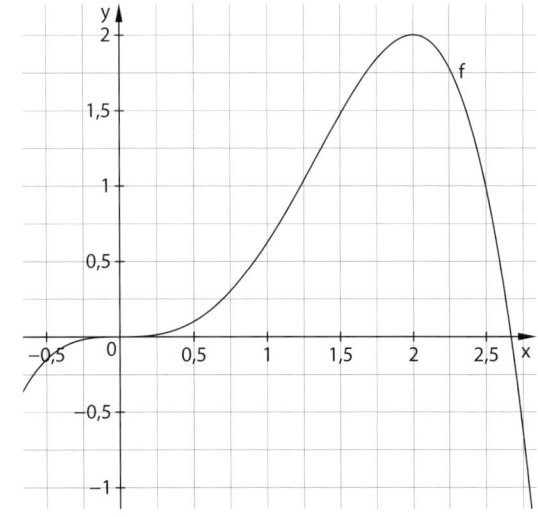

5 Bestimmen Sie den Grad, den die Funktion mit den geforderten Eigenschaften mindestens haben muss.

a) Hochpunkt H(3|0) und
Nullstelle x = 3

b) Wendepunkt W(3|0) und
Punktsymmetrie zum Ursprung

c) Hochpunkt H(3|0) und
Tiefpunkt T(−3|0)

d) Graph ist achsensymmetrisch
zur y-Achse mit Hochpunkt H
(3|0)

e) Graph ist achsensymmetrisch
zur y-Achse mit Wendepunkt
W(3|0)

f) Sattelpunkt S(3|0) und Graph
ist achsensymmetrisch zur
y-Achse

a) n = _____   **b)** n = _____   **c)** n = _____   **d)** n = _____   **e)** n = _____   **f)** n = _____

6 Das lineare Gleichungssystem rechts wurde auf der Grundlage von
Eigenschaften einer ganzrationalen Funktion f dritten Grades aufgestellt.
Formulieren Sie eine Beschreibung der Eigenschaften der Funktion f bzw.
ihres Graphen, die zu diesem linearen Gleichungssystem führt.

$$\begin{aligned} a + b + c + d &= 6 \\ 3a + 2b + c &= 0 \\ d &= 2 \\ 12a + 2b &= 0 \end{aligned}$$

_____

_____

_____

_____

7 Zu der Steckbriefaufgabe „Der Graph einer ganzrationalen Funktion dritten Grades besitzt den Tiefpunkt T(3|5) und
hat im Punkt P(2|3) die Steigung 3." wurde die Funktionsgleichung $f(x) = -x^3 + 6x^2 - 9x + 5$ ermittelt.
Überprüfen Sie, ob diese Funktion die geforderten Eigenschaften erfüllt.

_____

_____

_____

_____

_____

_____

_____

Weiterführende Aufgaben

8 Mit ganzrationalen Funktionen modellieren:
Die Abbildung zeigt eine Durchfahrt mit parabelförmigem Querschnitt, die Höhe beträgt 5 m und die Breite an der Basis 6 m.

a) Bestimmen Sie den Funktionsterm, der den parabelförmigen
Bogen beschreibt.

_____

b) Ein Lkw darf maximal 2,60 m breit und 4 m hoch sein.
Ein solcher LKW kann die Durchfahrt (theoretisch)
☐ passieren / ☐ nicht passieren.

Begründung:

_____

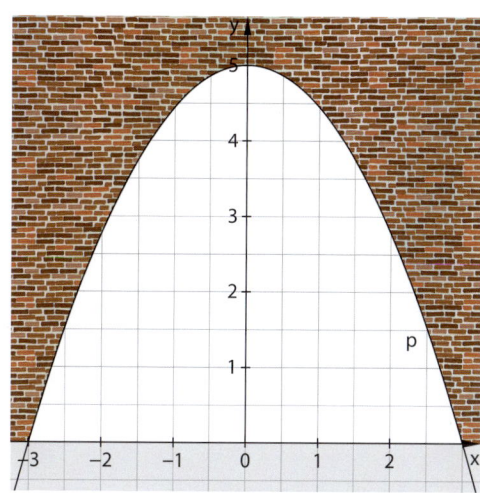

Basisaufgaben

1 Funktionen mit Parametern: Vervollständigen Sie die Tabelle für die Funktionen f_a und ihre Ableitungen.

	Für a allgemein	**Für a = 0**	**Für a = – 1**
$f_a(x)$	$ax^4 + a^2 x^3 - x + a^3$		
$f_a{}'(x)$	$4ax^3 + 3a^2 x^2 - 1$		
$f_a{}''(x)$			
$f_a{}'''(x)$			

2 a) Kreuzen Sie die erste und zweite Ableitung für $g_a(x) = x^3 + ax^2 + a^2 x + a^3$ an.

☐ $g_a{}'(x) = 3x^2 + 2ax + a^2$　　　　☐ $g_a{}'(x) = x^2 + ax + a^2$

☐ $g_a{}''(x) = 6x + 2ax$　　　　☐ $g_a{}''(x) = 6x + 2a$

b) Vervollständigen Sie dann für die Funktionen g_a die Tabelle für die Stelle $x_0 = 3$.

Für $x_0 = 3$	**Für a allgemein**	**Für a = 0**	**Für a = –1**	**Für a = 1**
$g_a(3)$				
$g_a{}'(3)$				
$g_a{}''(3)$				

3 Es gilt $f_a(x) = x \cdot (x - a)^2$. Ordnen Sie die Parameter den Graphen zu.
Ergänzen Sie den fehlenden Parameter.

$a = 2$	$a = \underline{\hspace{2cm}}$

$a = 3$	$a = \frac{1}{2}$

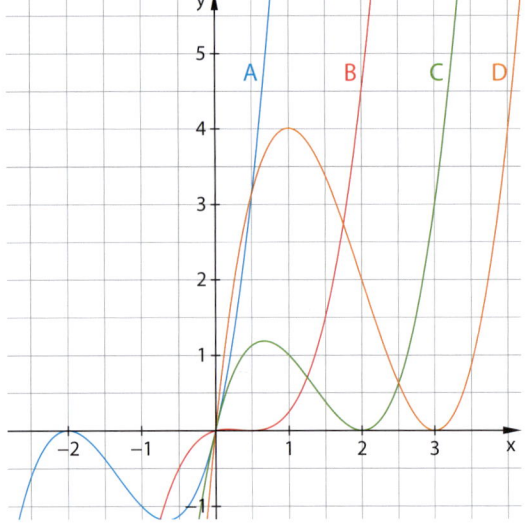

Zusatzaufgabe:
Erläutern Sie den Einfluss des Parameters auf den Graphen.

4 Gegeben sind die Funktionen f_a mit $f_a(x) = x^3 - 2ax^2$. Bestimmen Sie zu dem Parameter jeweils die Funktionswerte.

a	$f_a(0)$	$f_a(1)$	$f_a(10)$	$f_a(-1)$	$f_a(-10)$
0					
1					
$\frac{1}{4}$					

5 Bestimmen Sie Werte von a so, dass der Graph der Funktion f_a mit $f_a(x) = x^3 - ax$ den Punkt P enthält.

a) P(–1|2)　　　　**b)** P(2|0)　　　　**c)** P(2|10)　　　　**d)** P(0|0)

6 Kreuzen Sie an, was richtig ist, und vervollständigen Sie die Lösung.

Gegeben sind die Funktionen f_a mit $f_a(x) = x^3 - 2ax^2$ mit $a \neq 0$.

a) Bestimmen Sie alle möglichen Extremstellen von f_a. Kreuzen Sie an, was richtig ist.

Es ist

☐ $f_a'(x) = 2x^2 - 4a$ ☐ $f_a'(x) = 3x^2 - 4ax$ ☐ $f_a''(x) = 6x - 4a$ ☐ $f_a''(x) = 6x^2 - 4$

☐ Hinreichende / ☐ Notwendige Bedingung für einen Extrempunkt: $f_a'(x) = 0$

_____ $\Leftrightarrow$ $3x \cdot \left(x - \frac{4}{3} \cdot a\right) = 0$ $\Leftrightarrow$ $x =$ _____ oder $x =$ _____

b) Zeigen Sie, dass die Graphen von f_a für beliebige Werte von $a \neq 0$ alle einen Extrempunkt gemeinsam haben. Untersuchen Sie auch, welche Art von Extrempunkt hier vorliegt.

☐ Es ist $f_a'(0) = 0$ und wegen $f_a''(x) = 6x - 4a = 0$ für $x = \frac{2}{3} \cdot a$ ist der Punkt $S\left(0 \left| \frac{2}{3} \cdot a\right.\right)$ Sattelpunkt.

☐ Es ist $f_a'(0) = 0$ und wegen $a \neq 0$ ist $f_a''(0) = -4a \neq 0$. Also ist der Punkt $E(0|0)$ Extrempunkt.

☐ Für $a < 0$ ist $f_a''(0) = -4a > 0$ und E ist Tiefpunkt des Graphen, für $a > 0$ Hochpunkt.

c) Es gibt ☐ einen / ☐ keinen Wert von a, sodass f_a an der Stelle $x = 4$ ein Maximum besitzt.

Zusatzaufgabe:

Bestimmen Sie einen Wert von a so, dass der Wendepunkt des Graphen von f_a die y-Koordinate 54 hat.

Weiterführende Aufgaben

7 In der Abbildung sind für verschiedene Werte von a die Graphen der Funktionen f_a mit $f_a(x) = x^3 - 6x^2 + 12x - ax - 8 + a$ dargestellt.

a) Zeigen Sie, dass alle Graphen von f_a durch einen Punkt verlaufen.

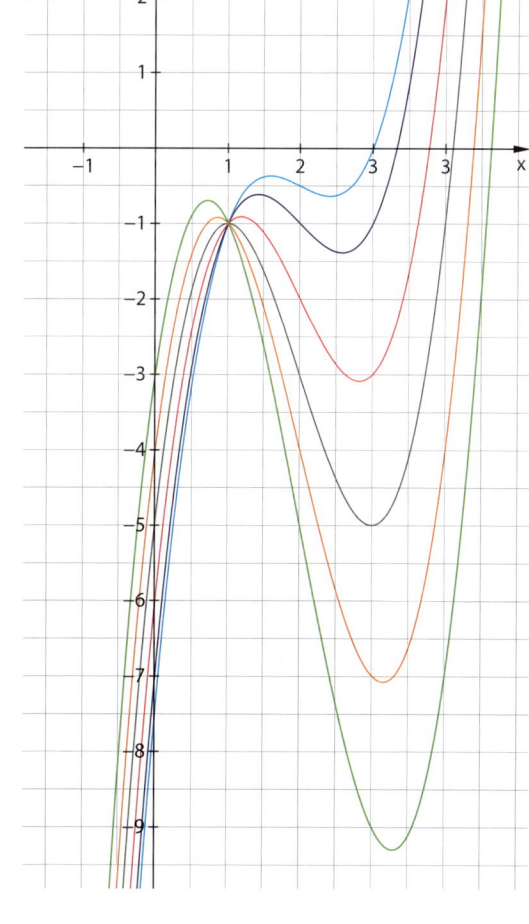

_____

_____

b) Für die Wendepunkte gilt:

☐ $x = 2$ / ☐ $y = 2$ / ☐ keine gemeinsamen Koordinaten

_____

_____

Zusatzaufgabe:

Geben Sie die Gleichungen der Wendetangenten an.

_____

_____

c) Bestimmen Sie die Extremstellen von f_a in Abhängigkeit von a.

$f_a'(x) =$ _____ $\Rightarrow x^2$ _____ $= 0$

$x_1 =$ _____ $x_2 =$ _____

$f_a''(x_1) =$ _____ $f_a''(x_2) =$ _____

_____

Basisaufgaben

1 Ordnen Sie den Funktionen die Ableitungsregel zu.

$f(x) = \frac{\cos(x)}{x^2}$

$f(x) = \sin(x) \cdot \sqrt{x}$

$f(x) = x^2 \cdot \sin(5x - 7)$

$f(x) = \sqrt{3x + 8}$

Produkt- und Kettenregel

Kettenregel

Produktregel

Produktregel nach Umformung anwendbar: $f(x) =$ _____

Kurzform Produktregel:
$(u \cdot v)' = u' \cdot v + u \cdot v'$

lineare Kettenregel:
$(g(a \cdot x + b))' = a \cdot g'(a \cdot x + b)$

2 Vervollständigen Sie die Tabelle.

$f(x) =$	$u(x) =$	$v(x) =$	$u'(x) =$	$v'(x) =$	$f'(x) = u'(x) \cdot v(x) + u(x) \cdot v'(x)$
$x^2 \cdot \sin(x)$					
$(x^2 + 3x) \cdot \sqrt{x}$					
$\cos(x) \cdot x$					
$\frac{1}{x} \cdot \sin(x)$					

3 Leiten Sie die folgenden Funktionen mit der Produktregel ab, multiplizieren Sie dann den Funktionsterm aus und leiten Sie das Ergebnis ohne Produktregel ab:

a) $f(x) = x^3 \cdot (x^2 - 4)$ $f'(x) = 3x^2 \cdot (x^2 - 4) + x^3 \cdot 2x$

$f(x) = x^5 - 4x^3$ $f'(x) =$ _____

b) $f(x) = \left(x + \sqrt{x}\right) \cdot \left(x - \sqrt{x}\right)$ $f'(x) =$ _____

$f(x) = x^2 - x$ $f'(x) =$ _____

c) $f(x) = \left(x - \sqrt{x}\right) \cdot \left(x - \sqrt{x}\right)$ $f'(x) =$ _____

$f(x) =$ _____ $f'(x) =$ _____

4 Vervollständigen Sie die Tabelle.

$g(z)$	$z = ax + b$	$f(x) = g(ax + b)$	
z^4	$3x - 10$		$f(4) =$
$\sin(z)$		$\sin(2x - \pi)$	$f\left(\frac{\pi}{4}\right) =$
	$11x - 8$	$\sqrt{11x - 8}$	$f(3) =$
$\cos(z)$	$\pi \cdot x$		$f(1,5) =$
$\frac{1}{z}$	$x^2 - 4$		$f(4) =$

5 Ordnen Sie den Funktionen ihre Ableitungen zu.

$f(x) = 3x^4 \cdot \cos(6x)$

$f'(x) = 2x^3 \cdot (2 \cdot \sin(6x) + 3x \cdot \cos(6x))$

$f(x) = x^4 \cdot \sin(6x)$

$f'(x) = \frac{1}{40}x^3 \cdot (4 \cdot \sin(6x) + 6x \cdot \cos(6x))$

$f(x) = \frac{1}{40}x^4 \cdot \sin(6x)$

$f'(x) = 12x^3 \cdot \cos(6x) + 3x^4(-6\sin(6x))$

6 Vervollständigen Sie die Tabelle.

$f(x) = g(ax + b)$	$z = ax + b$	$g(z)$	$g'(z)$	$f'(x) = a \cdot g'(ax + b)$
$(3x - 7)^5$				
$\sin(2x + 5)$				
$\sqrt{8x - 3}$				
$\dfrac{1}{(6x - 9)^3}$				

Weiterführende Aufgaben

7 Es soll gezeigt werden, dass der Graph der Funktion f mit $f(x) = x^2 \cdot \cos(x)$ den Tiefpunkt $T(0|0)$ hat.

  a) Berechnen Sie die Ableitungsfunktion f'.

    $f'(x) = $ _____

  b) Leiten Sie $f''(x) = -4x \cdot \sin(x) - x^2 \cdot \cos(x) + 2 \cdot \cos(x)$ her.

    $f''(x) = $ _____

  c) Zeigen Sie die Behauptung.

    _____

8 Zu zeigen ist, dass der Graph der Funktion f mit $f(x) = x^2 \cdot \sin(2x)$ den Sattelpunkt $S(0|0)$ besitzt.

  a) Berechnen Sie

    $f'(x) = $ _____

    _____

    $f''(x) = 2 \cdot \sin(2x) + 2x \cdot 2 \cdot \cos(2x) + 4x \cdot \cos(2x) + 2x^2 \cdot 2 \cdot (-1) \cdot \sin(2x)$

    $= $ _____

    $f'''(x) = $ _____

    $= $ _____

    $= -24x \sin(2x) + (12 - 8x^2) \cdot \cos(2x)$

  b) $S(0|0)$ ist Sattelpunkt, denn:

    _____

1   Bestimmen Sie zu jedem linearen Gleichungssystem die Lösungsmenge.

a) $\begin{array}{r} x + y - z = 14 \\ 2y + z = 12 \\ 3z = 24 \end{array}$ L = _____

b) $\begin{array}{r} x + y - z = 14 \\ 2y + z = 12 \\ 3z = 0 \end{array}$ L = _____

c) $\begin{array}{r} x + y - z = 14 \\ 2y + z = 12 \\ 0 = 24 \end{array}$ L = _____

d) $\begin{array}{r} x + y + z = 14 \\ 2y + z = 12 \\ 0 = 0 \end{array}$ L = _____

2   Eine ganzrationale Funktion f 4. Grades schneidet die Gerade mit y = 1 an den Stellen –2; –1; 1 und 2. Der Punkt P(0|5) liegt auf ihrem Graphen.

   a)   Prüfen Sie, ob $g(x) = x^4 - 5x^2$ eine Lösung ist.

     _____

   b)   Bestimmen Sie die Gleichung der Funktion h mit h(x) = f(x) – 1.

     _____

     _____

     _____

   c)   Multiplizieren Sie den Funktionsterm von h aus. Geben Sie dann eine Funktionsgleichung von f an.

     _____

     _____

3   Kreuzen Sie an, was für ein Polynom f mit den Nullstellen 2, 3 und 4 gilt.

   ☐   Das Polynom ist eindeutig bestimmt.

   ☐   Das Polynom ist bis auf einen Faktor eindeutig bestimmt.

   ☐   Gilt zusätzlich $f'''(x) = 24$ für alle $x \in \mathbb{R}$, dann ist das Polynom eindeutig bestimmt.

4   Gegeben sind die Punkte P(3|7), Q(4|9), R(2|6). Kreuzen Sie alle Funktionen an, die eindeutig bestimmt sind.

   ☐   Eine lineare Funktion mit dem Graphen durch P und Q.

   ☐   Eine lineare Funktion mit dem Graphen durch P, Q und R.

   ☐   Eine quadratische Funktion mit dem Graphen durch P und Q.

   ☐   Eine kubische Funktion mit dem Graphen durch P, Q und R.

   ☐   Eine kubische Funktion mit dem Graphen durch P, Q und R und der Nullstelle 0.

   ☐   Eine quadratische Funktion mit dem Graphen durch P, Q und R.

5   Eine quadratische Funktion f hat eine Nullstelle x = 0. Außerdem berührt sie den Graphen der Funktion g mit $g(x) = x^2 - 2x + 3$ an der Stelle x = 1. Bestimmen Sie die Funktionsgleichung von f.

   $f(x) = a \cdot x^2 + b \cdot x + c$ Nullstelle: f(___ = ___ , daher gilt: c = ___

   $g(x) = x^2 - 2x + 3$ g'(x) = _____   g(___ = _____

   B(___ | ___)   f(1) = _____   f'(___ = _____

   Aus _____ und _____ folgt a = _____ , b = _____ , f(x) = ___ x^2 + ___ x

6 Vervollständigen Sie.

Wenn sich zwei Funktionen f und g an der Stelle x_0 schneiden, dann gilt $f($ _____ = _____ .

Wenn sie sich an der Stelle x_0 berühren, so bedeutet das, sie haben dort

_____

Den Steigungswinkel α der Funktion f an der Stelle x_0 bestimmt man mithilfe der _____

7 Die lineare Funktion f schneidet die y-Achse im rechten Winkel und verläuft durch den Punkt P(−2018│77). Bestimmen Sie die Parameter m und n der Funktionsgleichung f(x) = mx + n.

8 Bestimmen Sie die Funktionsgleichung der quadratischen Funktion f mit folgenden Eigenschaften:

f ist achsensymmetrisch bezüglich der y-Achse; f hat eine Nullstelle bei x = −1; Schnittpunkt mit der y-Achse: S(0│−3).

Für eine allgemeine achsensymmetrische quadratische Funktion mit S(0│−3) gilt f(x) = _____ , f(0) = ____ ,

also b = ____ und wegen _____ gilt a = ____ , daher f(x) = _____

9 Der Verlauf einer Straße kann durch den Graphen einer Funktion f modelliert werden. Zwischen zwei Orten A und B, die auf dem Graphen von f liegen, soll eine neue Straßenführung geplant werden. Wählen Sie alle Bedingungen, die die Funktion g, welche die neue Straßenführung darstellt, erfüllen muss.

☐ A und B liegen auf dem Graphen von g.

☐ Die erste Ableitung von f und von g stimmen im Punkt A und im Punkt B überein.

☐ Die zweite Ableitung von f und von g stimmen im Punkt A und im Punkt B überein.

☐ Die dritte Ableitung von f und von g stimmen im Punkt A und im Punkt B überein.

10 Wählen Sie alle Fälle, in denen die Beschreibung korrekt in eine Gleichung „übersetzt" ist.

☐ f ist eine quadratische Funktion. $f(x) = a^2x + bx + c$

☐ f hat an der Stelle x = 3 die Steigung 5. f'(3) = 5

☐ Der Graph von f verläuft an der Stelle x = 1 parallel zu dem von g mit g(x) = 4x + 9. f'(1) = 4

☐ Die Graphen der Funktionen g und h schneiden sich im Punkt P(3│7). g(3) = h(3) = 7

☐ Der Graph der Funktion h berührt die x-Achse an der Stelle x = 3. h(3) = 0, h'(3) = 0

☐ Die Tangente an den Graphen der Funktion f im Punkt P(3│1) verläuft waagerecht. f(3) = 0

11 Zeigen Sie, dass P(1│0) ein Tiefpunkt des Graphen der Funktion f mit $f(x) = (x - 1)^2 \cdot \sin(x)$ ist.

a) Zeigen Sie, dass der Punkt P auf dem Graphen von f liegt.

b) Zeigen Sie, dass $f'(x) = (x - 1) \cdot (2 \cdot \sin(x) + (x - 1) \cdot \cos(x))$ die erste Ableitung von f ist.

c) Zeigen Sie, dass die Tangente an f in diesem Punkt waagerecht ist.

d) $f''(x) = 4x\cos(x) - 4\cos(x) - x^2\sin(x) + 2x\sin(x) + \sin(x)$. Zeigen Sie, dass P kein Hoch- oder Sattelpunkt ist.

Basisaufgaben

1 Das Diagramm zeigt den Zu- bzw. Abfluss aus einem Wasserbecken. Vervollständigen Sie korrekt.

Die Beobachtung erfolgt über _____ Minuten. Zu Beginn gibt es

einen Zufluss von _____ Kubikmeter pro _____ .

Dieser ist 15 Minuten _____ .

Nach 15 Minuten sind _____ Kubikmeter Wasser

im Becken als zu Beginn. Danach fließen _____ Minuten lang

_____ Kubikmeter Wasser pro Minute _____ , das sind in dieser Zeit insgesamt _____ Kubikmeter.

Nach 30 Minuten befinden sich im Becken insgesamt _____ Kubikmeter Wasser _____ zu Beginn.

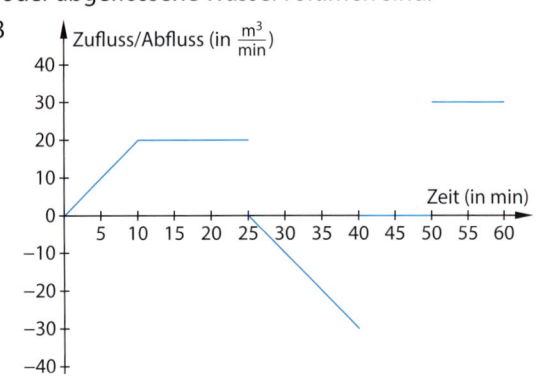

2 Die Diagramme zeigen jeweils den Wasserzu- bzw. -abfluss in einem Wasserbecken im Verlauf einer Stunde.

Hilfe: Die Zu- und Abnahme eines Bestandes F in einem Zeitintervall entspricht der Flächenbilanz zwischen dem Graphen der Änderungsrate f und der x-Achse.

a) Markieren Sie die Flächen, deren Inhalte ein Maß für das zu- oder abgeflossene Wasservolumen sind.

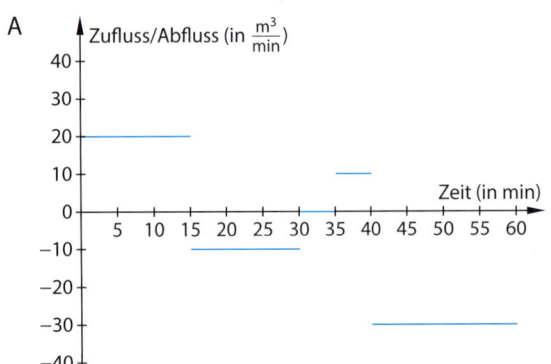

b) Ergänzen Sie in der Tabelle für die angegebenen Zeiten (in min) die Bilanz des Wasserzu- und -abflusses in m³.

Zeit	10	20	30	40	50	60
Bilanz (A)						
Bilanz (B)						

c) Geben Sie jeweils begründet an, wie viel Wasser zu Beginn mindestens in dem Becken gewesen sein muss und welches Fassungsvermögen das Wasserbecken mindestens haben muss.

In Becken A müssen zu Beginn mindestens _____ m³ gewesen sein, denn _____

Das Fassungsvermögen muss mindestens _____ m³ betragen, denn _____

In Becken B müssen zu Beginn mindestens _____ m³ gewesen sein: _____

Das Fassungsvermögen muss mindestens _____ m³ betragen, da _____

Vervollständigen Sie:„Es gibt einen Zeitpunkt, zu dem sich genauso viel Wasser im Becken befindet wie zu Beginn."
Diese Aussage ist für Becken A ☐ wahr bzw. ☐ falsch und für Becken B ☐ wahr bzw. ☐ falsch.

Zusatzaufgabe: Geben Sie diesen Zeitpunkt ggf. an.

3 Gegeben sind die Graphen von Änderungsraten f' und Beständen f.
Ordnen Sie die Graphen einander zu.
Zusatzaufgabe: Begründen Sie die Zuordnung.

A
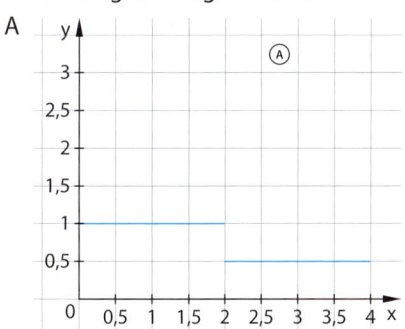

B
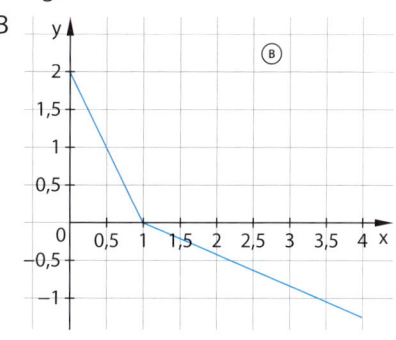

C
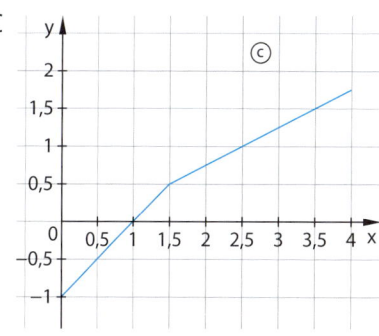

①
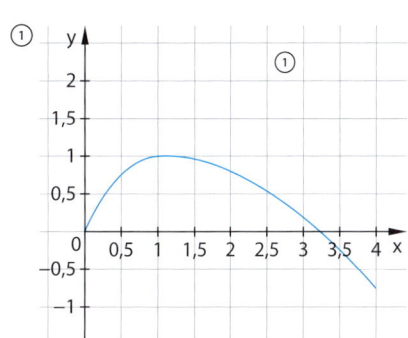

②
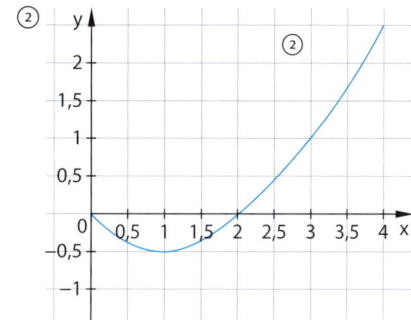

③
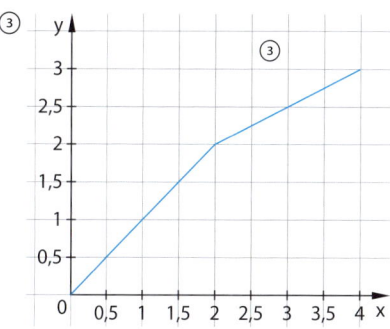

A gehört zu _____ .

B gehört zu _____ .

C gehört zu _____ .

Weiterführende Aufgaben

4 In der Abbildung ist der Graph der Funktion f mit f(x) = sin(x) dargestellt. Gesucht ist eine Abschätzung für den Inhalt der Fläche, die der Graph von f über dem Intervall $[0; \pi]$ mit der x-Achse einschließt.

a) Bestimmen Sie die Gleichungen der Tangenten an den Graphen von f in den Punkten $B_1(0|0)$, $B_2(\frac{\pi}{2}|1)$ und $B_3(\pi|0)$.

$f'(x) =$ _____

$t_1(x) =$ _____

$t_2(x) =$ _____

$t_3(x) =$ _____

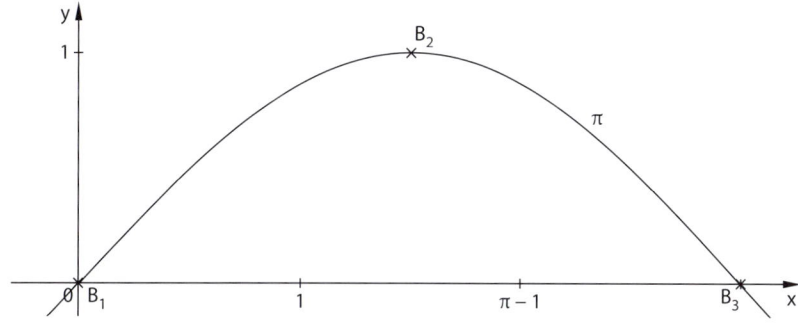

b) Zeichnen Sie die Tangenten in die Abbildung ein und geben Sie die gesuchte Abschätzung an (in Flächeneinheiten).

_____

_____

Zusatzaufgabe: Bestimmen Sie analog einen Näherungswert für den Flächeninhalt, den der Graph zu $f(x) = -x^2 + 2x$ mit der x-Achse einschließt. Nutzen Sie dabei auch die Tangenten in den Punkten $(\frac{1}{2}|f(\frac{1}{2}))$ und $(\frac{3}{2}|f(\frac{3}{2}))$.

_____

Basisaufgaben

1 a) Vervollständigen Sie die Wertetabelle für $f(x) = 4 - \frac{1}{4}x^2$ im Intervall $[0; 4]$.

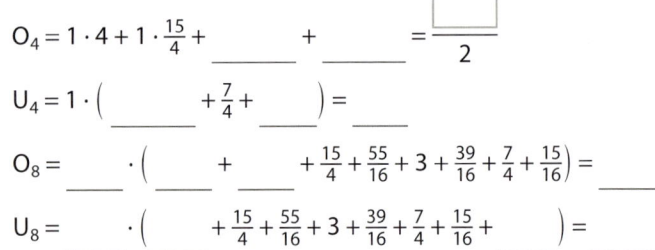

x	0	$\frac{1}{2}$	1	$\frac{3}{2}$	2	$\frac{5}{2}$	3	$\frac{7}{2}$	4
f(x)		$\frac{63}{16}$		$\frac{55}{16}$		$\frac{39}{16}$		$\frac{15}{16}$	

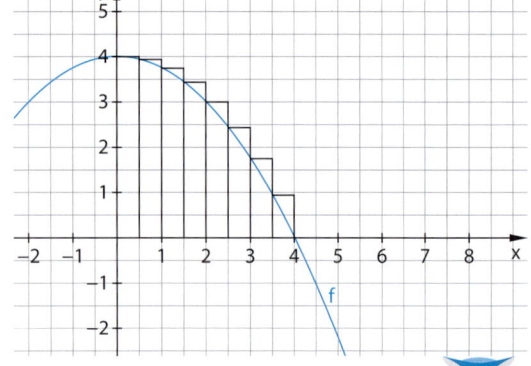

b) Ergänzen Sie die Rechnungen für Ober- und Untersummen.

$O_4 = 1 \cdot 4 + 1 \cdot \frac{15}{4} + \underline{\hspace{1.5cm}} + \underline{\hspace{1.5cm}} = \dfrac{\boxed{}}{2}$

$U_4 = 1 \cdot \left(\underline{\hspace{1.5cm}} + \frac{7}{4} + \underline{\hspace{1cm}} \right) = \underline{\hspace{1cm}}$

$O_8 = \underline{\hspace{0.8cm}} \cdot \left(\underline{\hspace{0.8cm}} + \underline{\hspace{0.8cm}} + \frac{15}{4} + \frac{55}{16} + 3 + \frac{39}{16} + \frac{7}{4} + \frac{15}{16} \right) = \underline{\hspace{0.8cm}}$

$U_8 = \underline{\hspace{0.8cm}} \cdot \left(\underline{\hspace{0.8cm}} + \frac{15}{4} + \frac{55}{16} + 3 + \frac{39}{16} + \frac{7}{4} + \frac{15}{16} + \underline{\hspace{0.8cm}} \right) = \underline{\hspace{0.8cm}}$

c) Kreuzen Sie wahre Aussagen an.

☐ $O_8 < U_8$ ☐ $O_8 \geq O_4$ ☐ $O_8 \geq O_{16}$ ☐ $U_4 \leq U_8$

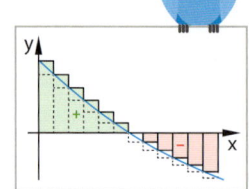

Zusatzaufgabe: Erläutern Sie, dass man auch so rechnen kann: $U_8 = O_8 - \frac{1}{2} \cdot 4 + \frac{1}{2} \cdot 0$

2 f sei eine Funktion über einem Intervall $[a; b]$. Kreuzen Sie alle wahren Aussagen an.

a)	Der Grenzwert der Ober- und Untersummen von f über $[a; b]$ ist das bestimmte Integral.	
b)	Wenn Ober- und Untersummen von f über $[a; b]$ sich einem gemeinsamen Grenzwert annähern, dann wird die Differenz zwischen der jeweiligen Ober- und Untersumme immer kleiner.	
c)	Das bestimmte Integral gibt die Flächenbilanz zwischen dem Graphen der Funktion und der x-Achse auf dem Intervall $[a; b]$ an.	
d)	Das bestimmte Integral ist der Grenzwert der Differenz zwischen Ober- und Untersummen für f über $[a; b]$.	
e)	Wenn der Graph von f eine parallele Gerade zur x-Achse ist, kann man das bestimmte Integral nicht bestimmen.	

3 Ordnen Sie der Beschreibung eine passende Funktionsgleichung zu.

E: Das Integral ist positiv.   A: $f(x) = -x^2$ über $[1; 4]$

F: Das Integral ist negativ.   B: $f(x) = x^2$ über $[-4; -1]$

G: Das Integral hat den Wert 0.   C: $f(x) = x^3$ über $[-1; 1]$

4 Wählen Sie alle wahren Aussagen.

☐ $\displaystyle\int_0^2 x\,dx < \int_0^3 x\,dx$ ☐ $\displaystyle\int_0^2 (4 - x^2)\,dx < \int_0^3 (4 - x^2)\,dx$ ☐ $\displaystyle\int_0^3 -x\,dx > \int_0^4 -x\,dx$

5 Integral als Flächenbilanz: In der Abbildung ist der Graph der Funktion f dargestellt.

Es gilt: $\int_0^1 f(x)dx = \frac{2}{3}$ und $\int_1^2 f(x)dx = -\frac{4}{3}$.

Hilfe: $\int_b^a f(x)dx$: Flächenbilanz zwischen dem Graphen von f und der x-Achse im Intervall [a; b].

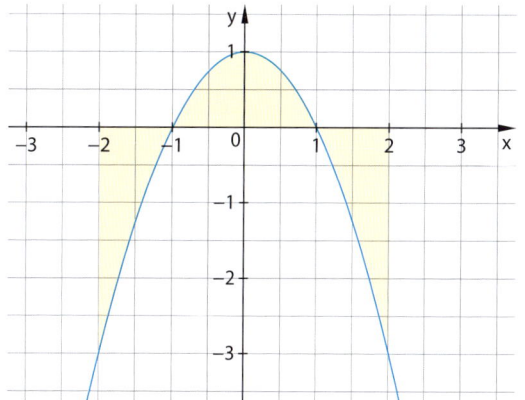

Kreuzen Sie alle wahren Aussagen an.

Begründen Sie kurz.

☐ $\int_{-2}^{-1} f(x)dx = \int_1^2 f(x)dx$ _____

☐ $\int_{-2}^0 f(x)dx = -\frac{2}{3}$ _____

☐ $\int_{-1}^2 f(x)dx = 0$ _____

☐ $\int_{-1}^0 f(x)dx = -\frac{2}{3}$ _____

☐ $\int_{-2}^2 f(x)dx = 4$ _____

☐ $\int_{-1}^0 f(x)dx = -\int_0^1 f(x)dx$ _____

☐ $\int_{-2}^1 f(x)dx = 0$ _____

Weiterführende Aufgaben

6 a) Ergänzen Sie die Tabelle.

b	0	$\frac{1}{2}\pi$	π	$\frac{2}{3}\pi$	2π
$\int_0^b \sin(x)dx$			2		

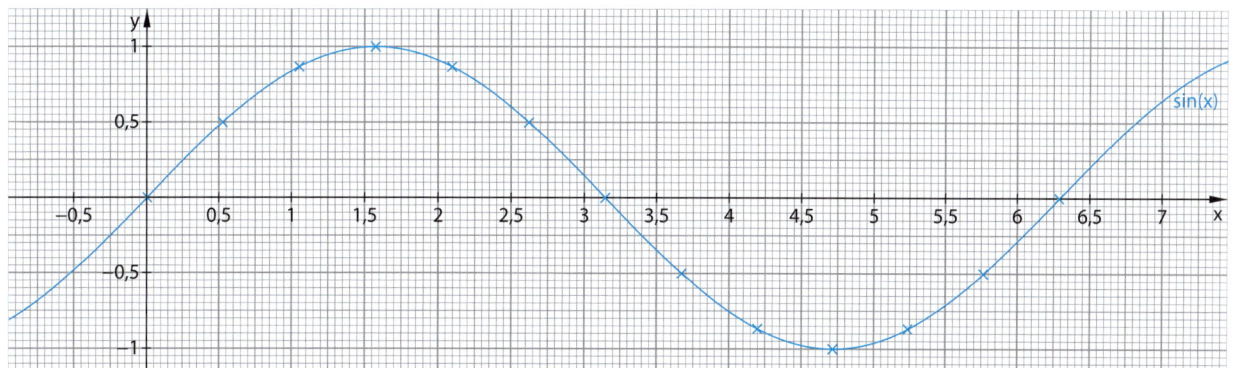

b) $\int_0^\pi f(x)dx = -\int_\pi^b f(x)dx$ mit b = _____

Basisaufgaben

1 Stammfunktion:

Ordnen Sie jeder Funktion eine Stammfunktion zu: Notieren Sie den entsprechenden Großbuchstaben.

Hilfe: Eine Funktion F heißt **Stammfunktion** zu der Funktion f, wenn für jede Stelle x gilt: $F'(x) = f(x)$.

| $a(x) = x$ | $b(x) = 3x + 2$ | $c(x) = 3$ | $d(x) = 3x$ | $e(x) = 0$ | $f(x) = 2x - 3$ | $g(x) = 2x$ |

___ $(x) = 3x + 2$

___ $(x) = \frac{1}{2}x^2 + 2$

___ $(x) = \frac{3}{2}x^2 + 2x$

___ $(x) = \frac{3}{2}x^2 + 2$

___ $(x) = x^2 + 3$

___ $(x) = x^2 - 3x + 2$

___ $(x) = 3$

2 Gesamtheit aller Stammfunktionen: Kreuzen Sie alle Stammfunktionen der Funktion $f(x) = 5x + 4$ an.

Hilfe: Alle Stammfunktionen einer Funktion f unterscheiden sich nur durch eine Konstante.

☐ $F(x) = \frac{5}{2}x + 4$

☐ $F(x) = 5x^2 + 4x$

☐ $F(x) = \frac{5}{2}x^2 + 4x - 3$

☐ $F(x) = \frac{5}{2}x^2 + 4x + 3$

☐ $F(x) = \frac{5}{4}x^2 + 4x - 2$

☐ $F(x) = \frac{5}{2}x^2 + 4x - \frac{7}{4}$

3 Stammfunktionen grafisch bestimmen: Ordnen Sie jedem Funktionsgraphen den Graphen einer Stammfunktion zu.

① 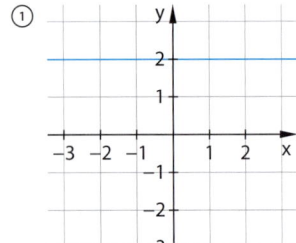 ② 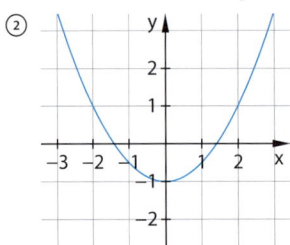 ③ 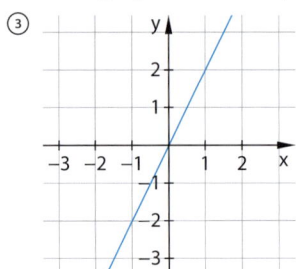 ④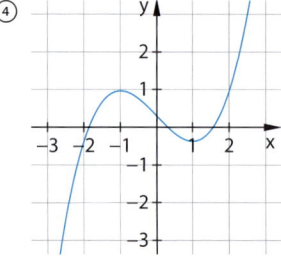

A 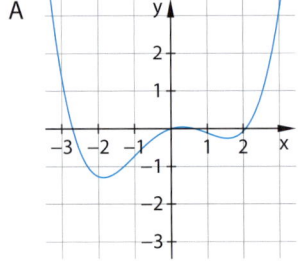 B 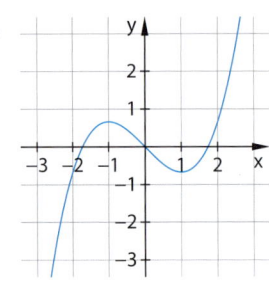 C 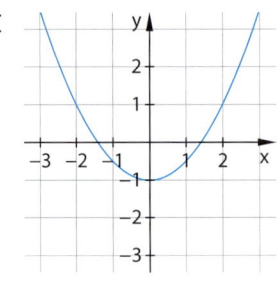 D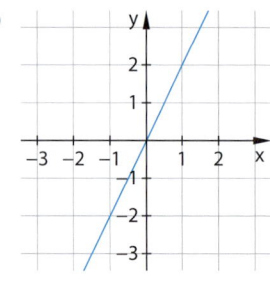

4 Potenzregel: Vervollständigen Sie.

Hilfe: Zur Funktion f mit $f(x) = x^r$ und $r \in \mathbb{R}$, $r \neq -1$ ist F mit $F(x) = \frac{1}{r+1}x^{r+1}$ eine Stammfunktion.

$f(x) = x$, $F(0) = 5$, $F(x) =$ _____

$g(x) = 3x^2$, $G(1) = 5$, $G(x) =$ _____

$h(x) = x^7$, $H(-1) = \frac{1}{4}$, $H(x) =$ _____

5 Lineare Kettenregel: Kreuzen Sie an, welche Funktion F eine Stammfunktion zu $f(x) = (6x + 11)^5$ ist.

☐ $F(x) = \frac{6}{6}(6x + 11)^6$ ☐ $F(x) = \frac{1}{36}(6x + 11)^6$ ☐ $F(x) = \frac{5}{6}(6x + 11)^6$

6 $f(x) = 5x^3 + 4x - 1$. Kreuzen Sie alle Regeln an, die man zur Bestimmung der Stammfunktion verwenden muss.

☐ Produktregel   ☐ Faktorregel   ☐ Summenregel   ☐ Potenzregel   ☐ lineare Kettenregel

7 Kreuzen Sie alle wahren Aussagen an. Begründen Sie kurz.

a)	Zu f(x) = 5x + 5x² ist F(x) = 5$\left(\frac{1}{2}x^2 + \frac{1}{3}x^3\right)$ die Stammfunktion.		
b)	Zu f(x) = 8x³ ist F(x) = 32x⁴ keine Stammfunktion.		
c)	Zu f(x) = 8x³ ist F(x) = 2x⁴ eine Stammfunktion.		
d)	Zu f(x) = 2x · 7x kann man nur mithilfe der Faktorregel eine Stammfunktion bestimmen.		
e)	Zu f(x) = $\frac{1}{x^3}$ kann man nur mithilfe der Potenzregel eine Stammfunktion bestimmen.		

8 F und G seien die Stammfunktionen von f und g. Kreuzen Sie alle wahren Aussagen an. Geben Sie sonst als Gegenbeispiel Funktionsgleichungen von f und g an.

☐ F + G ist Stammfunktion zu f + g

☐ F · G ist Stammfunktion zu f · g

☐ F(x) + x + 4 ist Stammfunktion zu f(x) + 1

☐ 2 · F − 3 · G ist Stammfunktion zu 2 · f - 3 · g

☐ x² · G(x) ist Stammfunktion zu x · g(x)

Weiterführende Aufgaben

9 Die Funktion f im linken Bild zeigt die Wachstumsgeschwindigkeit einer Fichte in Abhängigkeit von der Zeit.

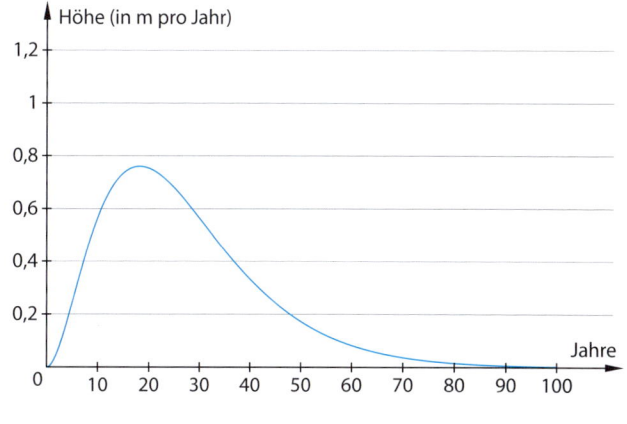 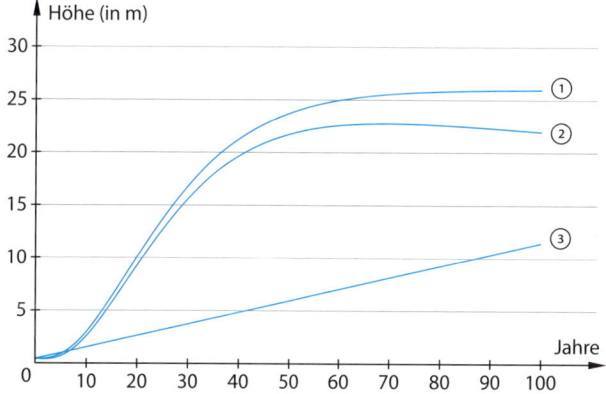

a) Begründen Sie, dass die Funktion der Fichtenhöhe eine Stammfunktion von f ist.
   Die Wachstumsgeschwindigkeit ist die ☐ Änderungsrate der Höhe der Fichte / ☐ Höhe der Fichte.

b) Geben Sie an, welche Graphen die Fichtenhöhe beschreiben können: ☐ 1 / ☐ 2 / ☐ 3

Zusatzaufgabe: Begründen Sie das.

_____

_____

_____

_____

Basisaufgaben

1 Vervollständigen Sie die Tabelle.

f(x)	F(x) (c = 0)	a	b	F(b) – F(a)
	x + 1	3	5	
x		4	6	
$\frac{1}{2}x^3$		1	2	
x^5		0	2	

2 Hauptsatz der Differential- und Integralrechnung: Ordnen Sie Funktion und Intervall den Inhalt der Fläche zwischen Funktionsgraph und x-Achse (in Flächeneinheiten) zu.

Hilfe: $(ɐ)Ⅎ − (q)Ⅎ = xp(x)ɟ \int_{q}^{ǝ}$:ʇ|ıɓ os 'ɟ uoıʇʞunℲ ɹǝuıǝ uoıʇʞunɟɯɯɐʇS ǝbıqǝı|ǝq ǝuıǝ Ⅎ ʇsI

| f(x) = x; [0; 4] | g(x) = 3x + 2; [0; 2] | h(x) = 3; [–3; 5] | i(x) = 0; [–2; 2] | j(x) = 2x – 3; [0; 1] | k(x) = 2x; [–1; 1] |

| A: –2 | B: 8 | C: 10 | D: 24 | E: 0 | F: 4c |

3 Eingeschlossene Fläche zwischen Graph und x-Achse:
Gegeben ist die Funktion f mit $f(x) = 12 \cdot (x^2 – 1) \cdot (x – 2)$.
Die Abbildung zeigt den Graphen von f.
Es soll der Inhalt der Fläche bestimmt werden, die der Graph
von f mit der x-Achse einschließt.

a) Lesen Sie die Nullstellen von f ab und erläutern Sie, wie man
diese Nullstellen auch rechnerisch herleiten kann.

_____

_____

_____

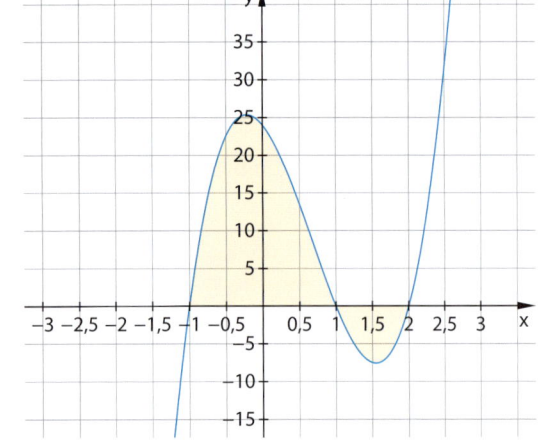

b) Multiplizieren Sie den Funktionsterm von f aus.

$f(x) = 12 \cdot (x^3$ _____ $) = 12x^3$ _____

Geben Sie eine Stammfunktion von f an.

F(x) = _____

Zusatzaufgabe: Schätzen Sie den gesuchten Inhalt des eingefärbten Flächenstücks – beachten Sie die unterschiedlichen Einheiten auf den Koordinatenachsen.

c) Berechnen Sie die Integrale zwischen benachbarten Nullstellen.

$\int_{-1}^{1} f(x)dx = [F(x)]_{-1}^{1}$ = _____

$\int_{1}^{2} f(x)dx = [F(x)]_{1}^{2}$ = _____

d) Geben Sie den gesuchten Flächeninhalt A an.

A = _____

4 Fläche zwischen Graph und x-Achse über einem gegebenen Intervall: Die Funktion f mit $f(x) = x^2 - x$ schließt mit der x-Achse über dem Intervall $[-1; 3]$ ein (mehrteiliges) Flächenstück ein, dessen Flächeninhalt bestimmt werden soll.

a) Geben Sie alle Nullstellen innerhalb des Intervalls an.

$x_1 = \underline{\hspace{1cm}}$ und $x_2 = \underline{\hspace{1cm}}$

b) Berechnen Sie die Integrale über den drei Teilintervallen.

$\int_{-1}^{0} f(x)\,dx = \left[\frac{1}{3}x^3 - \underline{\hspace{2cm}}\right]_{-1}^{0} = \underline{\hspace{3cm}}$

$\int_{0}^{1} f(x)\,dx = \underline{\hspace{4cm}}$

$\int_{1}^{3} f(x)\,dx = \underline{\hspace{4cm}}$

c) Geben Sie den gesuchten Flächeninhalt A an.

$A = \underline{\hspace{5cm}}$

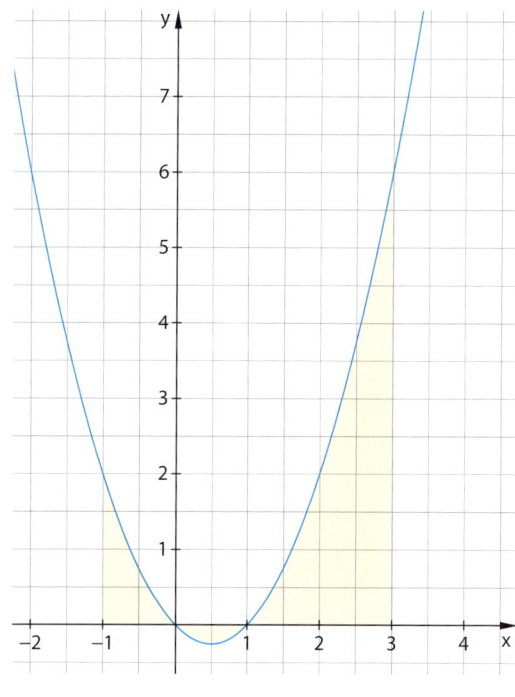

5 Von zwei Funktionsgraphen eingeschlossene Fläche:
Die Abbildung zeigt die Graphen der Funktionen f und g mit $f(x) = -x^3 + x^2 + x + 2$ und $g(x) = -x^2 + x + 2$.
Lösen Sie diese Aufgabe einfach in zwei Schritten.

a) Lesen Sie die Schnittstellen der Graphen ab.
Zeigen Sie rechnerisch, dass es keine weiteren Schnittstellen außerhalb des abgebildeten Bereichs gibt.

$x_1 = \underline{\hspace{1cm}}$ und $x_2 = \underline{\hspace{1cm}}$

Durch Gleichsetzen erhält man:
$-x^2 + x + 2 = -x^3 + x^2 + x + 2 \Leftrightarrow \underline{\hspace{3cm}}$

b) Berechnen Sie den Inhalt des von den Graphen eingeschlossenen Flächenstücks.

$\int_{0}^{2} f(x) - g(x)\,dx = \underline{\hspace{3cm}}$

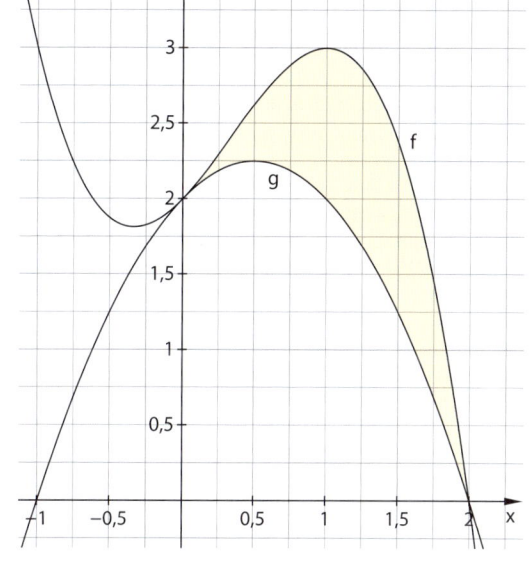

Weiterführende Aufgaben

6 Für $a > 0$ ist die Funktion f_a gegeben durch
$f_a(x) = -\frac{1}{4}x^2 + \frac{1}{2}a \cdot x$.
In der Abbildung sind für einige Werte von a die Graphen von f_a dargestellt.

a) Zeigen Sie, dass der Graph von f_a mit der x-Achse ein Flächenstück mit dem Flächeninhalt $\frac{1}{3}a^3$ einschließt.

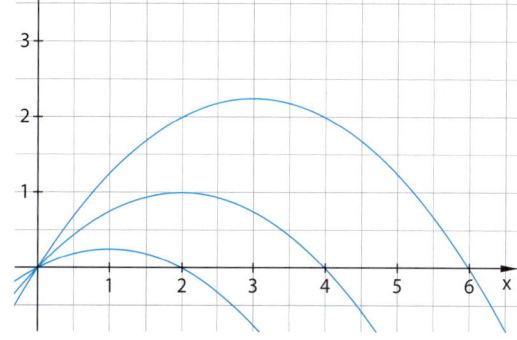

$\underline{\hspace{8cm}}$

$\underline{\hspace{8cm}}$

b) Bestimmen Sie a so, dass der Graph von f_a mit der x-Achse ein Flächenstück mit dem Inhalt 9 FE einschließt.

$\underline{\hspace{9cm}}$

1 Die Abbildung zeigt die Änderungsrate einer Stauentwicklung in Abhängigkeit von der Zeit. Ergänzen Sie die Bezeichnungen a, b, c auf der Zeitachse und Begründungen.

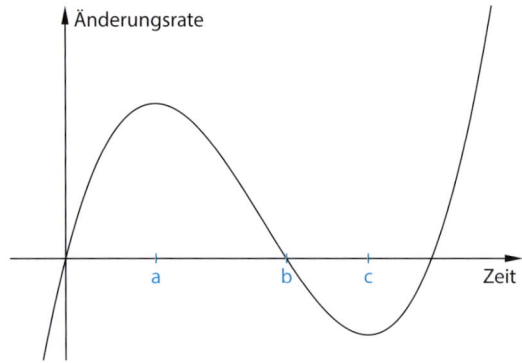

a) Der Stau erreicht seine größte Länge zum Zeitpunkt

☐ a / ☐ b / ☐ c, weil _____

_____

b) Der Stau nimmt zum Zeitpunkt ☐ a / ☐ b / ☐ c, am stärksten zu, weil

_____

Zusatzaufgabe: Vervollständigen Sie: Die Funktion ist zur Modellierung des Staus geeignet, weil

_____

2 Kreuzen Sie alle wahren Aussagen an. Zusatzaufgabe: Korrigieren Sie falsche Aussagen.

☐ Für $f(x) = x^2$ im Intervall $[0; 1]$ gilt: $O_2 = \frac{1}{2}\left(\frac{1}{4} + 1\right)$.

☐ Für $f(x) = x^2$ im Intervall $[0; 1]$ gilt: $O_2 = \frac{1}{2}\left(f\left(\frac{1}{2}\right) + f(1)\right)$.

☐ Für $f(x) = x^2$ im Intervall$[0; 1]$ gilt: $U_2 = \frac{1}{2}\left(f\left(\frac{1}{2}\right) + f(1)\right)$.

☐ Für $f(x) = x^2$ im Intervall $[-1; 0]$ gilt: $U_2 = \frac{1}{2}\left(f\left(-\frac{1}{2}\right) + f(-1)\right)$.

☐ Jede Untersumme ist größer als jede Obersumme.

☐ Eine Untersumme mit mehr Zwischenwerten ist größer als die Untersumme mit weniger Zwischenwerten, wenn man jeweils den Betrag betrachtet.

3 Ordnen Sie den Funktionen mindestens eine Stammfunktion zu. Ergänzen Sie bei Bedarf eine Stammfunktion.

| $f(x) = 7x^8$ | $f(x) = x \cdot 5x^4$ | $f(x) = \frac{1}{\sqrt{x}} + 1$ | $f(x) = \frac{1}{\sqrt{x^3}} + x^4$ |

A: $F(x) = 5 + \frac{7}{9}x^9$ B: $F(x) = 2\sqrt{x} + x + \frac{7}{8}$ C: $F(x) = \frac{5}{6}x^6 + \frac{7}{9}$

4 Vervollständigen Sie die Tabelle.

Funktion	Intervall	Nullstellen im Intervall	Flächeninhalt gleich Integral?	Begründung
$f(x) = x$	$[-1; 1]$			
$f(x) = 3x^2$	$[-1; 1]$			
$f(x) = -x^2 + 1$	$[-1; 1]$			
$f(x) = -x^2 + 1$	$[-2; 2]$			

5 Berechnen Sie den Flächeninhalt zwischen dem Graphen der Funktion und der x-Achse im angegeben Intervall.

$f(x) = 2x + 3$, $[-5; 5]$

Integrationsgrenzen (Intervallgrenzen und ggf. Nullstellen): -5; _____

Stammfunktion mit c = 0: $F(x) = $ _____

Einsetzen der Integrationsgrenzen in F: $F(-5) = $ _____

$A = $ _____

6 Kreuzen Sie alle korrekten Berechnungen des Inhalts der Fläche, die von den beiden Funktionsgraphen eingeschlossen wird, an.

☐ $f(x) = x^2$, $g(x) = 4$, $d(x) = f(x) - g(x) = x^2 - 4 = (x + 2)(x - 2)$, Intervall $[-2; 2]$, $D(x) = -4x + \frac{1}{3}x^3$,
  $A = D(2) - D(-2) = \left|\frac{16}{3}\right| - \left|\frac{16}{3}\right| = \frac{32}{3}$ [FE]

☐ $f(x) = -x^2 + 1$, $g(x) = -3$, $d(x) = -3 + x^2 - 1 = x^2 - 4 = (x + 2)(x - 2)$, Intervall $[-3; 3]$, $D(x) = \frac{1}{3}x^3 - 4 \cdot x$,
  $A = D(3) - D(-3) = \left|\frac{1}{3}3^3 - 4 \cdot 3\right| - \left|\frac{1}{3}(-3)^3 - 4 \cdot (-3)\right| = |9 - 12| - |-9 + 12| = 0$ [FE]

☐ $f(x) = x^2 + x + 14$; $g(x) = x + 5$; $d(x) = -x^2 + 9$; Intervall $[-3; 3]$; $D(x) = -\frac{1}{3}x^3 + 9x$; $A = D(3) - D(-3) = 18 - (-18) = 36$

7 Berechnen Sie den Inhalt der Fläche zwischen den beiden Funktionsgraphen im Intervall $I = [-2; 4]$.

a) $f(x) = \frac{1}{4}x^3 + 2$, $g(x) = x + 2$,

d(x) = _____ , Integrationsgrenzen: _____ ,

D(x) = _____

A = _____

b) $f(x) = \frac{1}{4}x^3 - 2$, $g(x) = x - 2$, $I = [-2; 4]$, $A =$ _____

8 Die Graphen der Funktionen f mit $f(x) = -\frac{2}{3}x^3 + 2x^2$
und g mit $g(x) = -\frac{2}{3}x^3 - x^2 - 3x + 60$
schließen ein Flächenstück ein, zur Veranschaulichung ist dieses
in der Abbildung dargestellt.

a) Bestätigen Sie rechnerisch, dass das zu berechnende Flächenstück über dem Intervall $[-5; 4]$ begrenzt wird.

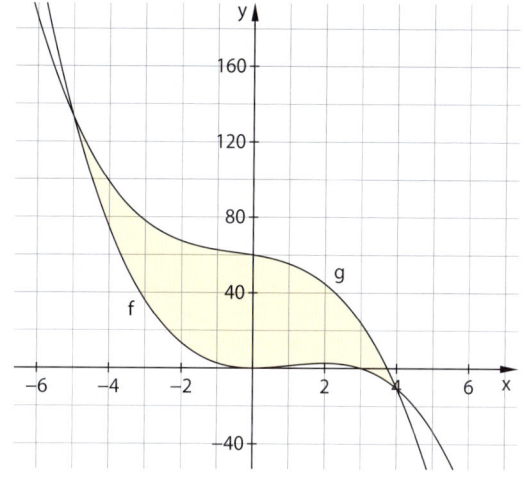

_____

_____

_____

_____

_____

b) Berechnen Sie den Flächeninhalt des eingeschlossenen Flächenstücks.

Differenzfunktion: d(x) = _____

Stammfunktion: D(x) = _____

Flächeninhalt: A = _____

9 Bestimmen Sie den Wert des Parameters k so, dass die Gleichung erfüllt ist:

$$\int_{-k}^{k} (3x^2 + 2x)\, dx = 54$$

_____

_____

_____

Basisaufgaben

1 Ableitung beliebiger Exponentialfunktionen:
In der Abbildung sind die Graphen der Funktionen f, g, h und i dargestellt, die Graphen ihrer Ableitungsfunktionen farblich passend, aber gestrichelt.

Den Funktionsgleichungen sind folgende Graphen zugeordnet:

$f(x) = 4^x$ ___ $g(x) = 3^x$ ___ $h(x) = 2^x$ ___ $i(x) = 1{,}5^x$ ___

Vervollständigen Sie:

Für b = _____ und b = _____ gilt $f'(x) < f(x)$.

Für b = _____ und b = _____ gilt $f'(x) > f(x)$.

„Der Graph der Ableitungsfunktion und der Graph der Funktion sind gleich": Das gilt fast für

b = _____ und genau für b = _____ ≈ _____

Je größer x ist, desto _____ ist die Steigung $f'(x)$.

Zusatzaufgabe: Überprüfen Sie die letzte Aussage für $j(x) = 0{,}5^x$ und ergänzen Sie die Graphen von $k(x) = 1^x$ und $j(x) = 0{,}5^x$.

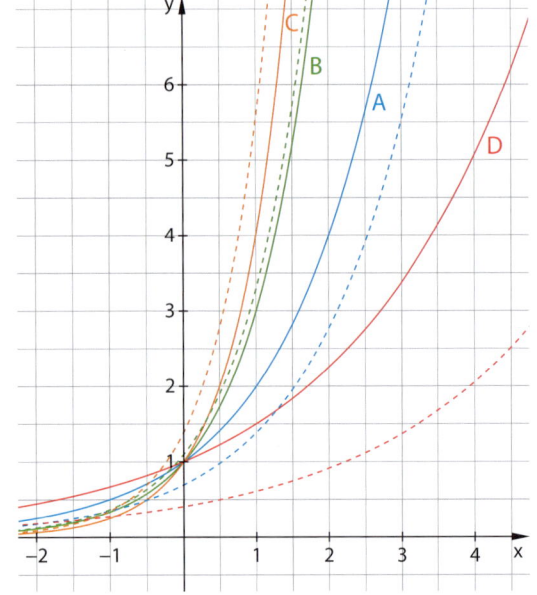

2 Ableitung einer Exponentialfunktion als Vielfaches der Funktion:
Wählen Sie die Ableitung.

a) $f(x) = 4^x$ ☐ $f'(x) = 4^x$ ☐ $f'(x) = f'(0) \cdot 4^x$

b) $f(x) = 1 + 8^x$ ☐ $f'(x) = f'(0) \cdot 8^x$ ☐ $f'(x) = f'(x) \cdot 8^x$

c) $f(x) = 2^x - 2$ ☐ $f'(x) = f'(0) \cdot 2^x$ ☐ $f'(x) = f(2) \cdot 2^x$

d) $f(x) = 0{,}5 \cdot 3^x + x^3$ ☐ $f'(x) = 0{,}5 \cdot f'(3) \cdot 3^x + 3x$ ☐ $f'(x) = 0{,}5 \cdot f'(0) \cdot 3^x + 3x^2$

> Für $f(x) = b^x$ gilt:
> $f'(x) = f'(0) \cdot b^x$
> ($b \in \mathbb{R}$, $b > 0$)
>
> Für $f(x) = e^x$ gilt:
> $f'(x) = f(x)$
> $F(x) = f(x) + c$

3 Ableitung und Stammfunktion von $f(x) = e^{ax+b}$: Kreuzen Sie an, was korrekt ist. Zusatzaufgabe: Korrigieren Sie ggf.

f(x)	f'(x)	Korrekt?	f''(x)	Korrekt?	F(x)	Korrekt?
e^{3x-2}	e^{3x-2}		e^{3x-2}		$\frac{1}{3} \cdot e^{3x-2} - 2$	
$e^{\frac{x}{2}+3}$	$2 \cdot e^{\frac{x}{2}+3}$		$4 \cdot e^{\frac{x}{2}+3}$		$2 \cdot e^{\frac{x}{2}+3}$	
e^{-10x+7}	$10 \cdot e^{-10x+7}$		$100 \cdot e^{-10x+7}$		$0{,}1 \cdot e^{-10x+7}$	
e^{x-5}	$(-5) \cdot e^{x-5}$		$+25 \cdot e^{x-5}$		e^{x-5}	
$e^{-0{,}2 \cdot x+7}$	$-0{,}2 \cdot e^{-0{,}2 \cdot x+7}$		$0{,}04 \cdot e^{-0{,}2 \cdot x+7}$		$-5 \cdot e^{-0{,}2 \cdot x+7}$	

4 In der Tabelle sind drei verschiedene Wachstumsvorgänge aufgezeichnet. Geben Sie Funktionsgleichungen für f, g und h an. Begründen Sie, bei welcher Funktion exponentielles Wachstum vorliegt.

x	0	1	2	3	4	5	6	7	8
f(x)	0	1	4	9	16	25	36	49	64
g(x)	0,25	0,5	1	2	4	8	16	32	64
h(x)	0	8	16	24	32	40	48	56	64

5 Der Graph der Funktion f mit $f(x) = e^{0,6x+2}$ ist rot dargestellt.

Vervollständigen Sie:

Der Graph der Ableitungsfunktion f' ist

☐ A   ☐ B   ☐ C   ☐ D

Zusatzaufgabe: Begründen Sie Ihre Wahl.

_____

_____

_____

_____

_____

Die Funktionsgleichung $g(x) = 0,6 + e^{0,6x+2}$ kann

zum Graphen _____ gehören.

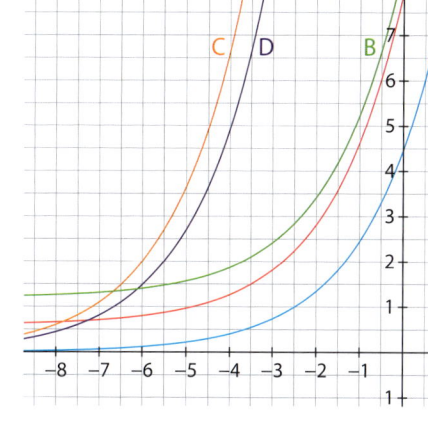

6 Ordnen Sie die Kärtchen mit den Funktionsgleichungen den Graphen zu.

$f(x) = e^{0,5x}$		$f(x) = e^{x+2}$
$f(x) = e^{x-2}$		$f(x) = 2^x$

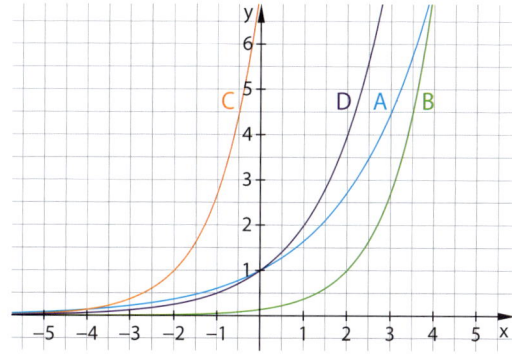

Weiterführende Aufgaben

7 Gegeben ist die Funktion f mit $f(x) = e^{\frac{1}{4}x}$, es sollen Tangenten an den Graphen von f untersucht werden.

Geben Sie dazu zunächst die Ableitungsfunktion f' an: f'(x) = _____

a) Gesucht ist die Tangente an den Graphen von f im Punkt $P(8|y_P)$.

$y_P = $ _____ ,

Tangentensteigung: $m_t = $ _____

Tangentengleichung: $t(x) = m_t \cdot (x - x_P) + y_P = $ _____

b) Für die Tangente in Q(4| _____) ist

m = _____

und daher

t(x) = _____

c) Berechnen Sie den Inhalt des schraffierten Flächenstücks.

$\int_0^4 f(x) - t(x)\,dx = $ _____

= _____

A ≈ _____

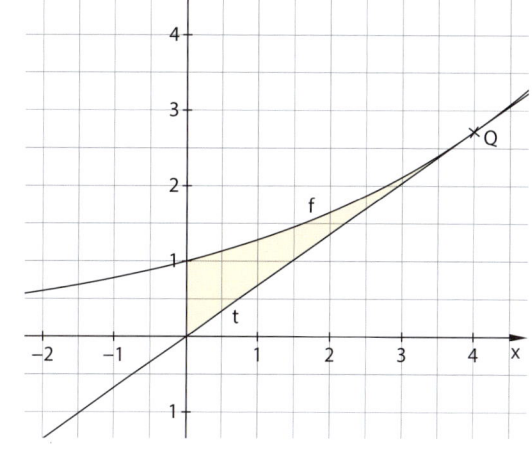

Basisaufgaben

1 Der natürliche Logarithmus: Vereinfachen Sie die Terme.

a) $e^{\ln(3)} =$ _____

b) $\ln(e^7) =$ _____

c) $\ln(e^2 \cdot \sqrt{e}) =$ _____

d) $e^{\ln(6) - \ln(1,5)} =$ _____

e) $\dfrac{1}{e^{-\ln(7)}} =$ _____

f) $\sqrt{\ln(e^{361})} =$ _____

g) $\ln(e^{\ln(5) + \ln(0,2)}) =$ _____

h) $\ln(\sqrt{e^3}) =$ _____

2 Ordnen Sie den Termen die vereinfachte Version zu.

A: $\ln(\sqrt{e})$ B: $\ln\left(\dfrac{e^{x^2}}{e^4}\right)$ C: $\ln(e^3 \cdot (e^x)^2)$ D: $\ln(e^{17})$ E: $e^{3 \cdot \ln(0,5)}$

F: $\ln(\sqrt[6]{e^2})$ G: $e^{3 \cdot \ln(5)}$ H: $4 \cdot e^{3 + \frac{1}{2} \cdot \ln(9)}$ I: $\ln\left(\dfrac{\sqrt{e}}{\sqrt[3]{e}}\right)$ J: $\ln\left(\dfrac{1}{\sqrt{e}}\right)$

$\dfrac{1}{8}$ ___ $\dfrac{1}{6}$ ___ $\dfrac{1}{3}$ ___ $\dfrac{1}{2}$ ___ $-0,5$ ___ 17 ___ 125 ___ $3 + 2x$ ___ $x^2 - 4$ ___ $12e^3$ ___

3 Exponentialfunktionen mit der Basis e darstellen: Schreiben Sie die Exponentialfunktion in der Form $f(x) = e^{g(x)}$.

Hilfe: Wegen $b = e^{\ln(b)}$ erhält man: $f(x) = b^x = (e^{\ln(b)})^x = e^{x \cdot \ln(b)}$

a) $f(x) = 5^x =$ _____

b) $f(x) = 3 \cdot 2^x =$ _____

c) $f(x) = 7^{3x} =$ _____

d) $f(x) = 0,2 \cdot 5^{2x-3} =$ _____

Zusatzfrage: Begründen Sie, dass sich die Funktion aus **d** darstellen lässt als $f(x) = e^{(2x-4) \cdot \ln(5)}$

4 Ableitung der Funktion f mit $f(x) = b^x$: Bestimmen Sie die Ableitung mithilfe der linearen Kettenregel.

Hilfe: Wegen $b = e^{\ln(b)}$ erhält man: $f(x) = b^x = e^{x \cdot \ln(b)} = e^{\ln(b) \cdot x}$, $f'(x) = \ln(b) \cdot b^x$

a) $f(x) = 3^x =$ _____ $f'(x) =$ _____

b) $f(x) = 2^{5x} =$ _____ $f'(x) =$ _____

c) $f(x) = \dfrac{3}{4} \cdot 5^{4x} =$ _____ $f'(x) =$ _____

5 Bestimmen Sie eine Gleichung der Tangente an den Graphen von f mit $f(x) = 3^{0,5x}$ im Punkt $B(2|f(2))$.

y-Koordinate von B: $f(2) =$ _____   Kontrolle: $B(2|3)$

Ableitung: $f(x) = 3^{0,5x} =$ _____ $f'(x) =$ _____

Tangentensteigung: $m = f'(2) =$ _____

Tangente: _____

6 Exponentialgleichungen: Ordnen Sie den Gleichungen Lösungsmengen zu. Ergänzen Sie die fehlende Lösung.

A: $e^x = 5$ B: $3e^x = 12$ C: $5e^{2x-6} - 3 = 17$ D: $e^{0,25x} = 7$ E: $e^{11x} = 1$

F: $e^{-x} = 2$ G: $7e^{-x} - 4 = 3$ H: $e^x + 9 = 7$ I: $2e^{3x} = 16$ J: $e^{4x} = 3e^{3x}$

$L = \{0\}$ ___ $L = \left\{\frac{1}{3} \cdot \ln(8)\right\} = \{\ln(2)\}$ ___ $L = \{\ln(4)\}$ ___ $L = \{-\ln(2)\}$ ___

$L = \{\ln(5)\}$ ___ $L = \{\ln(3)\}$ ___ $L = \{4 \cdot \ln(7)\}$ ___ $L = \{\}$ ___

$L = \left\{\frac{1}{2} \cdot \ln(4) + 3\right\} = \{\ln(2) + 3\}$ ___

7 Lösen Sie die Gleichung.

a) $(e^x - e) \cdot (x^2 - 196) = 0$

b) $e^x \cdot x^2 + 10 \cdot e^x = e^x \cdot 7x$

Satz
vom
Null-
produkt

c) $(e^{2x} - 9) \cdot (x^3 - 16x) = 0$

d) $x \cdot e^{2x} + 2x = 3x \cdot e^x$

8 Ordnen Sie den Gleichungen Lösungen zu – ohne Rechner oder schriftliche Rechnung.

| A: $e^{x-1} = e$ | B: $x^2 \cdot e^x = 0$ | C: $e^{x+1} = x \cdot e^x$ | D: $-2e^x = 4$ |

| keine Lösung | x = 2 | x = 0 | x = e |

9 Geben Sie jeweils eine Stammfunktion an:

a) $f(x) = 2 \cdot 3^{0{,}25x}$

b) $f(x) = e^x - 7^x$

c) $f(x) = 3x^2 - 4x + 7 - 5^x$

Weiterführende Aufgaben

10 Erläutern Sie die Schritte zur Lösung der Gleichung $2 \cdot e^{7x} - 32 \cdot e^{4x} + 126 \cdot e^x = 0$

$2 \cdot e^x \cdot (e^{6x} - 16 \cdot e^{3x} + 63) = 0$

$2 \cdot e^x \cdot ((e^{3x})^2 - 16 \cdot e^{3x} + 63) = 0$

$e^{3x} = 8 \pm \sqrt{8^2 - 63} = 8 \pm 1$ so:

$2 \cdot e^x \cdot (e^{3x} - 7) \cdot (e^{3x} - 9) = 0$ oder so:

$e^{3x} - 7 = 0$ oder $e^{3x} - 9 = 0$

$L = \left\{ \frac{\ln(7)}{3}; \frac{\ln(9)}{3} \right\}$

11 Berechnen Sie jeweils die gemeinsamen Punkte der Funktionsgraphen.

a) $f(x) = e^{-x^2}$; $g(x) = e^{1-2x}$

b) $f(x) = e^{x-3}$; $g(x) = e^{-2x+6}$

Basisaufgaben

1 Anfangsbestand: Die Entwicklung einer Tierpopulation kann durch die Funktion $f(t) = 1000\,e^{0{,}14\cdot t}$ beschrieben werden. Markieren Sie den Anfangsbestand durch ein A und den Bestand nach 10 Jahren durch ein Z.

☐ 0,14   ☐ 1,4   ☐ 14   ☐ 100   ☐ 1000   ☐ $1000 \cdot e^{1{,}4}$ ☐ $1000 \cdot 1{,}4$ ☐ 1400

2 Wachstumskonstante: Ein Patient erhält 3 mg eines Medikaments. Bestimmen Sie die Wachstumskonstante unter den folgenden Voraussetzungen.

> $f(t) = a \cdot e^{k \cdot t}\ (k \neq 0)$
> Wachstumskonstante k
> Anfangsbestand $a = f(0)$
>
> $k > 0$: Exponentielle Zunahme,
> Verdoppelungszeit $T_V = \dfrac{\ln(2)}{k}$
>
> $k < 0$: Exponentielle Abnahme,
> Halbwertzeit $T_H = \dfrac{\ln\left(\frac{1}{2}\right)}{k}$

a) Das Medikament wird im Körper des Patienten pro Stunde um 12 % abgebaut.

$a = f(0) = 3\,\text{mg}, k = $ _____

b) Nach einer Stunde sind noch 2,7 mg des Medikaments im Blut.

$k = $ _____

c) Die Halbwertzeit des Medikaments beträgt 3 Stunden.

$k = $ _____

3 Werte bestimmen: Die Menge eines Narkosemittels im Blut eines Patienten kann durch die Funktion f mit $f(t) = 7{,}5 \cdot e^{-0{,}15 \cdot t}$ beschrieben werden (f(t) in mg pro Liter Blut, t in Stunden). Ergänzen Sie die Rechnung.

Menge des Narkosemittels im Blut zu Beginn:

_____

Menge des Narkosemittels im Blut nach 3 Stunden:

_____

Menge des Narkosemittels im Blut nach 4 Stunden 15 Minuten:

_____

Wann liegt die Menge des Narkosemittels unterhalb der Schwelle von 2 mg pro Liter Blut?

_____

_____

4 Wachstumsfunktion aufstellen: Eine Pflanze, die zuerst 30 cm hoch war, vergrößert ihr Wachstum pro Woche exponentiell. Stellen Sie eine exponentielle Funktionsgleichung auf, die die Höhe der Pflanze beschreibt.

a) Die Pflanzenhöhe nimmt um 5 % pro Woche zu.

_____

b) Die Pflanze ist nach 3 Wochen etwa 38 cm hoch.

_____

c) Die Pflanze ist nach 10 Wochen doppelt so groß.

_____

5 Wachstumsgeschwindigkeit: Eine Funktion f mit $f(t) = a \cdot e^{k \cdot t}$ beschreibt eine exponentielle Zu- oder Abnahme. Wählen Sie alle korrekten Aussagen.

☐ f' mit $f'(t) = a \cdot k \cdot e^{k \cdot t}$ gibt die Änderungsgeschwindigkeit zum Zeitpunkt t an.

☐ Die Änderungsgeschwindigkeit ist proportional zum Bestand.

☐ f beschreibt eine exponentielle Abnahme, wenn $k > 0$ gilt.

6 Wachstumsgeschwindigkeit bestimmen: Die Menge eines Wirkstoffs (in mg) im Blut eines Tieres lässt sich in Abhängigkeit von der Zeit in Stunden durch die Funktion f mit $f(t) = 5 \cdot e^{-0,2 \cdot t}$ beschreiben.

a) Bestimmen Sie die Änderungsgeschwindigkeit nach 5 Stunden.

b) Ermitteln Sie den Zeitpunkt, zu dem der Wirkstoffgehalt um 0,3 mg pro Stunde abnimmt.

c) Bestimmen Sie die durchschnittliche Änderungsgeschwindigkeit in den ersten 3 Stunden.

7 Bestandsänderung ermitteln: Das Wachstumsgeschwindigkeit einer Bakterienkultur lässt sich durch die Funktion f mit $f(t) = 3 \cdot e^{0,3t}$ beschreiben ($f(t)$ in mg pro Tag). Wählen Sie alle sinnvollen Zwischenschritte zur Ermittlung der Bestandsänderung vom 2. bis zum 4. Tag. Formulieren Sie einen Antwortsatz.

☐ $\approx 0,1 \cdot (1,4978) \approx 0,15$

☐ $\int_{2}^{4} f(t)\,dt = F(4) - F(2)$

☐ $\approx 10 \cdot (1,4978) \approx 14,98$

☐ $10 \cdot e^{0,3 \cdot 4} - 10 \cdot e^{0,3 \cdot 2} = 10 \cdot (e^{1,2} - e^{0,6})$

☐ $F(t) = 0,1 \cdot e^{0,3t} + c,\ c \in \mathbb{R}$, denn $F'(t) = 0,1 \cdot 0,3 \cdot e^{0,3t} = 3 \cdot e^{0,3t}$

☐ $F(t) = 10 \cdot e^{0,3t} + c,\ c \in \mathbb{R}$, denn $F'(t) = 10 \cdot 0,3 \cdot e^{0,3t} = 3 \cdot e^{0,3t}$

◀ 1.1 ▶	Bestandsä...S27 ▽	RAD ◖❚✖
$A(t) := 10 \cdot e^{0.3 \cdot t}$		*Fertig*
$A(4) - A(2)$		$10 \cdot e^{1.2} - 10 \cdot e^{0.6}$
$g(t) := 3 \cdot e^{0.3 \cdot t}$		*Fertig*
$\int_{2}^{4} g(t)\,dt$		$\dfrac{10 \cdot e^{1.2} - 10 \cdot e^{0.6}}{\ln(e)}$
I		

Zusatzaufgabe: Erläutern Sie den Screenshot.

Weiterführende Aufgaben

8 Ein Bakterienbestand lässt sich durch die Funktion f mit $f(t) = 15 \cdot 1,2^t$ beschreiben (t in Stunden, $f(t)$ in mg).

a) Geben Sie die Wachstumskonstante k an und stellen Sie f in der Form $f(t) = a \cdot e^{k \cdot t}$ dar.

b) Berechnen Sie, nach wie vielen Stunden sich der Bestand etwa verdoppelt hat.

c) Wählen Sie die Berechnung zur Bestimmung der Zeit, nach der der Bestand sich etwa verdreifacht hat. Formulieren Sie einen Antwortsatz.

☐ $\ln(2) \cdot \ln(1,2)$ ☐ $\ln(3) \cdot \ln(1,2)$ ☐ $\ln(3) \cdot \ln(1,3)$ ☐ $\ln(3) - \ln(1,2)$ ☐ $\dfrac{\ln(3)}{\ln(1,2)}$ ☐ $\dfrac{\ln(2)}{\ln(1,2)}$

d) Berechnen Sie, nach wie vielen Stunden sich der Bestand etwa verzehnfacht hat.

Basisaufgaben

1 Betrachten Sie die Grafik. Kreuzen Sie alle wahren Aussagen an.

☐ Die Raumtemperatur nimmt exponentiell ab.

☐ Die Raumtemperatur beträgt konstant 21 °C.

☐ Die Safttemperatur zeigt begrenztes Wachstum.

☐ Die Temperaturdifferenz nimmt exponentiell ab.

☐ Die Safttemperatur zu Beginn beträgt 21°C.

☐ Die Safttemperatur beträgt nach 8 Minuten ca. 15 °C.

☐ Die Temperaturdifferenz beträgt nach 8 Minuten ca. 15 °C.

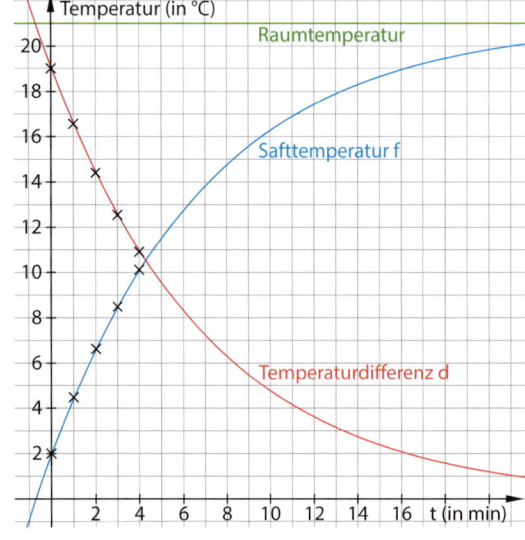

2 Bestimmen Sie die Grenze S und den Anfangsbestand a und vergleichen Sie die Werte. Kreuzen Sie an, ob es sich um begrenzte Abnahme oder begrenzte Zunahme handelt.

Hilfe: Anfangsbestand $a = f(0)$, $a > S$: begrenzte Abnahme, $a < S$: begrenzte Zunahme
$f(t) = S - (S - a) \cdot e^{-k \cdot t}$ mit $k > 0$, symptotische Annäherung an die Grenze S,

a) $f(t) = 27 - 18 \cdot e^{-0,1 \cdot t}$ S = _____   a = _____   a ☐ S   ☐ begrenzte Abnahme   ☐ begrenzte Zunahme

b) $f(t) = 20 - 15 \cdot e^{-0,17 \cdot t}$ S = _____   a = _____   a ☐ S   ☐ begrenzte Abnahme   ☐ begrenzte Zunahme

c) $f(t) = 3 - e^{-0,02 \cdot t}$ S = _____   a = _____   a ☐ S   ☐ begrenzte Abnahme   ☐ begrenzte Zunahme

d) $f(t) = 10 + e^{-0,03 \cdot t}$ S = _____   a = _____   a ☐ S   ☐ begrenzte Abnahme   ☐ begrenzte Zunahme

3 Werte bestimmen: Nach der Entnahme aus der Mikrowelle beträgt die Temperatur eines Essens $f(t) = 23 + 62\,e^{-0,078t}$ (Zeit t in Minuten seit der Entnahme, Temperatur in °C). Bestimmen Sie die gesuchten Werte und Zeitpunkte.

a) In der Mikrowelle wurde das Essen erhitzt auf _____ °C.

b) Die Temperatur nach 3 Minuten beträgt ca. _____ °C.

c) Eine Temperatur von 59 °C ist nach ca. _____ Minuten erreicht.

d) Die Differenz zur Raumtemperatur von konstant _____ °C beträgt

     weniger als 1 °C nach ca. _____ Minuten.

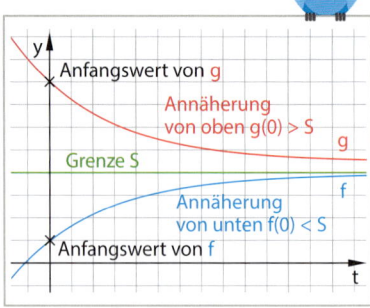

4 Wachstumsfunktion aufstellen: Ein frisch aufgebrühter Tee ist 90 °C heiß. In einem Raum mit 20 °C beträgt seine Temperatur nach 4 Minuten 67 °C. Stellen Sie eine Funktion auf, die die Temperaturentwicklung beschreibt.

Grenze und Anfangswert: S = _____   a = _____   Einheiten: t in _____ , f(t) in _____

$f(t) = S - ($ _____ $) \cdot e^{-k \cdot t} = $ _____ $ - ($ _____ $) \cdot e^{-k \cdot t} = $ _____ $ \cdot e^{-k \cdot t}$,

Temperatur nach 4 Minuten: f(_____) = _____

$k = \dfrac{\ln\left(\frac{f(4) - S}{S - a}\right)}{-4} = $ _____ ≈ _____

$f(t) = $ _____

5 Apfelsaft hat im Kühlschrank eine Temperatur von 5 °C und steht dann im 23 °C warmen Raum. Nach 3 Minuten hat er eine Temperatur von 12 °C. Stellen Sie eine Funktion auf, die die Temperaturentwicklung beschreibt.

f(t) = _____ mit e ——— = _____ , also k = _____

6 Ordnen Sie den Funktionsgleichungen jeweils einen Graphen zu. Begründen Sie Ihre Zuordnung kurz.

$f(t) = 10 - 5 \cdot e^{-0,1 \cdot t}$

_____

$g(t) = 10 + 5 \cdot e^{-0,1 \cdot t}$

_____

$h(t) = 5 - 5 \cdot e^{-0,1 \cdot t}$

_____

$i(t) = 10 - 5 \cdot e^{-0,5 \cdot t}$

_____

_____

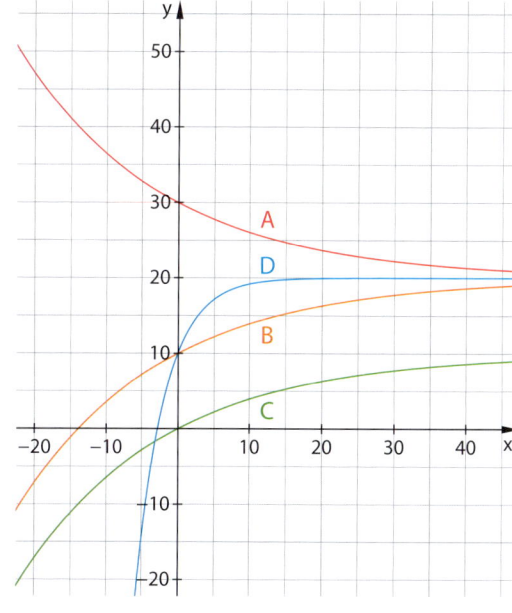

7 Der Bestand einer Wildpferdherde kann mithilfe der Funktion $f(t) = 500 - 400 \cdot e^{-0,01 \cdot t}$ (Anzahl der Tiere f(t), t in Jahren) modelliert werden.

a) Geben Sie an, wie viele Tiere nach 10 Jahren in der Herde zu erwarten sind.

_____

b) Bestimmen Sie, nach wie vielen Jahren 90 % des Maximalbestandes (theoretisch) erreicht werden.

_____

_____

c) Berechnen Sie, wie schnell die Anzahl der Tiere nach 30 Jahren anwächst.

_____

d) In einer anderen Herde mit zunächst 100 Wildpferden und derselben Maximalzahl ist die Anzahl nach 4 Jahren auf 120 Tiere angewachsen. Bestimmen Sie die Bestandsfunktion für die Anzahl der Pferde in der Herde.

_____

_____

Weiterführende Aufgaben

8 Im Kühlraum, der konstant auf 8 °C temperiert ist, misst der Gerichtsmediziner an einer Leiche eine Temperatur von 20 °C und zwei Stunden später von 18,5 °C. Ein lebender Mensch hat eine Körperkerntemperatur von 36,8 °C. Berechnen Sie, wie lange vor der ersten Messung der Tod eingetreten ist.

_____

_____

_____

Der Tod ist ca. _____ vor der ersten Messung eingetreten.

1   Kreuzen Sie alle richtigen Aussagen an.

☐ $b^x = b \cdot e^x$ ☐ $b^x = e^{\ln(b) \cdot x}$

☐ $b^x = \ln(b) \cdot e^x$ ☐ $b^x = \ln(b) \cdot e^{b \cdot x}$

2   Kreuzen Sie alle richtigen Aussagen zu Ableitungs- und Stammfunktionen an.

☐ Für $f(x) = 2^x$ gilt: $f'(x) = \ln(2) \cdot 2^x$ ☐ Für $f(x) = 3^x$ gilt: $f'(x) = \ln(2) \cdot 3^x$

☐ Für $f(x) = e^x$ gilt: $f'(x) = e^x$ ☐ Für $f(x) = e^{3x+5}$ gilt: $f'(x) = 3 \cdot e^{3x+5}$

☐ Für $f(x) = e^{3x+5}$ gilt: $f'(x) = 5 \cdot e^{3x}$ ☐ Für $f(x) = e^x$ gilt: $F(x) = e^x$

☐ Für $f(x) = e^{3x+5}$ gilt: $F(x) = e^{3x+5}$ ☐ Für $f(x) = e^{3x+5}$ gilt: $F(x) = \frac{1}{3} \cdot e^{3x+5}$

3   Kreuzen Sie alle richtigen Aussagen über Exponentialfunktionen der Form $f(x) = c \cdot e^{a \cdot x + b}$, $c > 0$ an:

☐ f ist streng monoton fallend für $a < 0$ ☐ $(0|c)$ liegt auf dem Graphen von f

☐ f hat die Nullstelle $-\frac{b}{a}$ ☐ $(-\frac{b}{a}|c)$ liegt auf dem Graphen von f

☐ f hat den Wertebereich $W = \mathbb{R}^{>0}$ ☐ $(0|b)$ liegt auf dem Graphen von f

4   Kreuzen Sie alle richtig angegebenen Werte an.

$f(x) = 2^x$ ☐ $f(1) = 4$ ☐ $f(10) = 1024$ ☐ $f(0,1) \approx 2{,}07$

$f(x) = e^x$ ☐ $f(1) \approx 2$ ☐ $f(10) \approx 22\,026$ ☐ $f(0,1) \approx 2{,}1$

$f(x) = e^{3x+5}$ ☐ $f(1) \approx 2981$ ☐ $f(2) \approx 598$ ☐ $f(0,1) \approx 200$

$f(x) = 5 \cdot e^{7x-2}$ ☐ $f(1) \approx 742$ ☐ $f(0) \approx 0{,}68$ ☐ $f(0,1) \approx 3{,}4$

5   Lösen Sie die folgenden Gleichungen:

a) $6 \cdot e^x = 3$

b) $5 \cdot e^{7x-2} = 30$

c) $x^2 \cdot e^{2x} + 36 \cdot e^{2x} = 12x \cdot e^{2x}$

d) $e^{8x} - 4 \cdot e^{4x} + 3 = 0$

6   Kreuzen Sie alle wahren Aussagen an.

☐ Die Wachstumsgeschwindigkeit eines exponentiellen Wachstums ist proportional zum Bestand.

☐ Die Wachstumsgeschwindigkeit eines exponentiellen Wachstums ist selbst nicht exponentiell.

☐ Für $f(x) = a \cdot e^{k \cdot t}$ gilt: $f'(x) = k \cdot f(t)$

☐ Für $f(x) = a \cdot e^{k \cdot t}$ gilt: $f'(x) = a \cdot k \cdot e^{k \cdot t}$

7 a)   Gesucht ist der Extrempunkt des Graphen der Funktion f mit $f(x) = e^x - e \cdot x$.

$f'(x) = $ _____ $f''(x) = $ _____

Nullstelle(n) von f': $f'(x) = 0 \Leftrightarrow$ _____

Hinreichende Bedingung: $f'($ ____ $) = 0$ und $f''($ ____ $) = $ _____ , also hat f an der Stelle _____

b)   Der Graph von f schließt mit den beiden Koordinatenachsen ein Flächenstück ein.
Berechnen Sie den Flächeninhalt.

8 Kreuzen Sie alle richtigen Werte an. Verwenden Sie: $20 \cdot e \approx 54{,}4$; $\frac{20}{e} \approx 7{,}4$

$f(x) = 35 - 20 \cdot e^{-0{,}1x}$ ☐ $f(0) = 15$ ☐ $f(10) \approx 27{,}6$ ☐ $f(100) \approx 350$

$f(x) = 35 + 20 \cdot e^{-0{,}1x}$ ☐ $f(0) = 35$ ☐ $f(10) \approx 42{,}4$ ☐ $f(100) \approx 350$

9 Das Bevölkerungswachstum eines Landes verläuft über einen gewissen Zeitraum exponentiell: $f(t) = 12{,}7 \cdot e^{0{,}0149 \cdot t}$
Dabei gibt t die Zeit in Jahren und f(t) die Bevölkerungszahl in Millionen an.

a) Berechnen Sie, um wie viel Prozent die Bevölkerung pro Jahr zunimmt.

_____

b) Berechnen Sie, nach wie vielen Jahren die Bevölkerungszahl auf ca. 15 Millionen angestiegen ist.

_____

c) Berechnen Sie die Wachstumsgeschwindigkeit der Bevölkerung nach 10 Jahren.

_____

d) Tatsächlich ist die Bevölkerung nach 10 Jahren auf 18,3 Millionen angewachsen.
Geben Sie die Wachstumsfunktion für den Fall an, das dieses Wachstum exponentiell verlaufen ist.

_____

10 Bestimmen Sie die Extrem- und Wendestellen der Funktion f mit $f(x) = 2 \cdot (x - 1)^2 \cdot e^{-0{,}5 \cdot x}$.
Sie können die Ableitungen ohne Nachweis verwenden (oder selbst bestimmen und vergleichen).
$f'(x) = (x - 1) \cdot (5 - x) \cdot e^{-0{,}5 \cdot x}$, $f''(x) = \frac{1}{2} \cdot (x^2 - 10x + 17) \cdot e^{-0{,}5 \cdot x}$, $f'''(x) = -\frac{1}{4} \cdot (x^2 - 14x + 37) \cdot e^{-0{,}5 \cdot x}$

Extremstellen: $f'(\underline{\quad}) = 0$ und $f''(\underline{\quad}) =$ _____

$f'(\underline{\quad}) =$ _____

Notwendige Bedingung für eine Wendestelle: _____

_____

_____

11 In toten Organismen wird der Anteil am radioaktiven Kohlenstoffisotop ^{14}C, der in lebenden Organismen nahezu konstant ist, mit einer Halbwertzeit von 5730 Jahren abgebaut.

a) Der Rest an ^{14}C wird durch die Funktion f mit $f(t) = 100 \cdot e^{k \cdot t}$ beschrieben (t in Jahren, f(t) in Prozent).
Berechnen Sie die Wachstumskonstante k.
$f(5730) = 50$, also: _____   Daher gilt: $k \approx -0{,}000\,121$

b) Im Schwarzlaichmoor bei Peiting in Oberbayern wurde ein Sarg mit der gut erhaltenen Moorleiche einer etwa 25-jährigen Frau gefunden. Bei der Untersuchung des Sarges ergab sich, dass noch ca. 90 % der ^{14}C-Atome vorhanden waren. Bestimmen Sie einen Näherungswert für das Alter.

_____

c) In der Höhle von Lascaux in Frankreich wurden Höhlenmalereien gefunden. Ein Kunsthistoriker stellt auf Grund stilistischer Vergleiche die These auf, dass die Höhlenmalereien ca. 10 000 Jahre alt sind. Berechnen Sie, wie viel Prozent der ursprünglichen ^{14}C-Atome nach dieser These in einer Materialprobe noch vorhanden sein müssten.

_____

d) Bei einer Gewebeprobe aus dem Turiner Grabtuch wurde ein Gehalt von 92 % der ursprünglichen ^{14}C-Atome festgestellt. Wie alt ist diese Gewebeprobe?

_____

Basisaufgaben

1 Vektoren in der Ebene: Bestimmen Sie die fehlenden Werte.

Gegeben ist das Dreieck ABC.

Hilfe: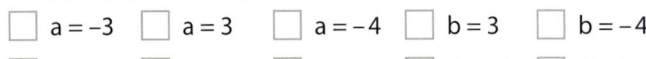

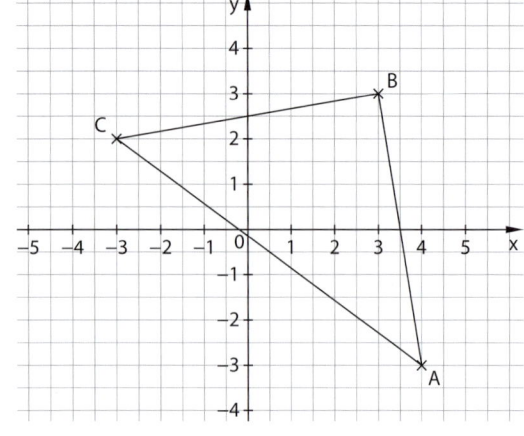

a) Ergänzen Sie die fehlenden Koordinaten der Eckpunkte.

A(4|a), B(b|3) und C(c|d) mit

☐ a = −3 ☐ a = 3 ☐ a = −4 ☐ b = 3 ☐ b = −4

☐ c = −3 ☐ c = 3 ☐ c = −4 ☐ d = −3 ☐ d = 2

b) Kreuzen Sie korrekt angegebene Ortsvektoren an. Korrigieren Sie anderenfalls.

☐ $\overrightarrow{OA} = \binom{4}{3}$ ☐ $\overrightarrow{OB} = \binom{3}{3}$ ☐ $\overrightarrow{OC} = \binom{3}{2}$

c) Berechnen Sie die Länge der Dreieckseiten.

$$|\overrightarrow{AB}| = \sqrt{(3-x)^2 + (3-y)^2} = \sqrt{z},\ x = \underline{\quad},\ y = \underline{\quad},\ z = \underline{\quad}$$

$$|\overrightarrow{AC}| = \sqrt{(-3-4)^2 + (2-(-3))^2} = \sqrt{v},\ v = \underline{\quad},\ |\overrightarrow{BC}| = \underline{\quad}$$

Zusatzaufgabe: Bestimmen Sie den Verbindungsvektor der Mittelpunkte der Strecken $\overline{AB}$ und $\overline{BC}$.

$$|\overrightarrow{PQ}| = \sqrt{(x_Q - x_P)^2 + (y_Q - y_P)^2}$$

2 Abstand zweier Punkte im Raum: Vervollständigen Sie die Zeichnung. Kreuzen Sie alle wahren Aussagen an.

a) Zeichnen Sie die Punkte A(0|2|0), B(2|−2|1) und C(−2|−2|1) und das Dreieck ABC in das Schrägbild des räumlichen Koordinatensystems ein.

b) Kreuzen Sie die Aussagen an, die Sie für wahr halten.

☐ Der Punkt A liegt auf der x_2-Achse.

☐ B und C haben den gleichen Abstand zur x_1x_2-Ebene.

☐ Das Dreieck ABC ist gleichseitig.

☐ Das Dreieck ABC ist gleichschenklig.

☐ Die Seite $\overline{BC}$ hat eine Länge von 2 LE.

☐ Das Dreieck ABC liegt symmetrisch bezüglich der x_2x_3-Ebene.

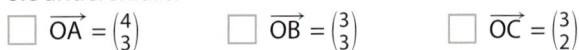

3 Die Pfeile $\overrightarrow{AB}$ und $\overrightarrow{CD}$ sollen zu ein und demselben Vektor gehören. Ermitteln Sie die fehlenden Koordinaten.

a) A(−1|0|1), B(1|2|3), D(0|1|−1):   C(____ |−1| ____)

b) A(a|a|2a), B(3|0|−a), C(2a|0|a):   D(_____ | _____ | _____)

4 Betrag eines Vektors: Bestimmen Sie x so, dass die Vektoren $\vec{a} = \begin{pmatrix} 2 \\ -1 \\ 2 \end{pmatrix}$ und $\vec{b} = \begin{pmatrix} x \\ 2 \\ 1 \end{pmatrix}$ den gleichen Betrag haben:

$x_1 = \underline{\quad}$, $x_2 = \underline{\quad}$

5 Von einem Quader ABCDEFGH mit einem Volumen von 6 VE sind die Koordinaten der Eckpunkte A(2|2|2), B(2|4|2) und D(1|2|2) bekannt. Ergänzen Sie die Koordinaten der anderen Eckpunkte E, F, G, H.

C(1|4|2)   E(___ | ___ | ___)   F(___ | ___ | ___)   G(___ | ___ | ___)   H(___ | ___ | ___)

Zusatzaufgabe: Geben Sie alle Möglichkeiten an.

6 Die Punkte A(3|0|0), B(3|3|0) und C(3|0|2) sind die Eckpunkte der Grundfläche eines geraden Prismas, dessen Deckfläche DEF in der x_2x_3-Ebene liegt.

a) Kreuzen Sie die Aussagen an, die Sie für wahr halten.

☐ Der Vektor $\overrightarrow{AC}$ wird auch durch den Pfeil $\overrightarrow{FD}$ repräsentiert.

☐ Die Vektorpfeile $\overrightarrow{AD}$, $\overrightarrow{CF}$ und $\overrightarrow{BE}$ gehören zu demselben Vektor.

☐ Das Volumen des Prismas beträgt 9 VE.

☐ Der Mittelpunkt M der Seitenfläche ADFC hat die Koordinaten M(1,5|0|1).

☐ Die Seitenfläche ABED ist ein Quadrat.

☐ Die Seitenfläche BEFC ist ein Quadrat.

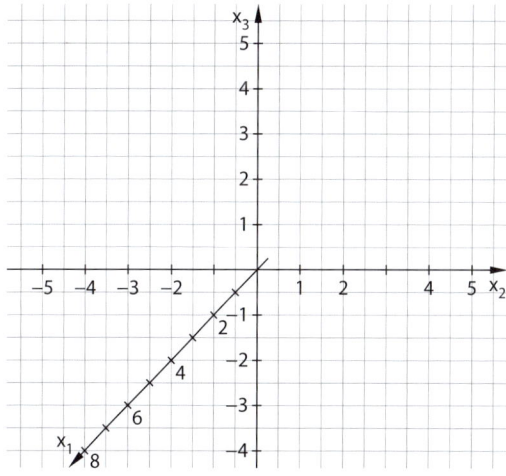

b) Ordnen Sie den Vektoren die passende Koordinatendarstellung zu. Ergänzen Sie die fehlende Koordinatendarstellung.

$\overrightarrow{AB}$	$\overrightarrow{AC}$	$\overrightarrow{AD}$	$\overrightarrow{AE}$	$\overrightarrow{BC}$	$\overrightarrow{BD}$	$\overrightarrow{BF}$

$\vec{x}_1 = \begin{pmatrix} -3 \\ 3 \\ 0 \end{pmatrix}$ $\vec{x}_2 = \begin{pmatrix} -3 \\ -3 \\ 2 \end{pmatrix}$ $\vec{x}_3 = \begin{pmatrix} 0 \\ 3 \\ 0 \end{pmatrix}$ $\vec{x}_4 = \begin{pmatrix} 0 \\ -3 \\ 2 \end{pmatrix}$ $\vec{x}_5 = \begin{pmatrix} 0 \\ 0 \\ 2 \end{pmatrix}$ $\vec{x}_6 = \begin{pmatrix} -3 \\ 0 \\ 0 \end{pmatrix}$

Weiterführende Aufgaben

7 Gegeben ist eine gerade Pyramide ABCDS mit quadratischer Grundfläche ABCD, die parallel zur x_1x_2-Ebene verläuft und einen Flächeninhalt von 16 FE hat. Die Spitze S hat eine positive x_3-Koordinate. Die Höhe der Pyramide beträgt h = 3 LE. Der Punkt A hat die Koordinaten A(4|1|1,5). Der dem Punkt A diagonal gegenüberliegende Eckpunkt C liegt senkrecht über der x_2-Achse.

a) Zeichnen Sie ein Schrägbild der Pyramide und tragen Sie dort die Koordinaten der Punkte B, C, D und S ein.

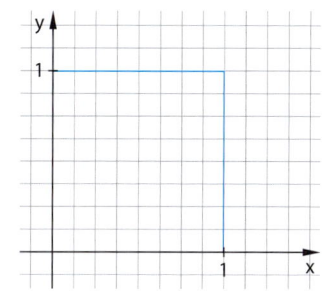

b) Berechnen Sie die Länge einer Seitenkante und das Volumen der Pyramide.

$\overline{AS}$ = _____ ≈ _____ LE   V = _____ = _____ VE

c) Durch Spiegelung an der x_1x_3-Ebene entsteht die Pyramide

A'(____ | ____ | ____), B'(____ | ____ | ____),

C'(____ | ____ | ____), D'(____ | ____ | ____),

S'(____ | ____ | ____),

8 Die Lage des Punktes P werde durch den Ortsvektor $\overrightarrow{OP} = \begin{pmatrix} x \\ 1-x \end{pmatrix}$; $x \in \mathbb{R}$; $0 \le x \le 1$ (x in Meter) beschrieben.

a) Veranschaulichen Sie die zu $\overrightarrow{OP}$ gehörende Punktmenge in dem Koordinatensystem.

b) Wenn P für das Durchlaufen der gesamten Punktmenge von x = 0 bis x = 1 (in Metern) zehn Minuten braucht, welche Durchschnittsgeschwindigkeit (in Meter pro Stunde) hat dann P?

☐ $6\frac{m}{h}$ ☐ $9,5\frac{m}{h}$ ☐ $12\frac{m}{h}$ ☐ $8,5\frac{m}{h}$ ☐ $10\frac{m}{h}$

Basisaufgaben

1 Addition von Vektoren:

a) Zeichnen Sie den Vektor $\vec{a} + \vec{b}$ in die Zeichnung ein.

b) Ergänzen Sie die Texte zu wahren Aussagen.

  ① Ist $\vec{a} = \overrightarrow{AB}$ und $\vec{b} = \overrightarrow{BC}$, so ist

    $\vec{a} + \vec{b} = \square$ $\overrightarrow{AB}$ $\square$ $\overrightarrow{AC}$ $\square$ $\overrightarrow{BC}$.

  ② Die Summe $\vec{a} + \vec{b}$ lässt sich als Diagonalenvektor in dem von $\vec{a}$ und $\vec{b}$ aufgespannten $\square$ Rechteck $\square$ Parallelogramm interpretieren.

  ③ Unter der Summe $\vec{a} + \vec{b}$ zweier Vektoren versteht man den Vektor, der durch Addition $\square$ der einander entsprechenden / $\square$ aller Koordinaten von $\vec{a}$ und $\vec{b}$ entsteht.

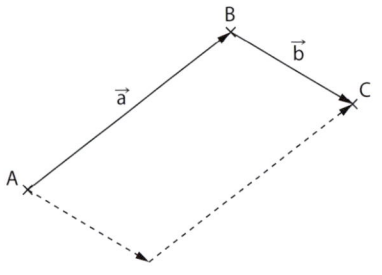

2 Bilden Sie die Summe der Vektoren.

a) $\begin{pmatrix} 2 \\ -1 \end{pmatrix} + \begin{pmatrix} -3 \\ -1 \end{pmatrix} = $ _____

b) $\begin{pmatrix} 3 \\ -2 \\ 5 \end{pmatrix} + \begin{pmatrix} -4 \\ 2 \\ 0 \end{pmatrix} = $ _____

c) $\begin{pmatrix} 6 \\ 3 \\ -4 \end{pmatrix} + \begin{pmatrix} -6 \\ -3 \\ 4 \end{pmatrix} = $ _____

3 a) Zeichnen Sie in dem Fünfeck die Summenvektoren ein.

  ① $\vec{v} = \overrightarrow{DE} + \overrightarrow{EA}$

  ② $\vec{w} = \overrightarrow{BC} + \overrightarrow{CM}$

b) Geben Sie zwei aus Eckpunkten des Fünfecks gebildete Vektoren an, die als Summanden den Vektor $\overrightarrow{EC}$ erzeugen.
Nennen Sie zwei Möglichkeiten.

  ① $\overrightarrow{EC} = $ ____ $+$ ____

                   oder zum Beispiel

  ② $\overrightarrow{EC} = $ ____ $+$ ____

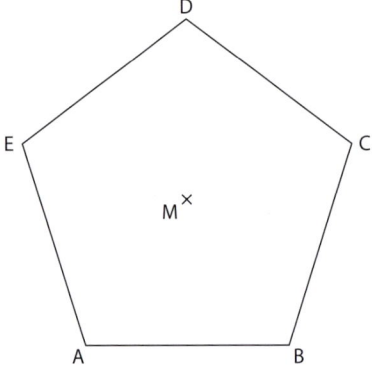

4 Subtraktion von Vektoren: Ergänzen Sie die Sätze zu wahren Aussagen.

  ① Die Vektoren $\vec{a}$ und $-\vec{a}$ heißen _____ .

  ② Der Vektor $\vec{a} + (-\vec{a})$ ergibt den _____ $\vec{0}$.

  ③ Die Subtraktion zweier Vektoren wird auf die Addition zurückgeführt. Es gilt: $\vec{a} - \vec{b} = \vec{a}$ _____

5 Bilden Sie die Differenz der Vektoren.

a) $\begin{pmatrix} -1 \\ -2 \\ 0 \end{pmatrix} - \begin{pmatrix} 1 \\ 2 \\ 0 \end{pmatrix} = $ _____

b) $\begin{pmatrix} 5 \\ -2 \end{pmatrix} - \begin{pmatrix} -3 \\ 1 \end{pmatrix} = $ _____

c) $\begin{pmatrix} 3 \\ -3 \\ 3 \end{pmatrix} - \begin{pmatrix} -3 \\ 3 \\ 0 \end{pmatrix} = $ _____

6 a) Lesen Sie in der Abbildung die Koordinaten von $\vec{a}$ und $\vec{b}$ ab.

  $\vec{a} = $ _____ , $\vec{b} = $ _____

b) Zeichnen Sie den Vektor $\vec{a} - \vec{b} = \vec{a} + (-\vec{b})$ im Koordinatensystem ein. Lesen Sie seine Koordinaten ab.

  $\vec{a} - \vec{b} = $ _____

c) Berechnen Sie zum Vergleich mit **b**.

  $\vec{a} - \vec{b} = $ ____ $-$ ____ $= $ ____ $+$ ____ $= $ ____

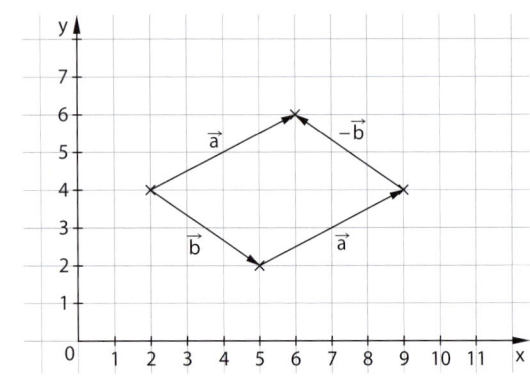

7 Rechenregeln: Berechnen Sie geschickt.

Hinweis: Fassen Sie zur Vereinfachung unter Beachtung der Rechenregeln geeignete Summanden zusammen.

a) $\begin{pmatrix} 2 \\ -1 \end{pmatrix} + \begin{pmatrix} -3 \\ -1 \end{pmatrix} - \begin{pmatrix} 2 \\ -1 \end{pmatrix} = $ _____

b) $\begin{pmatrix} 3 \\ -2 \\ 5 \end{pmatrix} - \begin{pmatrix} -4 \\ 2 \\ 0 \end{pmatrix} + \begin{pmatrix} 3 \\ -2 \\ 5 \end{pmatrix} - \begin{pmatrix} 6 \\ -4 \\ 10 \end{pmatrix} = $ _____

c) $\begin{pmatrix} 3 \\ -2 \\ 5 \end{pmatrix} - \left(\begin{pmatrix} -4 \\ 2 \\ 0 \end{pmatrix} + \begin{pmatrix} 3 \\ -2 \\ 5 \end{pmatrix} - \begin{pmatrix} 6 \\ -4 \\ 10 \end{pmatrix} \right) = $ _____

d) $\begin{pmatrix} 1 \\ -3 \\ 0{,}75 \end{pmatrix} - \begin{pmatrix} -2 \\ 2 \\ 1 \end{pmatrix} + \begin{pmatrix} -3 \\ 5 \\ 0{,}25 \end{pmatrix} = $ _____

8 Ermitteln Sie die Koordinaten des Vektors $\vec{x}$.

a) $\begin{pmatrix} 1 \\ 2 \\ 4 \end{pmatrix} - \vec{x} + \begin{pmatrix} 1 \\ 2 \\ -4 \end{pmatrix} - \begin{pmatrix} 2 \\ -4 \\ 0 \end{pmatrix} = \begin{pmatrix} -4 \\ 2 \\ 0 \end{pmatrix}; \vec{x} = $ _____

b) $\begin{pmatrix} -1 \\ -3 \\ 4 \end{pmatrix} - \left(\begin{pmatrix} -1 \\ -3 \\ 4 \end{pmatrix} - \begin{pmatrix} 3 \\ 7 \\ 6 \end{pmatrix} \right) = \begin{pmatrix} 3 \\ 7 \\ 6 \end{pmatrix} - \vec{x}; \vec{x} = $ _____

Weiterführende Aufgaben

9 Verbinden Sie in Bezug auf das regelmäßige Sechseck jede Vektorsumme mit dem dazu passenden Vektor.

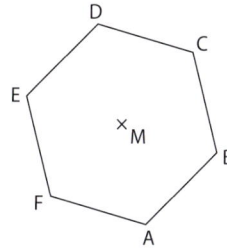

| $\overrightarrow{FE} + \overrightarrow{CB}$ | $\overrightarrow{AB} - \overrightarrow{CB}$ | $\overrightarrow{ED} + \overrightarrow{FA}$ | $-\overrightarrow{EF} - \overrightarrow{FA}$ |

| $\overrightarrow{AC}$ | $\overrightarrow{BD}$ | $\vec{0}$ | $\overrightarrow{EC}$ |

10 In dem Quader ABCDEFGH sind folgende Vektoren definiert:

$\vec{a} = \overrightarrow{AB}; \vec{b} = \overrightarrow{AE}; \vec{c} = \overrightarrow{AD}$

Ordnen Sie passende Vektoren einander zu.

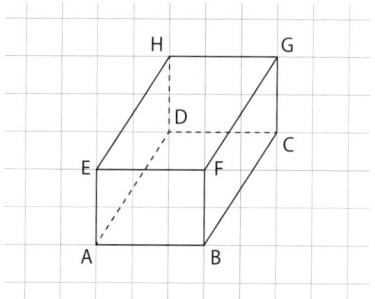

| $\vec{a} + \vec{b}$ | $\vec{a} + \vec{b} + \vec{c}$ | $\vec{a} - \vec{c}$ | $\vec{a} - \vec{b} + \vec{c}$ |

| $\overrightarrow{AG}$ | $\overrightarrow{DB}$ | $\overrightarrow{EC}$ | $\overrightarrow{AF}$ |

11 Gegeben sind die Punkte A(3 | 4 | 1), B(4 | 6 | 3) und D(5 | −1 | 2).
Bestimmen Sie die Koordinaten eines Punktes C, sodass die Punkte ABCD in dieser Reihenfolge ein Parallelogramm bilden.

$\overrightarrow{OC} = $ _____ + _____ = _____ + _____ = _____ → C(____ | ____ | 4)

12 Bei der Punktspiegelung eines Punktes B an einem Punkt A erhält man den Spiegelpunkt B'.
Bestimmen Sie die Koordinaten von B' durch einen Ansatz mit geeigneten Vektoren.

a) A(4 | 4); B(7 | 6)   (siehe Abbildung)

$\overrightarrow{OB'} = $ _____

b) A(1 | 2 | 3); B(3 | −4 | −1)

$\overrightarrow{OB'} = $ _____

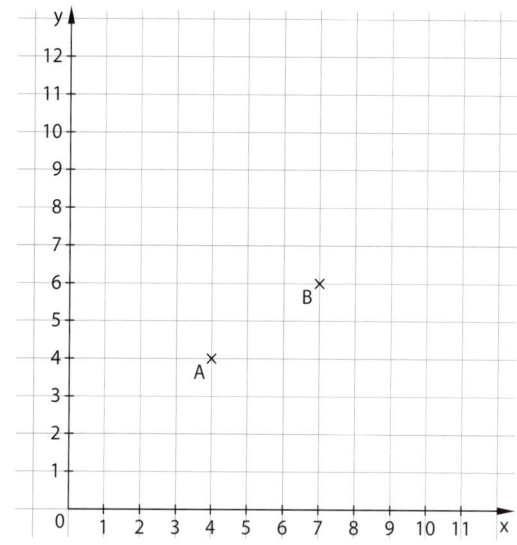

Basisaufgaben

1 Multiplikation eines Vektors mit einer reellen Zahl:

a) Zeichnen Sie einen Repräsentanten des Vektors $2\vec{a}$ von Punkt A aus und einen Repräsentanten des Vektors $-1{,}5\vec{a}$ von Punkt B aus .

b) Wählen Sie für den Vektor $\vec{x}$ die korrekten Vektoren $3\vec{x}$ und $\frac{1}{2}\vec{x}$.

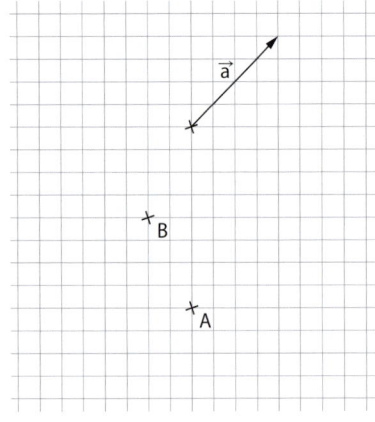

① $\vec{x} = \begin{pmatrix} 4 \\ -2 \end{pmatrix}$ ☐ $3\vec{x} = \begin{pmatrix} 12 \\ 6 \end{pmatrix}$ ☐ $\frac{1}{2}\vec{x} = \begin{pmatrix} 2 \\ -1 \end{pmatrix}$

② $\vec{x} = \begin{pmatrix} -4 \\ 6 \\ 8 \end{pmatrix}$ ☐ $3\vec{x} = \begin{pmatrix} -12 \\ 18 \\ 24 \end{pmatrix}$ ☐ $\frac{1}{2}x = \begin{pmatrix} -2 \\ 6 \\ 4 \end{pmatrix}$

③ $\vec{x} = \begin{pmatrix} 2a \\ 3a \\ a \end{pmatrix}$ ☐ $3\vec{x} = \begin{pmatrix} 6a \\ 9a \\ a \end{pmatrix}$ ☐ $\frac{1}{2}\vec{x} = \begin{pmatrix} a \\ 1{,}5a \\ a \end{pmatrix}$

2 Wählen Sie alle korrekten Vereinfachungen der Summen.

☐ $4 \cdot \left(2\vec{a} - 3\vec{b} \right) - 2 \cdot \left(4\vec{a} - 6\vec{b} \right) = 8\vec{a} - 12\vec{b} - 8\vec{a} + 12\vec{b} = 16\vec{a} - 24\vec{b}$

☐ $-2 \cdot \left[\begin{pmatrix} -3 \\ 0{,}5 \\ 2 \end{pmatrix} - 3 \cdot \begin{pmatrix} 1 \\ -2 \\ 4 \end{pmatrix} \right] + 3 \cdot \left[\begin{pmatrix} 2 \\ -1 \\ -1 \end{pmatrix} + 2 \cdot \begin{pmatrix} -1 \\ 1{,}5 \\ 2{,}5 \end{pmatrix} \right] = -2 \cdot \begin{pmatrix} -6 \\ 6{,}5 \\ -10 \end{pmatrix} + 3 \cdot \begin{pmatrix} 0 \\ 2 \\ 4 \end{pmatrix} = \begin{pmatrix} 12 + 0 \\ -13 + 6 \\ 20 + 12 \end{pmatrix} = \begin{pmatrix} 12 \\ -7 \\ 32 \end{pmatrix}$

3 **Kollinearität von Vektoren:** Markieren Sie kollineare Vektoren mit derselben Farbe.

$\vec{a} = \begin{pmatrix} 1 \\ -2 \\ 1 \end{pmatrix}$; $\vec{b} = \begin{pmatrix} 1 \\ 1 \\ 1 \end{pmatrix}$; $\vec{c} = \begin{pmatrix} -1 \\ 2 \\ -1 \end{pmatrix}$; $\vec{d} = \begin{pmatrix} -\pi \\ -\pi \\ -\pi \end{pmatrix}$; $\vec{e} = \begin{pmatrix} \sqrt{2} \\ -\sqrt{8} \\ \sqrt{2} \end{pmatrix}$; $\vec{f} = \begin{pmatrix} 10 \\ \sqrt{100} \\ 0{,}1^{-1} \end{pmatrix}$; $\vec{g} = \begin{pmatrix} 1 \\ -2 \\ -1 \end{pmatrix}$

4 Wählen Sie zum gegebenen Vektor $\vec{a}$ den zugehörigen Einheitsvektor $\vec{e}$.

① $\vec{a}_1 = \begin{pmatrix} 2 \\ -2 \\ 1 \end{pmatrix}$ ② $\vec{a}_2 = \begin{pmatrix} 1 \\ 1 \\ 1 \end{pmatrix}$ ③ $\vec{a}_3 = \begin{pmatrix} k \\ 0 \\ 0 \end{pmatrix}$ mit $k \neq 0$ ④ $\vec{a}_4 = \begin{pmatrix} 3 \\ 4 \end{pmatrix}$

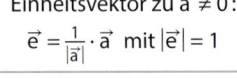
Einheitsvektor zu $\vec{a} \neq \vec{0}$:
$\vec{e} = \frac{1}{|\vec{a}|} \cdot \vec{a}$ mit $|\vec{e}| = 1$

$\vec{e} = \frac{1}{|k|} \cdot \begin{pmatrix} k \\ 0 \\ 0 \end{pmatrix}$ $\qquad$ $\vec{e} = \frac{1}{\sqrt{4+4+1}} \cdot \begin{pmatrix} 2 \\ -2 \\ 1 \end{pmatrix} = \frac{1}{3} \cdot \begin{pmatrix} 2 \\ -2 \\ 1 \end{pmatrix}$

$\vec{e} = \frac{1}{\sqrt{3}} \cdot \begin{pmatrix} 1 \\ 1 \\ 1 \end{pmatrix} = \frac{1}{3} \cdot \sqrt{3} \cdot \begin{pmatrix} 1 \\ 1 \\ 1 \end{pmatrix}$ $\qquad$ $\vec{e} = \frac{1}{\sqrt{9+16}} \cdot \begin{pmatrix} 3 \\ 4 \end{pmatrix} = \frac{1}{5} \cdot \begin{pmatrix} 3 \\ 4 \end{pmatrix}$

5 **Linearkombination von Vektoren:** Ermitteln Sie zeichnerisch und rechnerisch.

a) Stellen Sie in der Abbildung den Vektor $\vec{a}$ zeichnerisch als Linearkombination der Vektoren $\vec{b}$ und $\vec{c}$ dar.
(Eine Kästchenbreite entspricht einer Längeneinheit.)

b) Wählen Sie die korrekten Schritte zur rechnerischen Ermittlung des Vektors $\vec{a} = \begin{pmatrix} 2 \\ 3 \end{pmatrix}$ als Linearkombination der Vektoren $\vec{b} = \begin{pmatrix} 2 \\ 4 \end{pmatrix}$ und $\vec{c} = \begin{pmatrix} 4 \\ 4 \end{pmatrix}$.

$\vec{a} = r \cdot \vec{b} + s \cdot \vec{c}$,

d.h. ☐ $\begin{pmatrix} 2 \\ 3 \end{pmatrix} = r \cdot \begin{pmatrix} 2 \\ 4 \end{pmatrix} + s \cdot \begin{pmatrix} 4 \\ 4 \end{pmatrix}$ $\qquad$ ☐ $\begin{pmatrix} 2 \\ 3 \end{pmatrix} = r \cdot \begin{pmatrix} -2 \\ 4 \end{pmatrix} + s \cdot \begin{pmatrix} 4 \\ -4 \end{pmatrix}$

$2 = 2r + 4s$ und $3 = 4r + 4s$, also

☐ $4s = 2 - 2r = 3 - 4r$ und $2r = 1$ $\qquad$ ☐ $r = s$

☐ $r = \frac{1}{2}$; $s = \frac{1}{4}$ $\qquad$ ☐ $r = -\frac{1}{2}$; $s = \frac{1}{2}$

☐ $\vec{a} = -\frac{1}{2} \cdot \vec{b} + \frac{1}{2} \cdot \vec{c}$ $\qquad$ ☐ $\vec{a} = \frac{1}{2} \cdot \vec{b} + \frac{1}{4} \cdot \vec{c}$

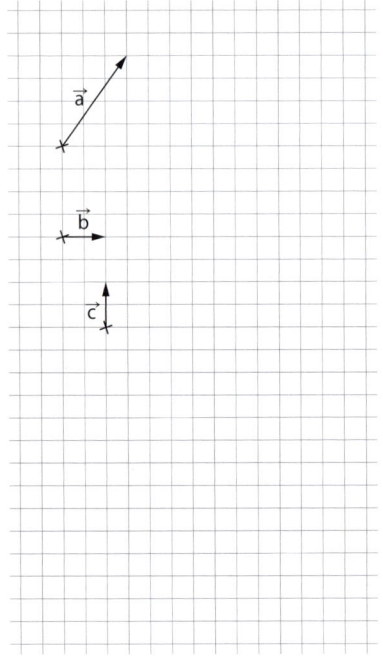

6 Berechnen Sie den Wert für k, sodass die Vektoren $\begin{pmatrix} 3 \\ 4 \end{pmatrix}$ und $\begin{pmatrix} -1 \\ 2+k \end{pmatrix}$ kollinear sind.

Weiterführende Aufgaben

7 Führen Sie den Nachweis für die lineare Unabhängigkeit der Vektoren $\vec{a} = \begin{pmatrix} -1 \\ 0 \\ 0 \end{pmatrix}$, $\vec{b} = \begin{pmatrix} 0 \\ -1 \\ 1 \end{pmatrix}$ und $\vec{c} = \begin{pmatrix} 1 \\ 0 \\ 1 \end{pmatrix}$ zu Ende.

Hilfe:

$x \cdot \begin{pmatrix} -1 \\ \ \\ \ \end{pmatrix} + y \cdot \begin{pmatrix} \ \\ -1 \\ \ \end{pmatrix} + z \cdot \underline{\quad\quad} = \underline{\quad\quad} \quad \Leftrightarrow \quad \begin{vmatrix} -x + z = 0 \\ -y = 0 \\ y + z = 0 \end{vmatrix}$ Daraus folgt: $y = z = \underline{\quad}$ und $x = \underline{\quad}$.

8 Gegeben ist ein Quader mit den Bezeichnungen wie in der Abbildung.
Die Kantenlängen betragen $\overline{AD} = 3$ LE, $\overline{AE} = 4$ LE, $\overline{AB} = 5$ LE.
Kreuzen Sie an, welche Aussagen Sie für wahr halten.

☐ Die Vektoren $\overrightarrow{AB}$, $\overrightarrow{AE}$ und $\overrightarrow{AD}$ sind linear unabhängig.

☐ Die Vektoren $\overrightarrow{AB}$, $\overrightarrow{AE}$, $\overrightarrow{AD}$ und $\overrightarrow{AC}$ sind linear unabhängig.

☐ Die Vektoren $\overrightarrow{EC}$ und $\overrightarrow{HC}$ sind kollinear.

☐ Der Schnittpunkt M der Raumdiagonalen des Quaders hat die Koordinaten M(2 | 2,5 | 1,5).

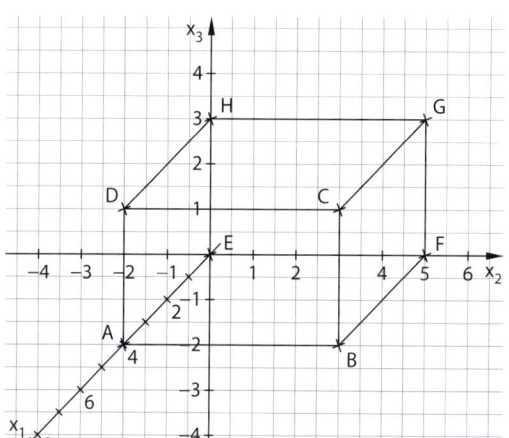

9 Die Vektoren $\vec{a} = \begin{pmatrix} 1 \\ -2 \\ -3 \end{pmatrix}$, $\vec{b} = \begin{pmatrix} -1 \\ 1 \\ 1 \end{pmatrix}$ und $\vec{c} = \begin{pmatrix} -1 \\ -1 \\ -3 \end{pmatrix}$ werden mithilfe des GTR auf lineare Unabhängigkeit untersucht.

Kreuzen Sie an, welche der Aussagen Sie in diesem Sachzusammenhang für korrekt halten.

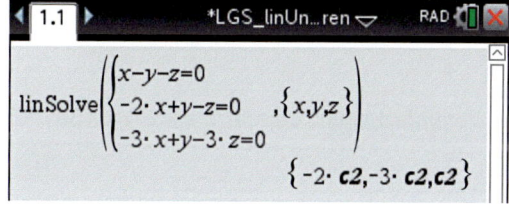

☐ Aus dem Ansatz $x \cdot \vec{a} + y \cdot \vec{b} + z \cdot \vec{c} = \vec{0}$ ergibt sich das dargestellte lineare Gleichungssystem.

☐ Die vom GTR angezeigte Lösungsmenge weist darauf hin, dass das Gleichungssystem keine Lösungen besitzt.

☐ Weil man c2 auch gleich Null setzen kann, sind die Vektoren linear unabhängig.

☐ Weil die Variable c2 für eine beliebige reelle Zahl steht, gibt es auch Lösungen, die vom Nullvektor verschieden sind. Deshalb sind die Vektoren linear abhängig.

10 Ein Dreieck ABC wird durch die Vektoren $\vec{u} = \overrightarrow{AB}$ und $\vec{v} = \overrightarrow{AC}$ aufgespannt. Der Punkt A liegt im Ursprung. M_1, M_2 und M_3 sind die Mittelpunkte der Dreiecksseiten. S ist der Schwerpunkt des Dreiecks.
Ordnen Sie den Verbindungsvektoren die passende Linearkombination zu.
Hinweis: S teilt jede Seitenhalbierende im Verhältnis 2 : 1.

$\boxed{\dfrac{1}{3} \cdot \vec{u} - \dfrac{2}{3} \cdot \vec{v}}$ $\qquad$ $\boxed{\dfrac{1}{2} \cdot \vec{u}}$ $\qquad$ $\boxed{\dfrac{1}{2} \cdot (\vec{v} + \vec{u})}$ $\qquad$ $\boxed{\vec{v} - \vec{u}}$

$\boxed{\overrightarrow{CS}}$ $\qquad$ $\boxed{\overrightarrow{BC}}$ $\qquad$ $\boxed{\overrightarrow{M_3M_2}}$ $\qquad$ $\boxed{\overrightarrow{AM_2}}$

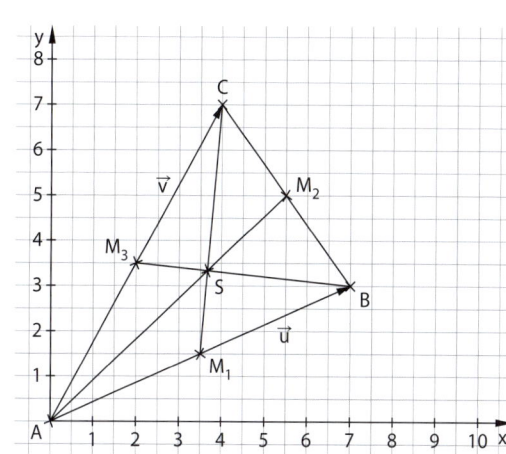

1 Die Punkte A(3 | 2 | 1), B(4 | 2 | 1) und D(3 | 3 | 1) sind Eckpunkte eines Würfels ABCDEFGH.
Ergänzen Sie die Koordinaten der anderen Eckpunkte. Geben Sie alle Möglichkeiten an.

A(3 | 2 | 1),   B(4 | 2 | 1),   D(3 | 3 | 1),   C(___ | ___ | ___)

E(___ | ___ | ___),   F(___ | ___ | ___),   G(___ | ___ | ___),   H(___ | ___ | ___)

A(3 | 2 | 1),   B(4 | 2 | 1),   D(3 | 3 | 1),   C(___ | ___ | ___)

E(___ | ___ | ___),   F(___ | ___ | ___),   G(___ | ___ | ___),   H(___ | ___ | ___)

2 Gegeben sei ein Quadrat ABCD mit der Seitenlänge 1 LE.
Zeichnen Sie eines der möglichen Koordinatensysteme ein, dessen Achsen
parallel zu den Quadratseiten sind, und in dem einer der Eckpunkte des
Quadrates die Koordinaten (1 | 1) hat. Wählen Sie alle möglichen Koordinaten
der Eckpunkte.

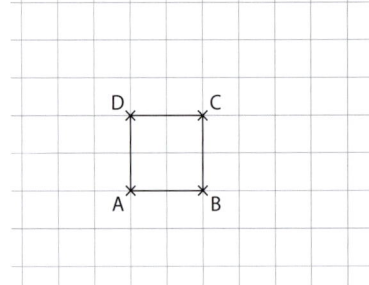

☐ A(1 | 1), B(2 | 1), C(2 | 2), D(1 | 2)   ☐ A(0 | 0), B(1 | 0), C(1 | 1), D(0 | 1)

☐ A(1 | 0), B(1 | 2), C(0 | 2), D(0 | 1)   ☐ A(1 | 0), B(2 | 0), C(2 | 1), D(1 | 1)

☐ A(0 | 1), B(1 | 1), C(1 | 2), D(0 | 2)   ☐ A(2 | 1), B(2 | 0), C(2 | 2), D(2 | –1)

3 Kreuzen Sie die richtigen Koordinaten und den korrekten Betrag des Vektors $\overrightarrow{AB}$ an.

a) A(–2 | 3); B(5 | –1)   ☐ $\overrightarrow{AB} = \binom{-7}{2}$; $|\overrightarrow{AB}| = \sqrt{53}$ ☐ $|\overrightarrow{AB}| = \binom{7}{-4}$; $|\overrightarrow{AB}| = \sqrt{65}$

b) A(a | 2a | –a); B(1 – a | a – 2 | a²)   ☐ $\overrightarrow{AB} = \begin{pmatrix} 1-2a \\ -a-2 \\ a^2+a \end{pmatrix}$; $|\overrightarrow{AB}| = \sqrt{a^4+2a^3+6a^2+5}$ ☐ $\overrightarrow{AB} = \begin{pmatrix} -1 \\ 0 \\ a^2 \end{pmatrix}$; $|\overrightarrow{AB}| = \sqrt{a^4-a}$

c) A(–3 | 5); B(x | 2 – x)   ☐ $\overrightarrow{AB} = \binom{x-3}{7-x}$; $|\overrightarrow{AB}| = \sqrt{3} \cdot |x-7|$ ☐ $\overrightarrow{AB} = \binom{x+3}{-x-3}$; $|\overrightarrow{AB}| = \sqrt{2} \cdot |x+3|$

4 Vereinfachen Sie den Term $\vec{a} - 2 \cdot (\vec{b} - 3\vec{a}) + 3 \cdot (-2\vec{a} + \vec{b})$ so weit wie möglich.

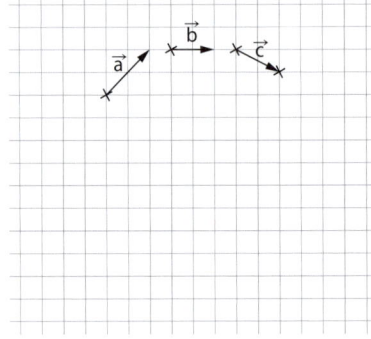

_____

5 Die Vektoren $\vec{a}$, $\vec{b}$ und $\vec{c}$ sind in der Abbildung dargestellt.
Ermitteln Sie die Vektorsumme $2\vec{a} - 4\vec{b} + \vec{c}$ zeichnerisch und rechnerisch.

$\vec{a} = \binom{2}{\ }$; $\vec{b} = \binom{\ }{0}$; $\vec{c} = \binom{\ }{\ }$

$2\vec{a} - 4\vec{b} + \vec{c} = 2 \cdot \binom{\ }{\ } - 4 \cdot \binom{\ }{\ } + \binom{\ }{\ } = \binom{\ }{\ }$

6 Ermitteln Sie, falls möglich, alle Werte des reellen Parameters t, so dass die Vektoren $\overrightarrow{AB} = \begin{pmatrix} 1+t \\ 4 \\ 2 \end{pmatrix}$ und $\overrightarrow{CD} = \begin{pmatrix} 2 \\ -2 \\ 1-t \end{pmatrix}$
a) den gleichen Betrag haben bzw. **b)** kollinear sind.

a) $|\overrightarrow{AB}| =$ _____ $|\overrightarrow{CD}| =$ _____

Durch Gleichsetzen und Lösen der Gleichung erhält man t = _____ , für diesen Wert haben die Vektoren den

gleichen Betrag.

b) $\binom{\ }{\ } = k \cdot \binom{\ }{\ } \Rightarrow k =$ _____ $\Rightarrow$ t = _____ und t = _____

„Die beiden Vektoren sind kollinear für die reelle Zahl t" gilt für _____ .

7 Überprüfen Sie, ob die Vektoren $\begin{pmatrix}1\\1\\2\end{pmatrix}$, $\begin{pmatrix}3\\-1\\1\end{pmatrix}$ und $\begin{pmatrix}1\\4\\4\end{pmatrix}$ linear unabhängig sind. $x \cdot \begin{pmatrix} \\ \\ \end{pmatrix} + y \cdot \begin{pmatrix} \\ \\ \end{pmatrix} + z \cdot \begin{pmatrix} \\ \\ \end{pmatrix} = \begin{pmatrix} \\ \\ \end{pmatrix}$

Daraus folgt x = _____ , y = _____ , z = _____ . Die Vektoren sind linear _____ .

8 Gegeben sind die Punkte A(4 | 7 | –2), B(–3 | 5 | 6) und C(1 | –5 | 7).

a) Ergänzen Sie den Nachweis dafür, dass das Dreieck ABC gleichschenklig-rechtwinklig ist.

Gleichschenklig: ☐ $|\overrightarrow{AB}| = |\overrightarrow{BC}| = 3 \cdot \sqrt{13}$ ☐ $|\overrightarrow{AB}| = |\overrightarrow{AC}| = 3 \cdot \sqrt{26}$ ☐ $|\overrightarrow{AC}| = 3 \cdot \sqrt{26}$ ☐ $|\overrightarrow{AC}| = 3 \cdot \sqrt{13}$

Rechtwinkligkeit gilt nach dem Satz des _____ : $\left(3 \cdot \sqrt{13}\right)^2 + \left(3 \cdot \sqrt{13}\right)^2 = 2 \cdot \left(3 \cdot \sqrt{13}\right)^2 = \left(3 \cdot \sqrt{2 \cdot 13}\right)^2$

b) Die Punkte P, Q und R sind (in dieser Reihenfolge) die Mittelpunkte der Seiten $\overline{AB}$, $\overline{AC}$ und $\overline{BC}$ des Dreiecks ABC.
Ergänzen Sie die fehlenden Koordinaten der Punkte:

P(____ | 6 | ____), Q(____ | ____ | 2,5) und R(–1 | ____ | ____).

c) Kreuzen Sie an, in welchem Verhältnis die Flächeninhalte der Dreiecke PQR und ABC stehen.

☐ 1 : 1   ☐ 1 : 2   ☐ 1 : 3   ☐ 1 : 4

d) Ermitteln Sie die Koordinaten eines Punktes D, sodass A, B, C und D ein Quadrat bilden.   D(____ | ____ | ____)

Zusatzaufgabe: Begründen Sie, weshalb die Strecke $\overline{RQ}$ halb so lang wie die Strecke $\overline{AB}$ und parallel zu dieser ist.

9 Eine gerade Pyramide mit quadratischer Grundfläche ABCD und der Spitze S (mit positiver x_3-Koordinate) hat den Eckpunkt A(4 | 0 | 0) und ist 6 LE hoch. Die Diagonalen der Grundfläche liegen auf der x_1- bzw. x_2-Achse.

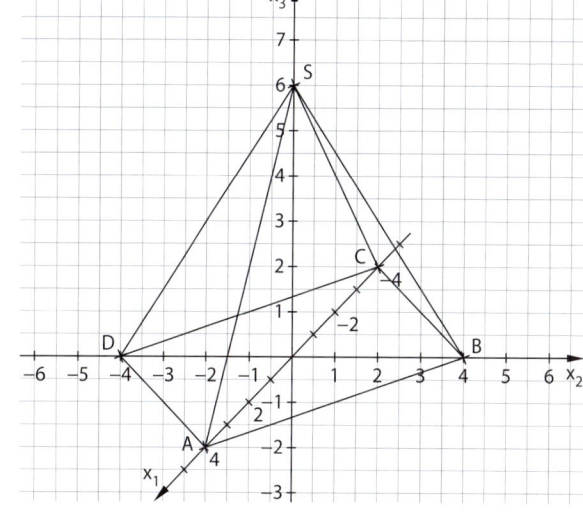

a) Betrachten Sie die Abbildung. Ergänzen Sie die fehlenden Koordinaten.

B(____ | ____ | 0)   C(____ | ____ | 0)

D(____ | ____ | 0)   S(____ | ____ | ____)

b) Wählen Sie korrekte Berechnungen der Beträge der Vektoren.

☐ $|\overrightarrow{AB}| = \sqrt{(0-4)^2 + (4-0)^2 + (0-0)^2} = \sqrt{32} = 4 \cdot \sqrt{2}$

☐ $|\overrightarrow{AS}| = \sqrt{(0-4)^2 + (0-0)^2 + (6-0)^2} = \sqrt{52} = 4 \cdot \sqrt{3}$

c) Zeichnen Sie den Verschiebungsvektor vom Mittelpunkt P der Strecke AB zum Mittelpunkt Q der Strecke $\overline{AS}$ in das Schrägbild ein und geben Sie die Koordinaten von $\overrightarrow{PQ}$ an.

P(____ | ____ | 0)   Q(____ | ____ | ____)

☐ $\overrightarrow{PQ} = \begin{pmatrix}0\\2\\-3\end{pmatrix}$ ☐ $\overrightarrow{PQ} = \begin{pmatrix}0\\-2\\3\end{pmatrix}$

d) Durch eine zur $x_1 x_2$-Ebene parallele Ebene in der Höhe des Punktes Q wird die Pyramide ABCDS in zwei Teilkörper zerlegt. Kreuzen Sie an, in welchem Verhältnis die Volumina der entstandenen Teilkörper zueinander stehen.

☐ 1 : 1   ☐ 1 : 2   ☐ 1 : 7   ☐ 1 : 8

10 Ein Kleinflugzeug wird zum Beobachtungszeitpunkt t = 0 im Punkt A(1 | 2,5 | 3) gesichtet (Koordinaten in Kilometer). Eine Minute später befindet sich das Flugzeug bei geradlinigem Kurs im Punkt B(3 | 4,5 | 4).

a) Wählen Sie die Geschwindigkeit des Flugzeugs in Kilometer pro Stunde.   v = ☐ 450 km/h   ☐ 180 km/h

b) Geben Sie die Position des Flugzeugs nach weiteren zwei Minuten an, wenn man geradlinigen Kurs voraussetzt.

P(____ | ____ | ____)

Basisaufgaben

1 Ordnen Sie die Parameterwerte von t den Punkten A, B, C, D zu, die auf der Geraden g liegen.

$$g: \vec{x} = \begin{pmatrix} 1 \\ 0 \\ -1 \end{pmatrix} + t \cdot \begin{pmatrix} -1 \\ 2 \\ 1 \end{pmatrix} \text{ mit } t \in \mathbb{R}$$

t = 0	t = 1	t = -2	t = 3

A(0|2|0)	B(3|-4|-3)	C(1|0|-1)	D(-2|6|2)

2 In den Abbildungen ist eine Gerade g mit g: $\vec{x} = \overrightarrow{OA} + r \cdot \vec{a}$ ($r \in \mathbb{R}$) dargestellt.

a) Veranschaulichen Sie die folgenden Punktmengen in den Abbildungen:

$0 \le r \le 2$ $-1 \le r \le 1$ $r \in \mathbb{N}; r > 0$

Strecke $\overline{AB}$:
$$\vec{x} = \overrightarrow{OA} + r \cdot \overrightarrow{AB}$$
mit $r \in \mathbb{R}$ und $0 \le r \le 1$

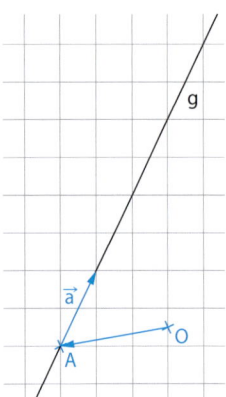 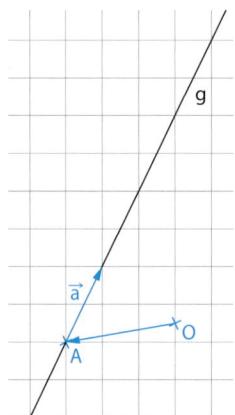

b) Für r = 3 erhält man den Ortsvektor des Punktes B.

Geben Sie den Parameterwert r eines Punktes Q an, der die Strecke $\overline{AB}$ halbiert. _____

3 Gegeben ist die Gleichung einer Geraden g durch $\vec{x} = \begin{pmatrix} 2 \\ 1 \\ 3 \end{pmatrix} + t \cdot \begin{pmatrix} 1 \\ -2 \\ 1 \end{pmatrix}$ mit $t \in \mathbb{R}$.

Kreuzen Sie an, welche der Gleichungen dieselbe Gerade g beschreiben.

$x = \begin{pmatrix} 2 \\ 1 \\ 3 \end{pmatrix} + s \cdot \begin{pmatrix} -1 \\ 2 \\ -1 \end{pmatrix}$ mit $s \in \mathbb{R}$ ☐

$x = \begin{pmatrix} 4 \\ 2 \\ 6 \end{pmatrix} + t \cdot \begin{pmatrix} 2 \\ -4 \\ 2 \end{pmatrix}$ mit $t \in \mathbb{R}$ ☐

$x = \begin{pmatrix} 4 \\ -3 \\ 5 \end{pmatrix} + r \cdot \begin{pmatrix} 1 \\ -2 \\ 1 \end{pmatrix}$ mit $r \in \mathbb{R}$ ☐

$x = \begin{pmatrix} 1 \\ 3 \\ 2 \end{pmatrix} + \frac{t}{2} \cdot \begin{pmatrix} \sqrt{2} \\ -2 \cdot \sqrt{2} \\ \sqrt{2} \end{pmatrix}$ mit $t \in \mathbb{R}$ ☐

4 Schiffbrüchige im Punkt P(10\|120) sollen von einem Schiff, das sich in der Position S(50\|20) befindet, auf kürzestem Wege geborgen werden (Längenangaben in km).

a) Wählen Sie den Vektor der Fahrtrichtung, die das Schiff nehmen muss.

   ☐ $\overrightarrow{OP} = \begin{pmatrix} 10 \\ 120 \end{pmatrix}$ ☐ $\overrightarrow{OP} = \begin{pmatrix} 50 \\ 20 \end{pmatrix}$ ☐ $\overrightarrow{SP} = \begin{pmatrix} -40 \\ 100 \end{pmatrix}$

b) Bestimmen Sie die Entfernung zwischen dem Schiff und den Schiffbrüchigen.

$\overline{SP} =$ _____

c) Prüfen Sie, ob ein anderes Schiff mit der Position T(-30\|220) den Schiffbrüchigen näher ist.

_____

_____

5 Ergänzen Sie Parametergleichungen für

a) die Gerade g_{BC}: $x = \begin{pmatrix} 4 \\ \end{pmatrix} + t \cdot \begin{pmatrix} \\ \end{pmatrix}$ mit $t \in \mathbb{R}$

b) die Mittelsenkrechte von $\overline{AB}$: $\vec{x} = \begin{pmatrix} \\ -1 \end{pmatrix} + t \cdot \begin{pmatrix} \\ 1 \end{pmatrix}$ mit $t \in \mathbb{R}$

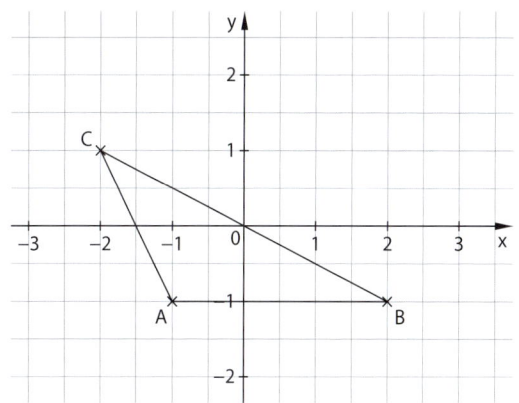

6 Ordnen Sie den Eigenschaften passende Geradengleichungen zu. (Es gilt jeweils $t \in \mathbb{R}$.)

A: Die Gerade liegt vollständig in der $x_1 x_3$-Ebene.

B: Die Gerade verläuft parallel zur $x_1 x_2$-Ebene.

C: Die Gerade hat den Spurpunkt $S(0\,|\,1\,|\,1)$ mit der $x_2 x_3$-Ebene.

D: Die Gerade schneidet die x_1-Achse im Punkt $D(-1\,|\,0\,|\,0)$.

E: Die Gerade hat den Abstand 1 von der $x_1 x_2$-Ebene.

F: Die Gerade hat den Spurpunkt $F(0\,|\,-1\,|\,1)$ mit der $x_2 x_3$-Ebene.

$g_1: \vec{x} = \begin{pmatrix} 2 \\ 1 \\ 1 \end{pmatrix} + t \cdot \begin{pmatrix} 1 \\ 1 \\ 0 \end{pmatrix}$

$g_2: \vec{x} = \begin{pmatrix} 0 \\ 1 \\ 1 \end{pmatrix} + t \cdot \begin{pmatrix} 1 \\ 1 \\ 1 \end{pmatrix}$

$g_3: \vec{x} = t \cdot \begin{pmatrix} 1 \\ 0 \\ 1 \end{pmatrix}$

Weiterführende Aufgaben

7 Ergänzen Sie.

Die Punkte $(k + 1\,|\,1\,|\,0)$ mit $k \in \mathbb{R}$ liegen auf einer Geraden g mit $\vec{x} = \begin{pmatrix} 1 \\ 1 \\ 0 \end{pmatrix} +$ _____ mit $k \in \mathbb{R}$.

Die Gerade liegt in der _____ -Ebene und verläuft parallel zur _____ -Achse im Abstand _____ .

8 Ein Flugzeug wird um 12:10 Uhr im Punkt $A(5\,|\,4\,|\,10)$ geortet. Um 12:15 Uhr befindet es sich im Punkt $B(36\,|\,-15\,|\,8)$. (Angaben in km)

Die Flugbahn wird im Folgenden als geradlinig mit konstanter Geschwindigkeit über einer horizontalen Ebene angenommen.

a) Es handelt sich um einen Sinkflug, da die _____ -Koordinate von B _____ ist als die von A.

b) Wählen Sie die Geschwindigkeit des Flugzeuges in km/h: ☐ $347\frac{km}{h}$ ☐ $437\frac{km}{h}$ ☐ $743\frac{km}{h}$

c) Geben Sie an, in welchem Punkt C sich das Flugzeug um 12:20 Uhr befindet.

☐ $C(67\,|\,-34\,|\,6)$ ☐ $C(73\,|\,-14\,|\,20)$ ☐ $C(12\,|\,3\,|\,2)$

d) Zeigen Sie, dass der Punkt $D(160\,|\,-91\,|\,0)$ zur Flugbahn gehört.

e) Berechnen Sie, um welche Uhrzeit dieser Punkt erreicht würde.

Zusatzaufgabe: Beschreiben Sie, welche Bedeutung der Punkt D im vorliegenden Sachverhalt hätte.

Basisaufgaben

1 Durch die Eckpunkte des Würfels lassen sich Geraden legen.

Kreuzen Sie an, ob die Geraden g und h durch die angegebenen Punkte parallel oder windschief zueinander sind, oder ob sie einander schneiden.

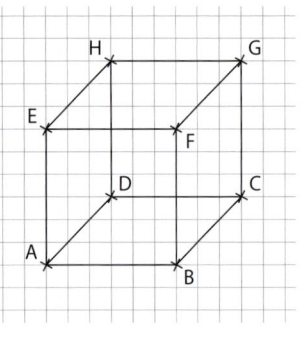

Gerade g	Gerade h	parallel	windschief	schneiden
A und B	G und H			
A und G	B und H			
E und H	B und F			

2 Ergänzen Sie die fehlenden Felder für eine Lagebestimmung zweier Geraden.

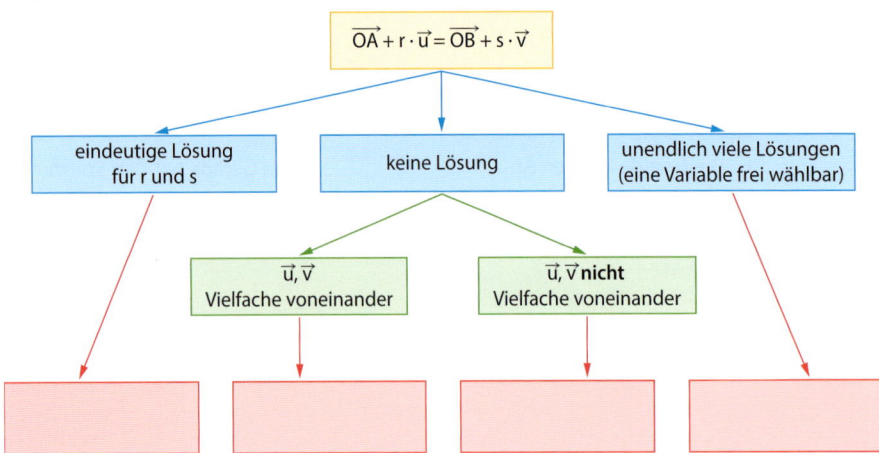

$$\overrightarrow{OA} + r \cdot \vec{u} = \overrightarrow{OB} + s \cdot \vec{v}$$

eindeutige Lösung für r und s

keine Lösung

unendlich viele Lösungen (eine Variable frei wählbar)

$\vec{u}, \vec{v}$ Vielfache voneinander

$\vec{u}, \vec{v}$ **nicht** Vielfache voneinander

$\overrightarrow{OA}; \overrightarrow{OB}$: Stützvektoren
$\vec{u}; \vec{v}$: Richtungsvektoren

3 Ordnen Sie die Lagebeziehungen den Geradenpaaren g und h korrekt zu. Es gilt jeweils $r \in \mathbb{R}$ und $s \in \mathbb{R}$.

A $g: \vec{x} = \begin{pmatrix} 1 \\ 0 \end{pmatrix} + r \cdot \begin{pmatrix} 1 \\ 1 \end{pmatrix}$

$h: \vec{x} = s \cdot \begin{pmatrix} -1 \\ -1 \end{pmatrix}$

C $g: \vec{x} = \begin{pmatrix} 5 \\ 2 \\ -3 \end{pmatrix} + r \cdot \begin{pmatrix} 3 \\ 3 \\ -6 \end{pmatrix}$

$h: \vec{x} = \begin{pmatrix} 3 \\ 0 \\ 1 \end{pmatrix} + s \cdot \begin{pmatrix} -1 \\ -1 \\ 2 \end{pmatrix}$

P: g und h sind zueinander parallel

I: g und h sind identisch

B $g: \vec{x} = \begin{pmatrix} 1 \\ 0 \\ -1 \end{pmatrix} + r \cdot \begin{pmatrix} 1 \\ -2 \\ 3 \end{pmatrix}$

$h: \vec{x} = \begin{pmatrix} -5 \\ 6 \\ -8 \end{pmatrix} + s \cdot \begin{pmatrix} 2 \\ -1 \\ 0{,}5 \end{pmatrix}$

D $g: \vec{x} = \begin{pmatrix} 2 \\ -1 \\ 1 \end{pmatrix} + r \cdot \begin{pmatrix} 1 \\ 3 \\ 2 \end{pmatrix}$

$h: \vec{x} = \begin{pmatrix} 1 \\ 1 \\ 1 \end{pmatrix} + s \cdot \begin{pmatrix} 0 \\ 0 \\ 1 \end{pmatrix}$

S: g und h schneiden sich

W: g und h sind windschief

4 Kreuzen Sie Zutreffendes an. Korrigieren Sie falsche Aussagen.

Für die Gerade $g: \vec{x} = \begin{pmatrix} 1 \\ 0 \\ 1 \end{pmatrix} + t \cdot \begin{pmatrix} 0 \\ 1 \\ 0 \end{pmatrix}$ mit $t \in \mathbb{R}$ gilt:

Nr.	Aussage	Wahr?	Korrektur
a)	g durchstößt die $x_1 x_2$-Ebene		
b)	g verläuft parallel zur $x_2 x_3$-Ebene		
c)	g schneidet h mit $\vec{x} = \begin{pmatrix} 0 \\ 0 \\ 1 \end{pmatrix} + r \cdot \begin{pmatrix} 1 \\ 0 \\ 0 \end{pmatrix}$ in S(1|1|1)		

5 Deuten Sie die GTR-Rechnungen unter dem Aspekt der gegenseitigen Lage zweier Geraden.

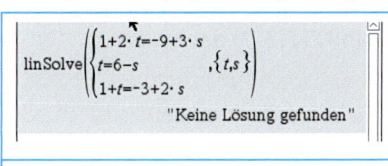

$$\text{linSolve}\left(\begin{cases} 0+t=4+2\cdot s \\ 4-t=5+3\cdot s \\ 2=3+s \end{cases}, \{t,s\}\right) \quad \{2,-1\}$$

$$\text{linSolve}\left(\begin{cases} 1+2\cdot t=-9+3\cdot s \\ t=6-s \\ 1+t=-3+2\cdot s \end{cases}, \{t,s\}\right)$$
$$\text{"Keine Lösung gefunden"}$$

$$\text{linSolve}\left(\begin{cases} 1+t=3-3\cdot s \\ 1+2\cdot t=5-6\cdot s \\ 1-2\cdot t=-3+6\cdot s \end{cases}, \{t,s\}\right)$$
$$\{-(3\cdot c1-2),c1\}$$

6 Gegeben ist ein Dreieck ABC.

a) Geben Sie an, auf welcher der Geraden die Höhe h_c bzw. die Seitenhalbierende s_a des Dreiecks ABC liegt.

$$\vec{x} = \begin{pmatrix} 5 \\ 2 \end{pmatrix} + t \cdot \begin{pmatrix} 1 \\ 1 \end{pmatrix} \text{ mit } t \in \mathbb{R} \quad \underline{\hspace{1cm}}$$

$$\vec{x} = \begin{pmatrix} 5 \\ 2 \end{pmatrix} + r \cdot \begin{pmatrix} 5 \\ 2 \end{pmatrix} \text{ mit } r \in \mathbb{R} \quad \underline{\hspace{1cm}}$$

$$\vec{x} = \begin{pmatrix} 3 \\ 4 \end{pmatrix} + s \cdot \begin{pmatrix} 0 \\ 1 \end{pmatrix} \text{ mit } s \in \mathbb{R} \quad \underline{\hspace{1cm}}$$

b) Eine Geradengleichung in der Tabelle bleibt übrig:

Durch sie wird die $\underline{\hspace{3cm}}$ der Seite a beschrieben.

c) Schnittpunkt von h_c und s_a: S($\underline{\hspace{1cm}}$|1,2).

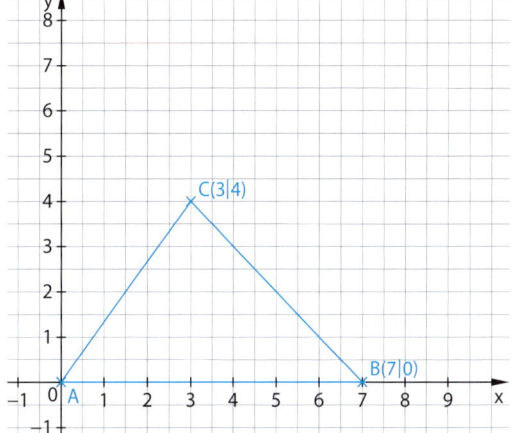

Weiterführende Aufgaben

7 Für eine Autobahn wird ein Tunnel durch einen Berg gebaut, seine Eingänge liegen bei A und B. Vom Punkt C eines senkrecht verlaufenden Stollens aus ist ein geradlinig verlaufender Entlüftungsschacht in Richtung des Vektors $\vec{v}$ geplant, der den Tunnel im Punkt S treffen soll.

Vervollständigen Sie die Angaben für
A(100|20|100), B(400|200|90), C(210|122|z), $\vec{v} = \begin{pmatrix} 2 \\ -6 \\ -3 \end{pmatrix}$.

Allgemeiner Punkt P des Tunnels:
P(①|20 + 180r|②), des Entlüftungsschachtes: Q(③|122 − 6s|④).

Der Schnittpunkt hat die Koordinaten S(220|⑤|⑥), denn s = ⑦.

Für den Startpunkt C des Entlüftungsschachtes gilt z = ⑧, denn r = ⑨.

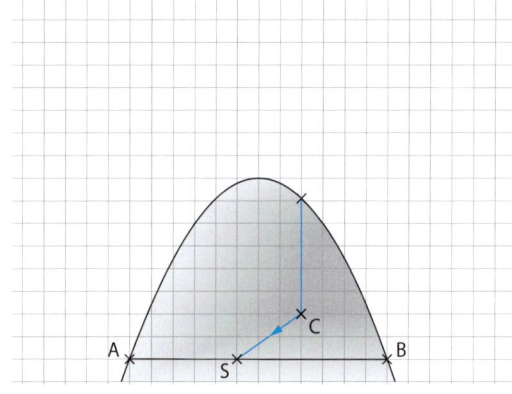

① $\underline{\hspace{2cm}}$, ② $\underline{\hspace{2cm}}$, ③ $\underline{\hspace{2cm}}$, ④ $\underline{\hspace{1.5cm}}$, ⑤ $\underline{\hspace{1.5cm}}$, ⑥ $\underline{\hspace{1.5cm}}$,

⑦ $\underline{\hspace{1.5cm}}$, ⑧ $\underline{\hspace{1.5cm}}$, ⑨ $\underline{\hspace{1.5cm}}$

8 Gegeben sind die Geraden g_k durch die Gleichung $\vec{x} = \begin{pmatrix} 0 \\ 0 \\ 1 \end{pmatrix} + t \cdot \begin{pmatrix} k \\ 1-k \\ -1 \end{pmatrix}$ mit $t, k \in \mathbb{R}$.
Kreuzen Sie alle wahren Aussagen an.

☐ Der Punkt A(0|0|1) ist der Schnittpunkt aller Geraden g_k.

☐ Der Punkt B(0|1|0) ist der Schnittpunkt der Geraden g_0 mit der x_2-Achse.

☐ Die Gerade h mit $\vec{x} = \begin{pmatrix} 0 \\ 1 \\ 0 \end{pmatrix} + r \cdot \begin{pmatrix} 0 \\ -1 \\ 1 \end{pmatrix}$ mit $r \in \mathbb{R}$ ist windschief zu jeder der Geraden g_k.

☐ Auf der Geraden $\vec{x} = \begin{pmatrix} 1 \\ 0 \\ 0 \end{pmatrix} + s \cdot \begin{pmatrix} -1 \\ 1 \\ 0 \end{pmatrix}$ mit $s \in \mathbb{R}$ liegen alle Spurpunkte der Geraden g_k mit der $x_1 x_2$-Ebene.

Basisaufgaben

1 Durch die Eckpunkte A(2|0|0), C(0|3|0) und F(2|3|3) des Quaders ist eine Ebene E festgelegt.

a) Ergänzen Sie die Gleichung, sodass die Ebene E durch den Stützvektor $\overrightarrow{OA}$ sowie die Richtungsvektoren $\overrightarrow{AC}$ und $\overrightarrow{AF}$ beschrieben wird.

$$x = \begin{pmatrix} \\ 0 \\ \end{pmatrix} + r \cdot \begin{pmatrix} \\ 3 \\ 0 \end{pmatrix} + s \cdot \begin{pmatrix} 0 \\ 3 \\ \end{pmatrix} \text{ mit } r, s \in \mathbb{R}$$

b) Kreuzen Sie an: Die Gleichung

$$\vec{x} = \begin{pmatrix} 0 \\ 0 \\ 3 \end{pmatrix} + t \cdot \begin{pmatrix} 2 \\ 0 \\ 3 \end{pmatrix} + u \cdot \begin{pmatrix} 4 \\ 0 \\ 6 \end{pmatrix} \text{ mit } t, u \in \mathbb{R} \text{ ist}$$

☐ eine ☐ keine Gleichung für die Ebene E.

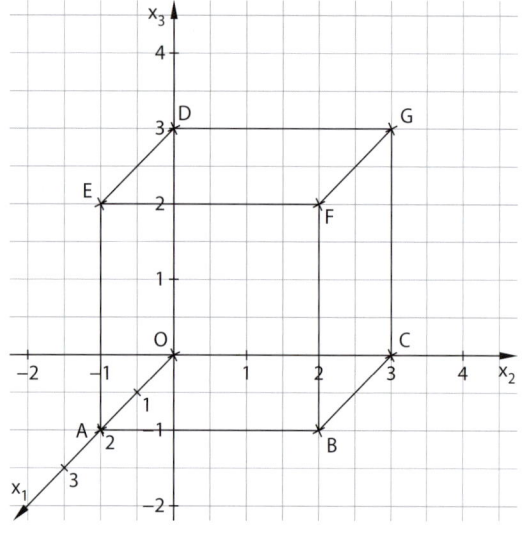

2 Kreuzen Sie an, welche Aussagen bezogen auf die Ebene E: $\vec{x} = \begin{pmatrix} 1 \\ 1 \\ 1 \end{pmatrix} + r \cdot \begin{pmatrix} 1 \\ 1 \\ 0 \end{pmatrix} + s \cdot \begin{pmatrix} 0 \\ 0 \\ 1 \end{pmatrix}$ mit r, s ∈ ℝ wahr sind.

a)	Die x_3-Achse ist in E enthalten.	
b)	Für r = 2 und s = 3 ergibt sich der Punkt Q(3|3|3) mit Q ∈ E.	
c)	Die Gerade g mit $\vec{x} = t \cdot \begin{pmatrix} -1 \\ -1 \\ 0 \end{pmatrix}$ mit t ∈ ℝ ist Spurgerade von E in der x_1x_2-Ebene.	
d)	Die Ebene E steht senkrecht auf der x_1x_2-Ebene.	

3 Ordnen Sie der Beschreibung eine passende Ebenengleichung zu.

E: Die Ebene enthält die Punkte B(0|2|0), C(2|0|0) und D(0|0|2).

A: $\vec{x} = \begin{pmatrix} 2 \\ 0 \\ 0 \end{pmatrix} + r \cdot \begin{pmatrix} 0 \\ 0 \\ 1 \end{pmatrix} + s \cdot \begin{pmatrix} 0 \\ 1 \\ 0 \end{pmatrix}$ mit r, s ∈ ℝ

F: Die Ebene enthält den Punkt Q(2|0|0) und die x_1- sowie die x_3-Achse.

B: $\vec{x} = \begin{pmatrix} 2 \\ 0 \\ 0 \end{pmatrix} + r \cdot \begin{pmatrix} 1 \\ -1 \\ 0 \end{pmatrix} + s \cdot \begin{pmatrix} -1 \\ 0 \\ 1 \end{pmatrix}$ mit r, s ∈ ℝ

G: Die Ebene enthält den Punkt P(2|0|0) und liegt parallel zur x_2x_3-Ebene.

C: $\vec{x} = \begin{pmatrix} 2 \\ 0 \\ 0 \end{pmatrix} + r \cdot \begin{pmatrix} 0 \\ 0 \\ k \end{pmatrix} + s \cdot \begin{pmatrix} k \\ 0 \\ 0 \end{pmatrix}$ mit r, s, k ∈ ℝ und k ≠ 0

4 Gegeben ist die Ebene E durch $\vec{x} = \begin{pmatrix} 10 \\ 1 \\ -6 \end{pmatrix} + r \cdot \begin{pmatrix} -2 \\ 1 \\ 0 \end{pmatrix} + s \cdot \begin{pmatrix} 4 \\ 0 \\ -3 \end{pmatrix}$ mit r, s ∈ ℝ.

Ergänzen Sie die fehlenden Koordinaten so, dass die Punkte A, B und C die Spurpunkte der Ebene ergeben:

A(___|0|0), B(0|___|0), C(0|0|___), A: r = −1, s = ___, B: r = ___, s = −2, C: r = ___, s = ___

5 Die Geraden g: $\vec{x} = \begin{pmatrix} 5 \\ 2 \\ -1 \end{pmatrix} + t \cdot \begin{pmatrix} 2 \\ 1 \\ -1 \end{pmatrix}$ und h: $\vec{x} = \begin{pmatrix} 0 \\ 0 \\ -1 \end{pmatrix} + u \cdot \begin{pmatrix} 1 \\ 0 \\ 2 \end{pmatrix}$ mit t, u ∈ ℝ schneiden einander.

Die Ebene E wird von g und h aufgespannt. Wählen Sie Gleichungen, die E beschreiben.

☐ $\vec{x} = \begin{pmatrix} 1 \\ 0 \\ 1 \end{pmatrix} + r \cdot \begin{pmatrix} 2 \\ 1 \\ -1 \end{pmatrix} + s \cdot \begin{pmatrix} 2 \\ 0 \\ 4 \end{pmatrix}$ mit r, s ∈ ℝ

☐ $\vec{x} = \begin{pmatrix} 5 \\ 2 \\ -1 \end{pmatrix} + r \cdot \begin{pmatrix} 2 \\ 1 \\ -1 \end{pmatrix} + s \cdot \begin{pmatrix} -3 \\ 0 \\ -6 \end{pmatrix}$ mit r, s ∈ ℝ

Weiterführende Aufgaben

6 Interpretieren Sie die Ergebnisse des GTR bezüglich der gegenseitigen Lage einer Ebene E mit den Parametern r und s und einer Geraden g mit dem Parameter t. Begründen Sie kurz Ihre Auffassung.

$$\text{linSolve}\left(\begin{cases} 1-r-s=2-2\cdot t \\ 1+s=2 \\ 1+r=2+2\cdot t \end{cases}, \{r,s,t\}\right)$$
"Keine Lösung gefunden"

$$\text{linSolve}\left(\begin{cases} 1-r-s=t \\ 1+s=t \\ 1+r=t \end{cases}, \{r,s,t\}\right) \quad \{0,0,1\}$$

$$\text{linSolve}\left(\begin{cases} 1-r-s=1-2\cdot t \\ 1+s=1 \\ 1+r=1+2\cdot t \end{cases}, \{r,s,t\}\right)$$
$$\{2\cdot c1, 0, c1\}$$

7 In einem stark vereinfachten mathematischen Modell können die Wolkendecke bzw. die Kondensstreifen von Flugzeugen als eine Ebene bzw. als Geraden betrachtet werden (Koordinatenangaben in km):
Punkte P der „Wolkendecke": P(r|s|9) mit r, s ∈ ℝ
Punkte Q der „Flugbahn" von Flugzeug A:
Q(5 + 5t|5 + 8t|t) mit t ∈ ℝ und t ≥ 0
Punkte R der „Flugbahn" von Flugzeug B:
R(20 + u|4,5u|0,5u) mit u ∈ ℝ und u ≥ 0

Die Beträge der Richtungsvektoren der Flugbahnen geben die Geschwindigkeiten der Flugzeuge in Kilometer pro Minute an. Die Parameter t und u stehen für die Flugzeit in Minuten. Beide Flugzeuge starten gleichzeitig.

Ergänzen Sie die Sätze, sodass wahre Aussagen entstehen.

a) Die Flugbahnen haben den gemeinsamen Punkt S(30|_____|_____).

b) Zum Zeitpunkt t = u = 0 sind die Flugzeuge ca. _____ voneinander entfernt.

c) Flugzeug B erreicht den gemeinsamen Punkt S der Flugbahnen ca. _____ Minuten _____ dem Flugzeug A.

d) Das Flugzeug A hat nach ca. _____ Minuten die Wolkendecke erreicht.

Zu diesem Zeitpunkt hat das Flugzeug B noch ca. _____ auf seiner Flugbahn bis zur Wolkendecke zurückzulegen.

$v = \dfrac{s}{t}$

8 Die Skizze zeigt im Schrägbild das Modell eines Schuppens mit einem Pultdach. Der Schuppen ist 3 m breit und 4 m lang. Die Höhe vorn beträgt 2 m, die Höhe hinten 2,5 m. Ergänzen Sie die fehlenden Koordinaten.

Punkte: E(_____|_____|2); F(3|_____|2); G(_____|4|_____);

H(_____|_____|_____)

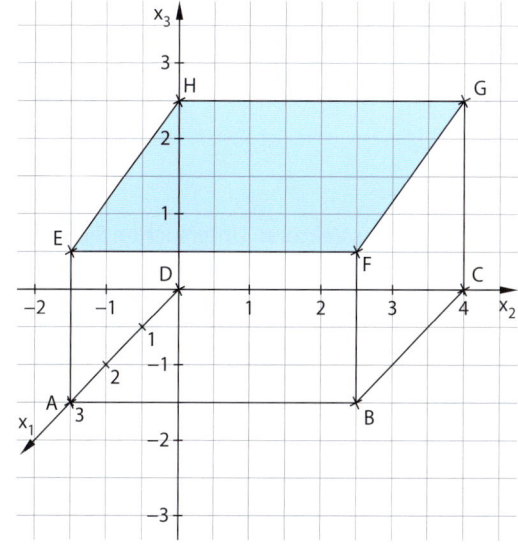

Ebene, in der das Pultdach liegt:

$$\vec{x} = \begin{pmatrix} 3 \\ 0 \\ 0 \end{pmatrix} + r \cdot \begin{pmatrix} 0 \\ 0 \\ 0,5 \end{pmatrix} + s \cdot \begin{pmatrix} 0 \\ 0 \\ 0 \end{pmatrix} \text{ mit } r, s \in \mathbb{R}$$

Alle Punkte P, die in der Dachfläche EFGH liegen:

P(3 − _____|_____ · s|2 + 0,5 · _____) mit r, s ∈ ℝ und 0 ≤ r ≤ _____

und _____ ≤ s ≤ 1.

Basisaufgaben

1 Skalarprodukt: Ergänzen Sie die Berechnung des Skalarprodukts der Vektoren $\vec{a}$ und $\vec{b}$.

$\vec{a} \cdot \vec{b} = \begin{pmatrix} \\ \end{pmatrix} \cdot \begin{pmatrix} -1 \\ \end{pmatrix} = \underline{\quad} \cdot (-1) + \underline{\quad} \cdot \underline{\quad} = \underline{\quad}$

Die Vektoren $\vec{a}$ und $\vec{b}$ sind

☐ orthogonal ☐ parallel zueinander,

da $\vec{a} \cdot \vec{b} = \underline{\quad}$.

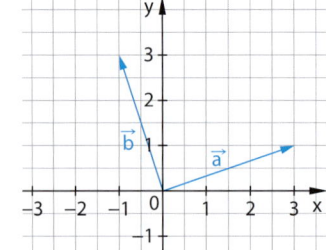

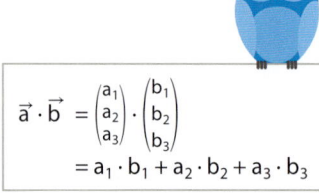

$\vec{a} \cdot \vec{b} = \begin{pmatrix} a_1 \\ a_2 \\ a_3 \end{pmatrix} \cdot \begin{pmatrix} b_1 \\ b_2 \\ b_3 \end{pmatrix}$
$= a_1 \cdot b_1 + a_2 \cdot b_2 + a_3 \cdot b_3$

2 Ordnen Sie zu. Es gilt: $a \neq 0$, $b \neq 0$.

R: 0   X: 4

A: $\begin{pmatrix} 1 \\ 2 \\ 1 \end{pmatrix} \cdot \begin{pmatrix} 2 \\ 3 \\ -4 \end{pmatrix}$

B: $\begin{pmatrix} 2 \\ -1 \\ 4 \end{pmatrix} \cdot \begin{pmatrix} 3 \\ -2 \\ -2 \end{pmatrix}$

C: $\begin{pmatrix} 3 \\ 2 \end{pmatrix} \cdot \begin{pmatrix} 2 \\ -1 \end{pmatrix}$

D: $\begin{pmatrix} a \\ -b \\ 0 \end{pmatrix} \cdot \begin{pmatrix} b \\ a \\ b \end{pmatrix}$

E: $\begin{pmatrix} \frac{1}{2} \\ \frac{1}{5} \end{pmatrix} \cdot \begin{pmatrix} -\frac{3}{5} \\ \frac{3}{2} \end{pmatrix}$

3 Ergänzen Sie die Rechnungen.

a) $\begin{pmatrix} x \\ 2 \\ 0 \end{pmatrix} \cdot \begin{pmatrix} 3 \\ x \\ 5 \end{pmatrix} = 10$

$\underline{\quad} + 2x = 10$

$\underline{\quad} = 10$

$x = \underline{\quad}$

b) $\begin{pmatrix} x \\ 4 \\ 2 \end{pmatrix} \cdot \begin{pmatrix} 2x \\ x \\ 4 \end{pmatrix} = 6$

$2x^2 + \underline{\quad} + \underline{\quad} = 6$

$\underline{\quad} + \underline{\quad} + \underline{\quad} = 3$

$x = \underline{\quad}$

c) $\begin{pmatrix} x^2 \\ 6x \\ 4 \end{pmatrix} \cdot \begin{pmatrix} 3x \\ x \\ 3x^2 \end{pmatrix} = 0$

$3x^3 + \underline{\quad} + \underline{\quad} x^2 = 0$

$3x^2 \left(\underline{\quad} \right) = 0$

$x = \underline{\quad}$ oder $x = \underline{\quad}$

4 Orthogonale Vektoren: Bestimmen Sie – falls möglich – a so, dass die Vektoren $\vec{a}$ und $\vec{b}$ orthogonal zueinander sind.

a) $\vec{a} = \begin{pmatrix} a \\ 1 \\ 4 \end{pmatrix}$ und $\vec{b} = \begin{pmatrix} 3 \\ -1 \\ -2 \end{pmatrix}$

b) $\vec{a} = \begin{pmatrix} a \\ -1 \\ 4 \end{pmatrix}$ und $\vec{b} = \begin{pmatrix} -a \\ 2 \\ -2 \end{pmatrix}$

c) $\vec{a} = \begin{pmatrix} a \\ 2a \\ 4 \end{pmatrix}$ und $\vec{b} = \begin{pmatrix} -a \\ 2 \\ 0 \end{pmatrix}$

_____   _____   _____

5 Dem Augenschein nach könnte das Dreieck ABC bei A einen rechten Innenwinkel besitzen.

Ergänzen Sie die Widerlegung dieser Annahme.

$\overrightarrow{AB} \cdot \overrightarrow{AC} = \underline{\quad} \cdot \underline{\quad} = \underline{\quad} + \underline{\quad} = \underline{\quad} \quad 0$

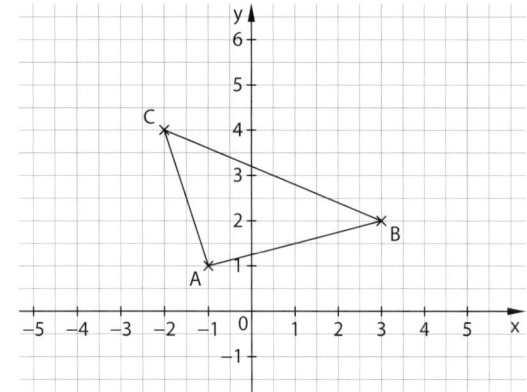

6 Betrag eines Vektors: Untersuchen Sie das Dreieck ABC mit $A(5|1|2)$, $B(2|4|2)$ und $C(-1|1|2)$.

$\overrightarrow{AB} = \begin{pmatrix} -3 \\ 3 \\ 0 \end{pmatrix}$, $\overrightarrow{AC} = \begin{pmatrix} -6 \\ 0 \\ 0 \end{pmatrix}$, $\overrightarrow{BC} = \begin{pmatrix} -3 \\ -3 \\ 0 \end{pmatrix}$;

$\overrightarrow{AB} \cdot \overrightarrow{AC} = \underline{\quad}$; $\overrightarrow{BC} \cdot \overrightarrow{AC} = \underline{\quad}$; $\overrightarrow{AB} \cdot \overrightarrow{BC} = \underline{\quad}$;

$|\overrightarrow{AC}| = \underline{\quad}$; $|\overrightarrow{AB}| = \underline{\quad}$; $|\overrightarrow{BC}| = \underline{\quad}$

$|\vec{a}| = \sqrt{\vec{a} \cdot \vec{a}}$

Das Dreieck ABC ist:

☐ rechtwinklig   ☐ spitzwinklig   ☐ stumpfwinklig   ☐ gleichschenklig   ☐ gleichseitig

7 Die Berechnung eines zu $\vec{a}$ und $\vec{b}$ senkrechten Vektors $\vec{c}$ wurde mit dem GTR durchgeführt.
Ergänzen Sie die Erläuterung für

$\vec{a} = \begin{pmatrix} 1 \\ -2 \\ 4 \end{pmatrix}$ und $\vec{b} = \begin{pmatrix} 3 \\ 2 \\ -1 \end{pmatrix}$.

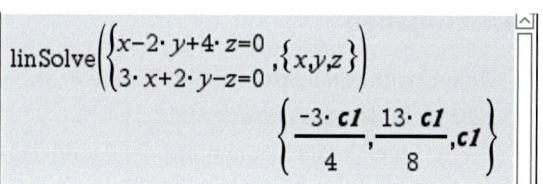

Mit $\vec{c} = \begin{pmatrix} x \\ y \\ z \end{pmatrix}$ muss gelten $\vec{a} \cdot \vec{c} = \underline{\hspace{2em}}$ und $\vec{b} \cdot \vec{c} = \underline{\hspace{2em}}$.

Das führt auf das Gleichungssystem $\quad x - 2y + 4z = 0$
$\qquad\qquad\qquad\qquad\qquad\qquad 3x + 2y - z = 0.$

Die Lösungsmenge $\left\{ -\frac{3}{4}c1, \frac{13}{8}c1, c1 \right\}$ kann als eine

Menge von Vektoren $\vec{c} = \begin{pmatrix} -\frac{3}{4}t \\ \frac{13}{8}t \\ t \end{pmatrix}$ mit $t \in \mathbb{R}$, $t \neq 0$ gedeutet werden:

Jeder Vektor $\vec{c}$ ist sowohl zu $\vec{a}$ als auch zu $\vec{b}$ $\underline{\hspace{6em}}$.

> GTR:
> $\vec{a}$ mit norm($\vec{a}$)
> $\vec{a} \cdot \vec{b}$ mit dotp($\vec{a}$, $\vec{b}$)

Weiterführende Aufgaben

8 Gesucht ist die Gleichung einer Geraden g, die zur Ebene E: $\vec{x} = \begin{pmatrix} 2 \\ 0 \\ 0 \end{pmatrix} + r \cdot \begin{pmatrix} -1 \\ 0 \\ 0 \end{pmatrix} + s \cdot \begin{pmatrix} -2 \\ 1 \\ 0 \end{pmatrix}$ mit r, s $\in \mathbb{R}$ orthogonal ist.
Kreuzen Sie die richtigen Lösungen an. Es gilt jeweils $t \in \mathbb{R}$.

☐ $\vec{x} = \begin{pmatrix} -1 \\ 1 \\ 0 \end{pmatrix} + t \cdot \begin{pmatrix} 0 \\ 0 \\ -1 \end{pmatrix}$
☐ $\vec{x} = \begin{pmatrix} 2 \\ 0 \\ 0 \end{pmatrix} + t \cdot \begin{pmatrix} 1 \\ 0 \\ 1 \end{pmatrix}$
☐ $\vec{x} = \begin{pmatrix} 2 \\ 0 \\ 1 \end{pmatrix} + t \cdot \begin{pmatrix} 0 \\ 0 \\ 1 \end{pmatrix}$
☐ $\vec{x} = \begin{pmatrix} -7 \\ 5 \\ 0 \end{pmatrix} + t \cdot \begin{pmatrix} 0 \\ 0 \\ -6 \end{pmatrix}$

9 Gegeben ist ein schiefes Prisma ABCDEF mit A(4|0|0), B(0|4|0) und D(4|3|4).

a) Wählen Sie die Koordinaten der Punkte E und F.

☐ E(0|7|4) ☐ E(−2|6|3)
☐ F(−1|2|3) ☐ F(0|3|4)

b) Kreuzen Sie orthogonale Paare von Vektoren an.
☐ $\vec{FD}$ und $\vec{FE}$ ☐ $\vec{DA}$ und $\vec{DF}$ ☐ $\vec{DA}$ und $\vec{DE}$

c) M ist Mittelpunkt der Strecke $\overline{FB}$:
☐ M(0|3,5|2) ☐ M(1|1|3).

d) „Die Gerade durch die Punkte D und M verläuft senkrecht zur Ebene durch die Punkte BCFE."
Die Aussage ist ☐ wahr ☐ falsch.
Begründen Sie kurz Ihre Auffassung.

Die Gerade durch D und M durchstößt die x_1x_2-Ebene im Punkt P. $\qquad$ P(−4| $\underline{\hspace{2em}}$ |0)

e) Auf der x_2-Achse liegt ein Punkt Q derart, dass die Strecken $\overline{AE}$ und $\overline{EQ}$ orthogonal zueinander sind.
Geben Sie die fehlenden Koordinaten von Q an. $\qquad$ Q($\underline{\hspace{2em}}$ | $\underline{\hspace{2em}}$ |0)

f) Geben Sie das Volumen des Prismas an. $\qquad$ V = $A_G \cdot h$ $\qquad\underline{\hspace{8em}}$

10 Der Punkt P(0|0|4) ist Eckpunkt eines Quadrats. Orthogonal zu der Ebene, in der dieses Quadrat liegt, verläuft die Gerade g: $\vec{x} = \begin{pmatrix} 3 \\ 2 \\ 1 \end{pmatrix} + t \cdot \begin{pmatrix} -1 \\ 0 \\ 0 \end{pmatrix}$ mit $t \in \mathbb{R}$. Kreuzen Sie an. Zusatzaufgabe: Begründen Sie dies.

Das Quadrat liegt in der ☐ x_1x_2-Ebene ☐ x_1x_3-Ebene ☐ x_2x_3-Ebene.

Basisaufgaben

1 **Winkel zwischen Vektoren:** Die Punkte A(3|2|−4), B(−2|1|5) und C(5|1|1) bilden das Dreieck ABC.

a) Ergänzen Sie die Berechnung der Größe des Innenwinkels α bei A.

Hilfe: $\cos(\phi) = \dfrac{\vec{a} \cdot \vec{b}}{|\vec{a}| \cdot |\vec{b}|}$

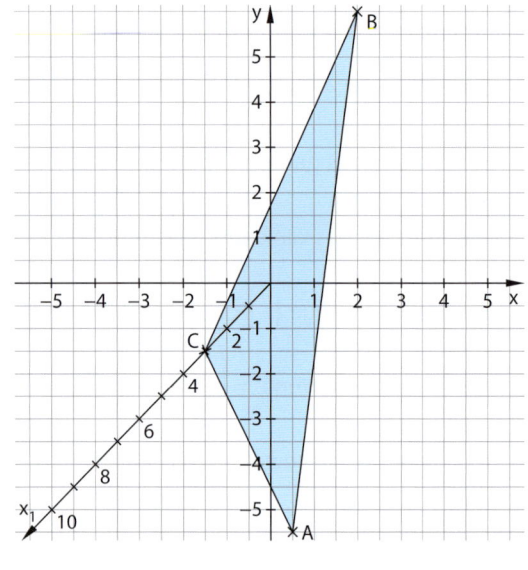

$\overrightarrow{AB} = \begin{pmatrix} -5 \\ -1 \\ 9 \end{pmatrix}, \overrightarrow{AC} = \begin{pmatrix} 2 \\ -1 \\ 5 \end{pmatrix}$

$\left|\overrightarrow{AB}\right| = \sqrt{(-5)^2 + (-1)^2 + 9^2} = \sqrt{107}$

$\left|\overrightarrow{AC}\right| = \sqrt{2^2 + (-1)^2 + 5^2} = \sqrt{30}$

$\overrightarrow{AB} \cdot \overrightarrow{AC} = (-5) \cdot 2 + (-1) \cdot (-1) + 9 \cdot 5 = $ _____

$\cos(\alpha) = \dfrac{\overrightarrow{AB} \cdot \overrightarrow{AC}}{\left|\overrightarrow{AB}\right| \cdot \left|\overrightarrow{AC}\right|} = \dfrac{36}{\sqrt{107} \cdot \sqrt{30}} \approx 0{,}6354$

$\Rightarrow \quad \alpha \approx \cos^{-1}(0{,}6354) \approx$ _____

b) Berechnen Sie die Größen der Innenwinkel β und γ des Dreiecks ABC.

Winkel bei B: β ≈ _____

Winkel bei C: γ ≈ _____

c) Notieren Sie eine Rechnung zur Überprüfung des Ergebnisses für γ.

_____

Rechner auf Gradmaß!

2 Kreuzen Sie alle Fehler bei der Berechnung der Größe des Innenwinkels α bei A im Dreieck ABC an.

Schritt der Berechnung	Fehler?
A(3|0), B(4|3), C(−1|2)	
$\overrightarrow{AB} = \begin{pmatrix} -1 \\ -3 \end{pmatrix}; \overrightarrow{AC} = \begin{pmatrix} -4 \\ 2 \end{pmatrix}$	
$\left|\overrightarrow{AB}\right| = \sqrt{10}; \left|\overrightarrow{AC}\right| = \sqrt{18}$	
$\overrightarrow{AB} \cdot \overrightarrow{AC} = 1 \cdot (-4) + 3 \cdot 2 = -2$	
$\cos(\alpha) = \dfrac{2}{\sqrt{10} \cdot \sqrt{20}} \approx 0{,}1414$	
$\alpha \approx 98{,}57°$	

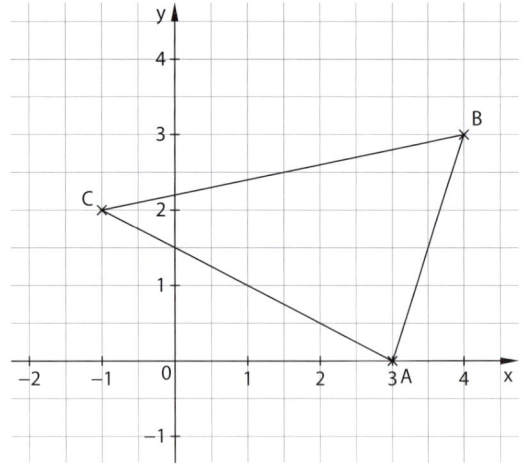

3 Kreuzen Sie richtige Aussagen an.

☐ Wenn $0 \le \dfrac{\vec{a} \cdot \vec{b}}{|\vec{a}| \cdot |\vec{b}|} \le 1$, so gilt für den Winkel φ zwischen $\vec{a}$ und $\vec{b}$: $0° \le \varphi \le 90°$.

☐ Wenn $-1 \le \dfrac{\vec{a} \cdot \vec{b}}{|\vec{a}| \cdot |\vec{b}|} \le 0$, so gilt für den Winkel φ zwischen $\vec{a}$ und $\vec{b}$: $90° \le \varphi \le 180°$.

☐ Wenn die Vektoren $\vec{a}$ und $\vec{b}$ und der Winkel dazwischen bekannt sind, kann man das Skalarprodukt $\vec{a} \cdot \vec{b}$ berechnen: Es ist das Produkt aus den Beträgen der Vektoren und dem Kosinus des von ihnen eingeschlossenen Winkels.

☐ Der Schnittwinkel zweier Geraden entspricht immer dem Winkel, den ihre Richtungsvektoren miteinander bilden.

Zusatzaufgabe: Korrigieren Sie falsche Aussagen.

4 Winkel zwischen Geraden: Gegeben sind drei Geraden g, h und k. Es gilt r, s, t ∈ ℝ.

$$g: \vec{x} = \begin{pmatrix} 1 \\ -1 \\ 2 \end{pmatrix} + r \cdot \begin{pmatrix} 2 \\ 1 \\ -2 \end{pmatrix} \qquad h: \vec{x} = \begin{pmatrix} 7 \\ 2 \\ -4 \end{pmatrix} + s \cdot \begin{pmatrix} 2 \\ -2 \\ 5 \end{pmatrix} \qquad k: \vec{x} = \begin{pmatrix} 7 \\ 2 \\ -4 \end{pmatrix} + t \cdot \begin{pmatrix} 1 \\ 2 \\ 3 \end{pmatrix}$$

a) Berechnen Sie die Größe der Schnittwinkel von je zwei der Geraden.

∢(g; h) ≈ _____ ∢(g; k) ≈ _____

∢(h; k) ≈ _____

$$\cos(\varphi) = \frac{\vec{a} \cdot \vec{b}}{|\vec{a}| \cdot |\vec{b}|}$$

b) Wählen Sie die Koordinaten des Schnittpunktes von g, h und k.

☐ (2|−2|5) ☐ (1|−1|2) ☐ (7|2|−4)

Zusatzaufgabe:

Begründen Sie, weshalb sich alle drei Geraden in ein und demselben Punkt S schneiden.

Weiterführende Aufgaben

5 Ein Schiff fährt einen geradlinigen Kurs und passiert nacheinander die Punkte A(14| 22|0) sowie B(−2|−4|0). Vom Schiff aus wird eine Sonde in den Punkten C(3|4|3) und etwas später in D(−1|−2|1) gesichtet. Die Sonde bewegt sich ebenfalls auf geradlinigem Kurs.

a) Die Sonde erreicht die als eben angenommene Wasseroberfläche in einem Punkt E.
Ergänzen Sie die fehlenden Berechnungsschritte für die Koordinaten von E.
Flugbahn der Sonde:

$$\square \quad \vec{x} = \begin{pmatrix} 3 \\ 4 \\ 3 \end{pmatrix} + r \cdot \begin{pmatrix} -4 \\ -6 \\ -2 \end{pmatrix} \qquad \square \quad \vec{x} = \begin{pmatrix} -1 \\ -2 \\ 1 \end{pmatrix} + r \cdot \begin{pmatrix} 3 \\ 4 \\ 3 \end{pmatrix} \text{ mit } r \in \mathbb{R}$$

Auftreffen auf der Wasseroberfläche für z = 0, also r = _____ E(−3| _____ |0).

b) Das Schiff ändert in B seinen Kurs, um die Sonde im Punkt E aufzunehmen.
Ergänzen Sie die Berechnung der Größe des Winkels, um den das Schiff seinen Kurs ändern muss.

Richtungsvektor des Schiffes: $\overrightarrow{AB} = \begin{pmatrix} -16 \\ a \\ 0 \end{pmatrix}$; Richtung von B nach E: $\overrightarrow{BE} = \begin{pmatrix} b \\ -1 \\ 0 \end{pmatrix}$, a = _____ , b = _____ .

Winkel φ zwischen $\overrightarrow{AB}$ und $\overrightarrow{BE}$: $\cos(\varphi) = \frac{42}{2 \cdot \sqrt{233} \cdot \sqrt{2}} \approx 0{,}973$

Das Schiff muss seinen Kurs um ca. ☐ φ ≈ 39,13° ☐ φ ≈ 13,39° in Fahrtrichtung nach ☐ rechts ☐ links ändern.

6 Die Punkte A(3|2|0), B(7|5|0), C(4|9|0), D(0|6|0) und S(3,5|5,5|5) bilden eine Pyramide. Ergänzen Sie zu wahren Aussagen,

① Die Vektoren $\overrightarrow{AB} = \begin{pmatrix} 4 \\ 3 \\ 0 \end{pmatrix}$ und _____ = $\begin{pmatrix} 4 \\ 3 \\ 0 \end{pmatrix}$ sind zueinander parallel und gleich lang.

② Es gilt $\overrightarrow{AB} \cdot \overrightarrow{BC} = \begin{pmatrix} 4 \\ 3 \\ 0 \end{pmatrix} \cdot \begin{pmatrix} -3 \\ 4 \\ 0 \end{pmatrix}$ = _____ und $|\overrightarrow{AB}|$ _____ $|\overrightarrow{BC}|$.

③ Aus ① und ② folgt, dass die Grundfläche ABCD ein _____ ist.

④ Der Punkt M(3,5|5,5|0) ist der Mittelpunkt der Grundfläche, denn z. B. $\overrightarrow{OM}$ = _____ .

⑤ Der Vektor $\overrightarrow{MS}$ steht senkrecht zur Grundfläche, denn z. B. $\overrightarrow{MS} \cdot \overrightarrow{AB}$ = _____ .

⑥ Für die Winkelgrößen gilt: ∢ SBC ≈ _____ ∢ SBD ≈ _____ ∢ DSB ≈ _____ .

⑦ Der Vektor $\begin{pmatrix} -6 \\ 8 \\ -5 \end{pmatrix}$ verläuft senkrecht zur Ebene aus den Punkten A, B und _____ .

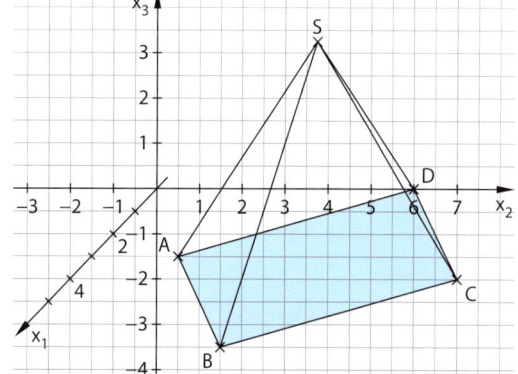

1 Kreuzen Sie an, welche der Gleichungen eine korrekte Beschreibung für die Gerade g durch die Punkte A(2|−1|3) und B(4|2|−5) ist.

☐ $\vec{x} = \begin{pmatrix} 2 \\ -1 \\ 3 \end{pmatrix} + t \cdot \begin{pmatrix} 2 \\ 3 \\ -8 \end{pmatrix}$ mit t ∈ ℝ   ☐ $\vec{x} = \begin{pmatrix} 4 \\ 2 \\ -5 \end{pmatrix} + r \cdot \begin{pmatrix} -1 \\ -1,5 \\ 4 \end{pmatrix}$ mit r ∈ ℝ   ☐ $\vec{x} = \begin{pmatrix} 2 \\ -1 \\ 3 \end{pmatrix} + s \cdot \begin{pmatrix} 2 \\ 3 \\ 8 \end{pmatrix}$ mit s ∈ ℝ

2 Ergänzen Sie so, dass sich in Bezug auf den Würfel ABCDEFGH mit der Kantenlänge 5 wahre Aussagen ergeben.

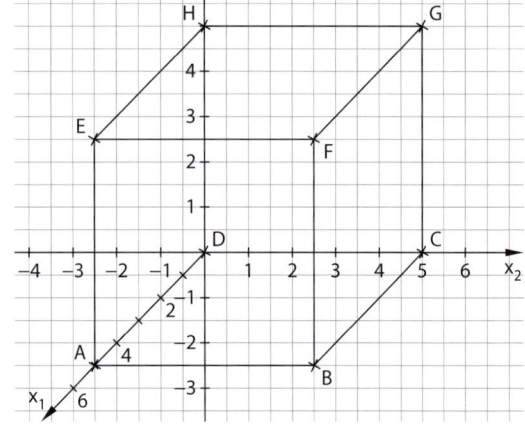

a) Der Punkt M(5|2,5|5) ist der Mittelpunkt der Kante ____.

b) Der Punkt P(5|−2,5|−5) liegt auf der Geraden durch die Punkte ____ und M.

c) Die Menge aller Punkte auf der Raumdiagonalen $\overline{DF}$ wird durch die Gleichung $\vec{x} = t \cdot \begin{pmatrix} 1 \\ 1 \\ 1 \end{pmatrix}$ mit t ∈ ℝ und ____ ≤ t ≤ ____ angegeben.

d) Die Gerade g durch die Punkte D und M sowie die Gerade h durch die Punkte C und E schneiden einander im Punkt $Q(\frac{10}{3}|\frac{5}{3}|\frac{10}{3})$.
Der Schnittwinkel φ von g und h hat die Größe φ ≈ ____.

e) Die Ebene ε durch die Punkte ____, ____ und F wird beschrieben

durch $\vec{x} = \begin{pmatrix} 0 \\ 5 \\ 0 \end{pmatrix} + r \cdot \begin{pmatrix} 1 \\ 0 \\ 1 \end{pmatrix} + s \cdot \begin{pmatrix} 0 \\ 1 \\ 0 \end{pmatrix}$ oder durch $\vec{x} = r \cdot \begin{pmatrix} -5 \\ 0 \\ -5 \end{pmatrix} + s \cdot \begin{pmatrix} 0 \\ 5 \\ 0 \end{pmatrix}$ mit r, s ∈ ℝ.

f) Der Punkt Q(2|6| ____) liegt auf der Ebene ε von Teilaufgabe **2e**.

3 Ordnen Sie den Geradenpaaren die zutreffende Lagebeziehung zu. Es gilt jeweils r, s ∈ ℝ.

A: g: $\vec{x} = \begin{pmatrix} 3 \\ 2 \\ 0 \end{pmatrix} + r \cdot \begin{pmatrix} 1 \\ -3 \\ 4 \end{pmatrix}$ und h: $\vec{x} = \begin{pmatrix} 1 \\ 8 \\ -8 \end{pmatrix} + s \cdot \begin{pmatrix} -3 \\ 9 \\ -12 \end{pmatrix}$

P: g und h sind zueinander parallel, aber nicht identisch.

B: g: $\vec{x} = \begin{pmatrix} -3 \\ 2 \\ 0 \end{pmatrix} + r \cdot \begin{pmatrix} -1 \\ 1 \\ 1 \end{pmatrix}$ und h: $\vec{x} = \begin{pmatrix} 3 \\ -2 \\ 4 \end{pmatrix} + s \cdot \begin{pmatrix} 1 \\ -1 \\ -1 \end{pmatrix}$

I: g und h sind identisch.

C: g: $\vec{x} = \begin{pmatrix} 2 \\ 1 \\ -3 \end{pmatrix} + r \cdot \begin{pmatrix} 1 \\ 0 \\ 1 \end{pmatrix}$ und h: $\vec{x} = \begin{pmatrix} 2 \\ 1 \\ -3 \end{pmatrix} + s \cdot \begin{pmatrix} -1 \\ 1 \\ 1 \end{pmatrix}$

W: g und h sind windschief.

D: g: $\vec{x} = \begin{pmatrix} 0 \\ 2 \\ 5 \end{pmatrix} + r \cdot \begin{pmatrix} 7 \\ -1 \\ 3 \end{pmatrix}$ und h: $\vec{x} = \begin{pmatrix} 3 \\ 0 \\ -1 \end{pmatrix} + s \cdot \begin{pmatrix} 1 \\ -2 \\ -4 \end{pmatrix}$

S: g und h schneiden einander unter einem Winkel von 90°.

4 Der Punkt P liegt in der Ebene E: $\vec{x} = \begin{pmatrix} -2 \\ 0 \\ 1 \end{pmatrix} + r \cdot \begin{pmatrix} 1 \\ 1 \\ 1 \end{pmatrix} + s \cdot \begin{pmatrix} -1 \\ 2 \\ 0 \end{pmatrix}$ mit r, s ∈ ℝ.

Ergänzen Sie seine Koordinaten: P(x|0|3) mit x = ____.

5 Gegeben ist die Ebene E_1: $\vec{x} = \begin{pmatrix} 0 \\ 0 \\ 1 \end{pmatrix} + r \cdot \begin{pmatrix} 1 \\ 0 \\ 0 \end{pmatrix} + s \cdot \begin{pmatrix} 0 \\ 1 \\ 0 \end{pmatrix}$ mit r, s ∈ ℝ.

Geben Sie eine Gleichung der Ebene E_2 an, die aus E_1 durch Spiegelung an der x_1x_2-Ebene hervorgeht.
Hinweis: Wenn eine Ebene E_2 durch Spiegelung von E_1 an der Ebene F hervorgeht, dann gilt für eine zu den Ebenen senkrechte Gerade mit ihren Durchstoßpunkten P_1, D und P_2: $\overline{P_1D} = \overline{DP_2}$.

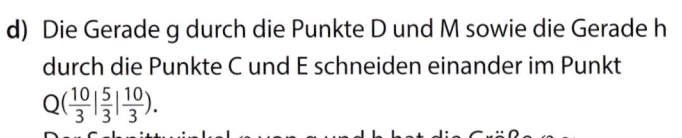

$\overline{P_1D} = \overline{DP_2}$

_____ mit r, s ∈ ℝ

6 Bestimmen Sie die Größe des Winkels φ, den die Vektoren $\vec{a}$ und $\vec{b}$ einschließen.

a) $\vec{a} = \begin{pmatrix} 1 \\ 2 \\ 3 \end{pmatrix}; \vec{b} = \begin{pmatrix} -1 \\ -2 \\ -3 \end{pmatrix}; \varphi = $ _____

b) $\vec{a} = \begin{pmatrix} 1 \\ 2 \\ 3 \end{pmatrix}; \vec{b} = \begin{pmatrix} 2 \\ 4 \\ 6 \end{pmatrix}; \varphi = $ _____

c) $\vec{a} = \begin{pmatrix} 1 \\ 2 \\ 3 \end{pmatrix}; \vec{b} = \begin{pmatrix} 6 \\ -1 \\ 2 \end{pmatrix}; \varphi \approx $ _____

7 Berechnen Sie x, sodass die Vektoren a und b orthogonal zueinander sind.

a) $\vec{a} = \begin{pmatrix} 1 \\ x \\ 0 \end{pmatrix}; \vec{b} = \begin{pmatrix} -1 \\ x \\ 1 \end{pmatrix}, x_1 = $ _____ oder $x_2 = $ _____

b) $\vec{a} = \begin{pmatrix} 2 \\ x \\ 6x \end{pmatrix}; \vec{b} = \begin{pmatrix} 0 \\ 2x \\ 3 \end{pmatrix}; x_1 = $ _____ oder $x_2 = $ _____

8 Im Punkt Q(3|4|0) liegt ein Flughafen, von dem ein Flugzeug startet. Zwei Minuten nach dem Start wird das Flugzeug in R(7|12|4) gesichtet. (Koordinatenangaben in km)
Der Flug wird als geradlinig und mit konstanter Geschwindigkeit angenommen, wobei der Betrag des Richtungsvektors den Betrag der Geschwindigkeit in Kilometer pro Minute angibt.
Die Flugbahn wird durch die Gleichung $\vec{x} = \overrightarrow{OQ} + t \cdot \overrightarrow{QR}$ mit t ∈ ℝ, t ≥ 0 beschrieben.

a) Interpretieren Sie die Bedeutung des Parameters t im Sachzusammenhang.   Zeit, in
_____

b) Geben Sie den Betrag der Geschwindigkeit v des Flugzeuges in km/h an. $|\vec{v}|$
_____

c) Ermitteln Sie, in welcher Höhe über der als eben angenommen
Erdoberfläche das Flugzeug sich vier Minuten nach dem Start befindet.   h =
_____

d) Zum Startzeitpunkt wird ein Ballon im Punkt P(15|8|8) bemerkt.

☐ P liegt auf der Flugbahn   ☐ P liegt nicht auf der Flugbahn

9 Gegeben sind die Punkte A(0|0|0), B(1|0|0) und C(0|1|0).

a) Der Punkt D liegt senkrecht über dem Schnittpunkt S der
Seitenhalbierenden des Dreiecks ABC.
Ergänzen Sie die fehlenden Koordinaten von S(a|$\frac{1}{3}$|b) und
D(a|$\frac{1}{3}$|1) mit

☐ $a = \frac{1}{3}$ ☐ $a = \frac{2}{3}$ ☐ $b = 0$ ☐ $b = 1$

b) Das Volumen der Pyramide ABCD:

☐ $V = \frac{1}{2}VE$ ☐ $V = \frac{1}{3}VE$ ☐ $V = \frac{1}{6}VE$

c) Eine zur x_1x_2-Ebene parallele Ebene E mit dem Abstand $\frac{1}{2}$
schneidet die Seitenkanten der Pyramide ABCD. Ergänzen Sie
die fehlenden Koordinaten der Schnittpunkte von E mit den
Seitenkanten der Pyramide.

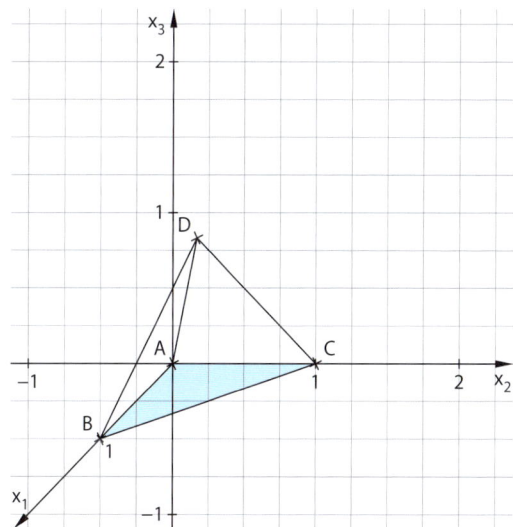

$S_{AD} = (\frac{1}{6}|\frac{1}{6}|$ ___ $)$

$S_{BD} = (\frac{2}{3}|$ ___ $|\frac{1}{2})$

$S_{CD} = (\frac{1}{6}|$ ___ $|\frac{1}{2})$

Betrachten Sie anstelle des festen Punktes C(0|1|0) nun die Punkte C_t(t|1|0) mit t ∈ ℝ.

d) Ergänzen Sie die Abbildung mit der Darstellung der Pyramide ABC_1D (t = 1) im Schrägbild.
Zusatzaufgabe: Begründen Sie, weshalb das Volumen aller Pyramiden ABC_tD gleich groß ist.

Basisaufgaben

1 Empirisches Gesetz der großen Zahlen: Ein 2x2-Steckbaustein wurde unter gleichen Bedingungen n-mal geworfen. Betrachtet wurde das Ereignis A: „Eine der vier gleichen Seitenflächen liegt oben."

a) Ergänzen Sie die fehlenden Werte für absolute Häufigkeit H(A) bzw. die relative Häufigkeit h(A).

b) Geben Sie auf der Grundlage dieser Daten einen Schätzwert für die Wahrscheinlichkeit des Ereignisses A an.

n	30	90	150	210	270	330
H(A)	5	23			84	103
h(A)	0,17		0,25	0,28		

Schätzwert für die Wahrscheinlichkeit

_____

2 Wahrscheinlichkeiten bei Laplace-Experimenten: Aus einer Urne mit fünf gelben, drei roten und zwei blauen Kugeln wird zufällig eine Kugel gezogen und ihre Farbe festgestellt. Ordnen Sie jedem Ereignis die Wahrscheinlichkeit zu.

A: Die gezogene Kugel ist gelb.

B: Die gezogene Kugel ist rot.

C: Die gezogene Kugel ist rot oder blau.

D: Die gezogene Kugel ist grün.

$p_1 = 0,3$

$p_2 = 0$

$p_3 = 0,5$

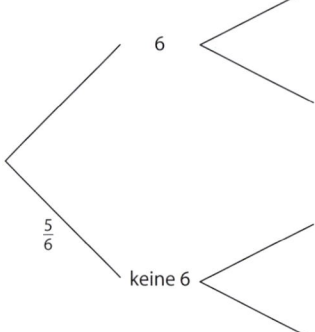

$$P(A) = \frac{\text{Anzahl der Ergebnisse günstig für A}}{\text{Anzahl aller Ergebnisse}}$$

3 Baumdiagramm und Pfadregeln: Ein idealer Würfel wird zweimal geworfen. Bei jedem Wurf wird notiert, ob eine Sechs oben liegt.

a) Ergänzen Sie das Baumdiagramm.

b) Geben Sie die Wahrscheinlichkeiten der Ereignisse an:

A: In beiden Würfen liegt die Sechs oben.

B: Im ersten Wurf erscheint eine Sechs, im zweiten Wurf keine Sechs.

C: Es wird genau einmal eine Sechs geworfen.

P(A) = _____   P(B) = _____

P(C) = _____

6

$\frac{5}{6}$

keine 6

4 Aus einer Urne mit zwei roten und drei schwarzen Kugeln wird dreimal genau eine Kugel mit Zurücklegen gezogen und deren Farbe notiert. Kreuzen Sie an, ob alle für das angegebene Ereignis günstigen Ergebnisse angegeben sind.

☐ A: Nur im zweiten Zug rot   (s, r, s)

☐ B: Im zweiten Zug rot.   (s, r, s), (r, r, r)

☐ C: Zweimal rot.   (r, r, s)

☐ D: Frühestens im zweiten Zug rot. (s, r, s), (s, r, r), (s, s, r), (s, s, s)

Zusatzaufgabe: Ergänzen Sie die fehlenden Ergebnisse.

5 Pfadregeln: Ergänzen Sie durch Ankreuzen zu wahren Aussagen.

a) Die Wahrscheinlichkeit eines zusammengesetzten Ergebnisses erhält man über die ☐ Addition / ☐ Multiplikation der Einzelwahrscheinlichkeiten entlang des Pfades.

b) Die Wahrscheinlichkeit eines Ereignisses erhält man über die ☐ Addition / ☐ Multiplikation der Wahrscheinlichkeiten aller zugehörigen Pfade.

6 Aus einem Skatkartenspiel werden ohne Zurücklegen nacheinander zwei Karten zufällig gezogen.

Ordnen Sie den Ereignissen die passenden Berechnungen zu.

A: Es werden im ersten Zug das Herz-As und im zweiten Zug die Kreuz-Dame gezogen.

B: Es werden in beliebiger Reihenfolge die Herz-Dame und ein König gezogen.

C: Es werden in beliebiger Reihenfolge eine rote und eine schwarze Karte gezogen.

$$2 \cdot \frac{1}{2} \cdot \frac{16}{31}$$ $$\frac{1}{32} \cdot \frac{4}{31} + \frac{4}{32} \cdot \frac{1}{31}$$ $$\frac{1}{32} \cdot \frac{1}{31}$$

7 **Vierfeldertafel:** Von den 180 Lernenden der gymnasialen Oberstufe des Gymnasiums in B-Stadt sind 72 männlich. Von den Jungen kommen 38 direkt aus B-Stadt, von den Mädchen sind nur 25 % direkt aus B-Stadt.

a) Vervollständigen Sie für diesen Sachverhalt die Vierfeldertafel.

	Jungen	Mädchen	
aus B-Stadt	38		
nicht aus B-Stadt			
	72		180

b) Kreuzen Sie alle wahren Aussagen an.

- [ ] Etwa 64 % aller Lernenden der gymnasialen Oberstufe kommen nicht aus B-Stadt.

- [ ] Der Anteil der Jungen an allen Schülerinnen und Schüler aus B-Stadt beträgt 25 %

- [ ] 60 % aller Lernenden der gymnasialen Oberstufe sind weiblich.

- [ ] Der Anteil der weiblichen Oberstufenschüler an allen Oberstufenschülern, die nicht aus B-Stadt kommen, beträgt ca. 70,4 %.

Weiterführende Aufgaben

8 Angenommen, ein Elfmeterschütze hat eine konstante Trefferquote von 80 % bei jedem Schuss, wenn er dreimal auf das Tor schießt. Ordnen Sie den Ereignissen die richtige Wahrscheinlichkeit zu.

A: höchstens einen Treffer. | B: genau einen Treffer. | C: mindestens einen Treffer.

$p_1 = 0,992$ | $p_2 = 0,096$ | $p_3 = 0,104$

9 Aus einem Skatspiel wird eine Karte zufällig gezogen. Berechnen Sie die Wahrscheinlichkeiten der Ereignisse E und F.

E: Es wird Herz gezogen. _____

F: Es ist die Herz-Dame, wenn Herz gezogen wurde. _____

10 Aus einer Urne mit zwei weißen, einer gelben, einer roten und einer blauen Kugel werden ohne Zurücklegen zwei Kugeln gezogen. Berechnen Sie die Wahrscheinlichkeiten folgender Ereignisse.

A: Die erste gezogene Kugel ist eine weiße Kugel, die zweite die blaue Kugel. _____

B: Die erste Kugel ist nicht die blaue und die zweite Kugel nicht die gelbe. _____

C: Es wird zweimal eine Kugel derselben Farbe gezogen. _____

D: Es tritt sowohl das Ereignis A als auch das Ereignis B ein. _____

Basisaufgaben

1 Ergänzen Sie den Text, sodass eine wahre Aussage entsteht.

„Für zwei Ereignisse A und B versteht man unter der bedingten Wahrscheinlichkeit $P_A(B)$ die Wahrscheinlichkeit dafür, dass das Ereignis _____ eintritt, wenn man schon weiß, dass das Ereignis _____ eingetreten ist."

2 In einer Schachtel liegen Zettel, die mit einer der Zahlen 1, 2, 3, 4, 5 beschriftet sind. Nacheinander wird zufällig ohne Zurücklegen zweimal jeweils genau ein Zettel gezogen. Betrachten Sie das Ereignis A: „Die Summe der gezogenen Zahlen ist 6."

a) Die Übersicht zeigt alle möglichen Ergebnisse für das Ziehen von zwei Zahlen ohne Zurücklegen.

Markieren Sie farbig alle für das Ereignis A günstigen Ergebnisse, wenn weiter keine Bedingung gestellt wird.

Schließen Sie daraus auf P(A).

$P(A) =$ _____

(1, 2)	(1, 3)	(1, 4)	(1, 5)
(2, 1)	(2, 3)	(2, 4)	(2, 5)
(3, 1)	(3, 2)	(3, 4)	(3, 5)
(4, 1)	(4, 2)	(4, 3)	(4, 5)
(5, 1)	(5, 2)	(5, 3)	(5, 4)

b) Betrachten Sie das Ereignis A unter der Bedingung B:

„Es ist bekannt, dass beide gezogenen Zahlen ungerade sind."

Tragen Sie in die Übersicht die fehlenden Zahlenpaare ein, die für das Ereignis B in Frage kommen, und markieren Sie dort die für das Ereignis A günstigen Ereignisse farbig.

Schließen Sie daraus auf die Wahrscheinlichkeit von $P_B(A)$.

$P_B(A) =$ _____

	(1, 3)		
(3, 1)			
		(5, 3)	

3 Aus einem Skatkartenspiel (s. S. 53) wurde zufällig eine Karte gezogen.

Betrachten Sie die Ereignisse A: „Es wurde die Herz-Dame gezogen.",
B: „Es wurde eine rote Karte gezogen." und C: „Es wurde eine Dame gezogen."
Ordnen Sie die Zahlenwerte den Wahrscheinlichkeiten zu.

| P(A) | P(B) | P(C) | $P_B(A)$ | $P_C(A)$ |

$$P_A(B) = \frac{P(A \cap B)}{P(A)}$$
für $P(A) > 0$

$\frac{1}{4}$ $\frac{1}{32}$ $\frac{1}{2}$ $\frac{1}{16}$ $\frac{1}{8}$

4 Bei einer Verkehrskontrolle telefonierten von 130 Fahrern unter 35 Jahren 60 Fahrer während der Fahrt mit dem Handy. Bei den 150 kontrollierten Autofahrern, die mindestens 35 Jahre alt waren, gab es 40 Verstöße gegen das Verbot, während der Fahrt mit dem Handy zu telefonieren.

	A: Alter < 35	B: Alter ≥35	
H: Verstoß gegen Handy-Verbot	60		
K: Kein Verstoß gegen Handy-Verbot			
	130		

a) Ergänzen Sie die Vierfeldertafel.

b) Kreuzen Sie an, welcher der Terme die bedingte relative Häufigkeit korrekt angibt.

① Anteil der unter 35-Jährigen, die nicht gegen das Handyverbot am Steuer verstoßen.

☐ $P_K(A)$ ☐ $P_A(K)$ ☐ $\frac{60}{130}$ ☐ $\frac{70}{130}$

② Anteil derjenigen, die gegen das Handyverbot verstießen, an den mindestens 35-Jährigen.

☐ $P_H(B)$ ☐ $P_B(H)$ ☐ $\frac{40}{150}$ ☐ $\frac{40}{150}$

③ Anteil der unter 35-Jährigen an allen, die sich nicht an das Handyverbot halten

☐ $P_A(H)$ ☐ $P_H(A)$ ☐ $\frac{60}{130}$ ☐ $\frac{60}{100}$

④ Anteil der mindestens 35-Jährigen an allen, die nicht gegen das Handyverbot verstoßen

☐ $P_K(B)$ ☐ $P_B(K)$ ☐ $\frac{110}{180}$ ☐ $\frac{110}{150}$

5 Das äußere Quadrat habe den Flächeninhalt 1. Die Flächeninhalte der Rechtecke im Inneren können als Maße der Wahrscheinlichkeiten von Ereignissen A und B aufgefasst werden. Ergänzen Sie:

Das äußere Quadrat enthält _____ Kästchen

P(A) = _____   P(B) = _____ $P_B(A)$ = _____ $P_A(B)$ = _____   P(A∩B) = _____

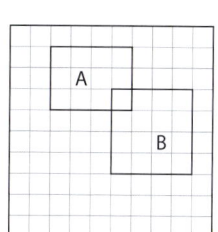

6 Angenommen, 30 % der PKW-Besitzer einer bestimmten Automarke erhalten im Rahmen einer Rückrufaktion die Aufforderung, mit ihrem Auto bis zu einem festgelegten Termin eine Vertragswerkstatt aufzusuchen (Ereignis R). 80 % davon folgen dieser Aufforderung bis zu diesem Termin (Ereignis F).
Ergänzen Sie das Baumdiagramm in Bezug auf diesen Sachverhalt durch Eintragen der Wahrscheinlichkeiten $P_R(F)$ sowie P(R∩F) an den zugehörigen Stellen.
Geben Sie auch die Größe dieser Wahrscheinlichkeiten an.

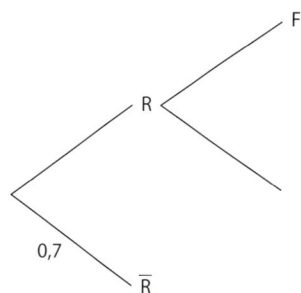

Weiterführende Aufgaben

7 In einer Urne liegen fünf gleichartige Kugeln, von denen zwei rot und drei schwarz sind. Die roten Kugeln sind mit 1 und 2 nummeriert, die schwarzen Kugeln mit 1, 2 und 3.
Aus der Urne wird zufällig eine Kugel entnommen. Ordnen Sie den Ereignissen A, B, C und D die zugehörigen Wahrscheinlichkeiten zu.

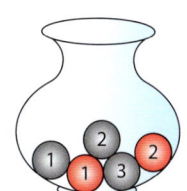

| A: Die entnommene Kugel ist rot. | B: Die entnommene Kugel trägt die Nummer 1. |

| C: Die entnommene Kugel ist rot, wenn man schon weiß, dass die entnommene Kugel die Zahl 1 trägt. | D: Die entnommene Kugel trägt die Nr. 2, wenn man schon weiß, dass die entnommene Kugel schwarz ist. |

| $p_1 = 0{,}4$ | $p_2 = 0{,}5$ | $p_3 = 0{,}6$ | $p_4 = \frac{1}{3}$ |

Zusatzaufgabe: Eine der Wahrscheinlichkeiten p_1, p_2, p_3 und p_4 wird bei Teilaufgabe 7 (oben) nicht gebraucht. Formulieren Sie ein Ereignis zum betrachteten Sachverhalt, das zu dieser bisher nicht verwendeten Wahrscheinlichkeit passt.

8 Eine seltene Krankheit trete im Durchschnitt bei einer von 100 000 Personen auf. Es wurde ein Test zur Erkennung dieser Krankheit entwickelt, der diese Krankheit bei einer untersuchten Person mit 90 %iger Sicherheit erkennt, wenn sie wirklich vorliegt (Sensitivität). Ist die getestete Person nicht von dieser Krankheit betroffen, so fällt der Test mit 5 %iger Wahrscheinlichkeit trotzdem positiv aus (Spezifität). Es ist die Wahrscheinlichkeit dafür gesucht, dass die untersuchte Person wirklich an dieser Krankheit erkrankt ist (k), wenn der Test positiv ausgefallen ist (T).

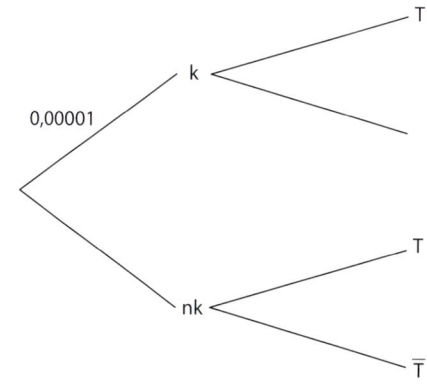

a) Ergänzen Sie das Baumdiagramm und die Rechnung.

$$P_T(k) = \frac{0{,}00001 \cdot \boxed{}}{0{,}00001 \cdot \boxed{} \cdot 0{,}05} \approx 0{,}00018$$

b) Ergänzen Sie die Vierfeldertafel der relativen Häufigkeiten zu diesem Sachverhalt.

	krank	nicht krank	
Test positiv	0,00001 ·	· 0,05	
Test negativ	· 0,1	0,99999 ·	
	0,00001	0,99999	1

Basisaufgaben

1 Ergänzen Sie zu einer wahren Aussage.

① Zwei Ereignisse A und B heißen **stochastisch unabhängig,** wenn gilt: $P_A(B)$ ☐ $P($ _____ $)$.

② Zwei Ereignisse A und B sind genau dann **stochastisch unabhängig,** wenn gilt: $P(A \cap B) =$ _____

③ Zwei Ereignisse A und B heißen **kausal abhängig,** wenn sie in Ursache und _____ voneinander abhängen.

2 In einer Schale liegen drei schwarze und zwei rote Kugeln. Es wird zweimal genau eine Kugel gezogen.

  a) Vervollständigen Sie die Baumdiagramme.

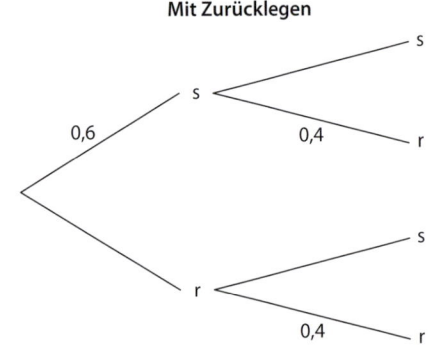

Mit Zurücklegen

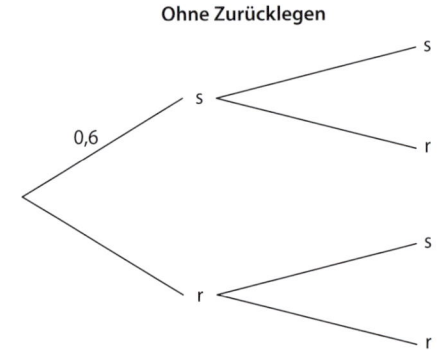

Ohne Zurücklegen

  b) Ergänzen Sie für die Ereignisse A: „Schwarz im 1. Zug" und B: „Rot im 2. Zug" die Tabelle.

Wahrscheinlichkeit	Ziehen mit Zurücklegen	Ziehen ohne Zurücklegen
P(A)		
P(B)		
$P_A(B)$		
$P(A \cap B)$		
Stochastisch unabhängig?		

3 Die Übersicht zeigt alle möglichen Ergebnisse beim Werfen zweier Spielwürfel.

  a) Markieren Sie verschiedenfarbig alle Ergebnisse, die zu den Ereignissen A: „Zwei gleiche Augenzahlen" bzw. B: „Augensumme 6" gehören.

  b) Berechnen Sie die Wahrscheinlichkeiten und schließen Sie daraus, ob A und B stochastisch unabhängig sind.

(1,1)	(1,2)	(1,3)	(1,4)	(1,5)	(1,6)
(2,1)	(2,2)	(2,3)	(2,4)	(2,5)	(2,6)
(3,1)	(3,2)	(3,3)	(3,4)	(3,5)	(3,6)
(4,1)	(4,2)	(4,3)	(4,4)	(4,5)	(4,6)
(5,1)	(5,2)	(5,3)	(5,4)	(5,5)	(5,6)
(6,1)	(6,2)	(6,3)	(6,4)	(6,5)	(6,6)

$P(A) =$ _____ $P(B) =$ _____

$P_A(B) =$ _____ $P(A \cap B) =$ _____

Schlussfolgerung: $P_A(B) \neq P(B)$ bzw. $P(A \cap B) \neq$ _____ , also sind A und B stochastisch _____

  c) Untersuchen Sie in analoger Weise das Ereignis A und das Ereignis C: „Die zweite gewürfelte Zahl ist eine Sechs."

$P(A) =$ _____ $P(C) =$ _____ $P_A(C) =$ _____ $P(A \cap C) =$ _____

Schlussfolgerung: $P_A(C) = P(C)$ bzw. $P(A \cap C) =$ _____ , also sind A und C stochastisch _____

4 Eintausend Personen wurden zufällig ausgewählt und auf zwei Merkmale untersucht: A:„Die Person ist sportlich wenig aktiv." und B:„Die Person hat Normalgewicht."
Die Ergebnisse sind in der Vierfeldertafel mit absoluten Häufigkeiten dargestellt.

	A	$\bar{A}$	
B	43	7	50
$\bar{B}$	814	136	950
	857	143	1000

a) Die relativen Häufigkeiten werden als Wahrscheinlichkeiten betrachtet.
Kreuzen Sie an, welche Ergebnisse richtig sind.

☐ $P_A(B) = \frac{43}{1000}$ ☐ $P_A(B) = \frac{43}{50}$ ☐ $P_A(B) = \frac{43}{857}$ ☐ $P_A(B) \approx 0{,}0502$

☐ $P(B) = \frac{857}{1000}$ ☐ $P(B) = \frac{43}{50}$ ☐ $P(B) = \frac{50}{1000}$ ☐ $P(B) = 0{,}05$

Die korrekten Werte für diesen Personenkreis zeigen: A und B sind annähernd stochastisch unabhängig.

b) Begründen Sie, dass anhand der korrekten Werte für diesen Personenkreis A und B annähernd stochastisch unabhängig sind.

$P_A(B) = $ _____ $\approx$ _____ $P(B) = $ _____ $= $ _____

Es gilt: $P_A(B)$ und $P(B)$ sind ☐ nicht ☐ annähernd ☐ genau gleich groß.

Weiterführende Aufgaben

5 Auf Unabhängigkeit schließen: In der Urne A sind zwei rote und eine blaue Kugel, in der Urne B sind vier rote und zwei blaue Kugeln. Es wird zufällig eine der Urnen ausgewählt und auf gut Glück aus dieser eine Kugel gezogen.
Es werden die Ereignisse C:„Es wurde Urne A gewählt:" und D:„Es wurde eine rote Kugel gezogen." betrachtet.

a) Ergänzen Sie im Baumdiagramm und in der Vierfeldertafel die fehlenden Eintragungen.

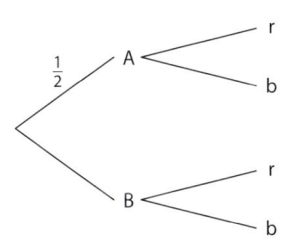

	A	B	
rot		$\frac{1}{2} \cdot \frac{2}{3}$	$\frac{2}{3}$
blau	$\cdot \frac{1}{3}$		$\frac{1}{3}$
	$\frac{1}{2}$		1

A und B unabhängig
⇔
$P(A \cap B) = P(A) \cdot P(B)$

b) Ergänzen Sie zu wahren Aussagen.
Die Ereignisse C und D sind stochastisch unabhängig, denn es gilt nach den Pfadregeln $P(C \cap D) = $ _____

sowie $P(C) = $ _____ und $P(D) = $ _____ .

Damit gilt nach dem Multiplikationssatz $P(C) \cdot P(D) = $ _____ $= P($ _____ .

6 Unabhängigkeit voraussetzen: Der Nachweis eines Krankheitserregers in Blutproben eines Patienten soll in zwei voneinander unabhängigen Laboren erfolgen. Labor 1 liegt in 98 % aller Fälle mit der Diagnose richtig, bei Labor 2 sind es sogar 99 % richtige Diagnosen. Die Wahrscheinlichkeit einer Fehldiagnose sowohl durch Labor 1 als auch durch Labor 2 kann dann durch folgenden Rechenweg bestimmt werden. Begründen Sie die Lösungsschritte.

A:„Labor 1 liefert eine richtige Diagnose." mit $P(A) = 0{,}98$

B:„Labor 2 liefert eine richtige Diagnose." mit $P(B) = 0{,}99$
$P(\bar{A}) = 1 - 0{,}98 = 0{,}02$ und $P(\bar{B}) = 1 - 0{,}99 = 0{,}01$

$P(\bar{A} \cap \bar{B}) = P(\bar{A}) \cdot P(\bar{B})$
$P(\bar{A} \cap \bar{B}) = 0{,}02 \cdot 0{,}01 = 0{,}0002$

Festlegung _____
anhand des Sachverhaltes
Wahrscheinlichkeit der _____

Voraussetzung: _____

Das Risiko, dass sowohl Labor 1 als auch Labor 2 eine Fehldiagnose liefert, liegt bei _____

Basisaufgaben

1 Ergänzen Sie die Sätze zu wahren Aussagen.

a) Eine Zufallsgröße X ordnet jedem Ergebnis eines Zufallsexperiments eine _____ zu.

b) Die Zuordnung, die jedem Wert x, den eine Zufallsgröße X annehmen kann, die Wahrscheinlichkeit $P(X = x)$ zuordnet, heißt _____ von X.

c) Ergänzen Sie die fehlenden Werte der Zufallsgröße X:
„Summe der Augenzahlen beim Werfen zweier Würfel."

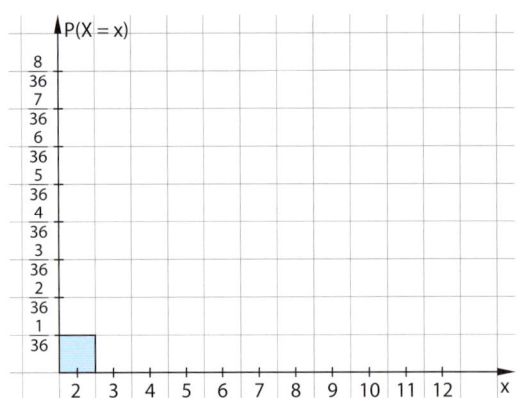

x	2	3	4	5	6	7
$P(X = x)$	$\frac{1}{36}$			$\frac{4}{36}$		
x	8	9	10	11	12	
$P(X = x)$	$\frac{5}{36}$	$\frac{4}{36}$				

d) Stellen Sie die Wahrscheinlichkeitsverteilung in einem Säulendiagramm dar. Nutzen Sie dazu das Koordinatensystem.

e) Die _____ der Einzelwahrscheinlichkeiten einer Wahrscheinlichkeitsverteilung beträgt 1.

2 Kreuzen Sie jedes Histogramm an, das die Wahrscheinlichkeitsverteilung einer Zufallsgröße darstellen kann.

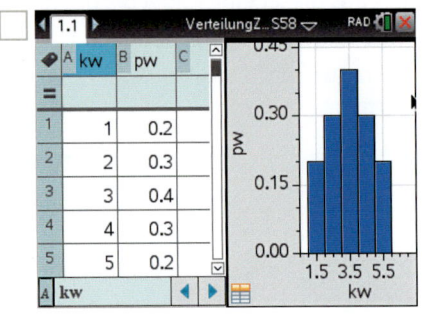
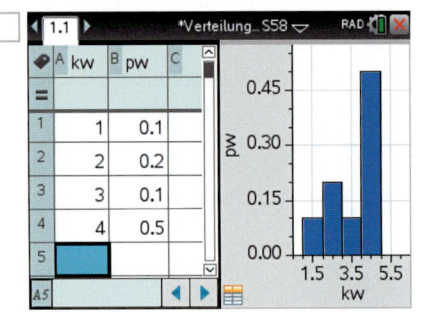

Summe der Einzelwahrscheinlichkeiten gleich 1.

3 Die Tabelle soll die Wahrscheinlichkeitsverteilung einer Zufallsgröße X beschreiben.

a) Ergänzen Sie den fehlenden Wert für $P(X = 7)$.

b) Ordnen Sie den Ereignissen die passende Gleichung oder Ungleichung sowie die korrekte Wahrscheinlichkeit zu.

k	4	5	6	7	8
$P(X = k)$	0,1	0,2	0,2		0,2

| A: X ist kleiner als 5. | B: X ist größer als 5. | C: X ist höchstens 5. | D: X ist mindestens 5. |

| $X > 5$ | $X \geq 5$ | $X < 5$ | $X \leq 5$ | $p_1 = 0{,}7$ | $p_2 = 0{,}1$ | $p_3 = 0{,}3$ | $p_4 = 0{,}9$ |

4 Markieren Sie die Säulen für das angegebene Intervall und ermitteln Sie die zugehörige Intervallwahrscheinlichkeit.

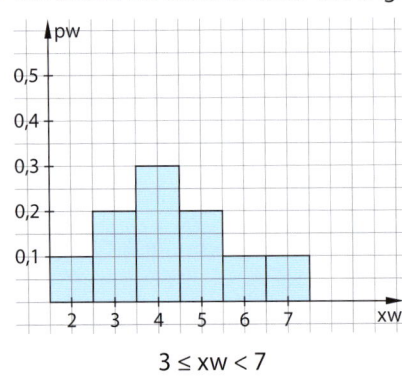
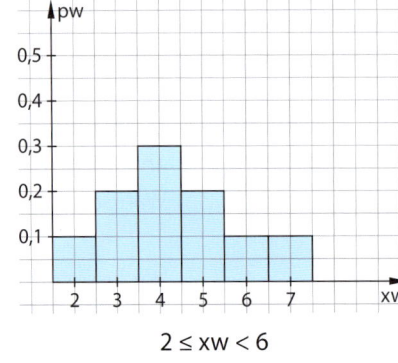
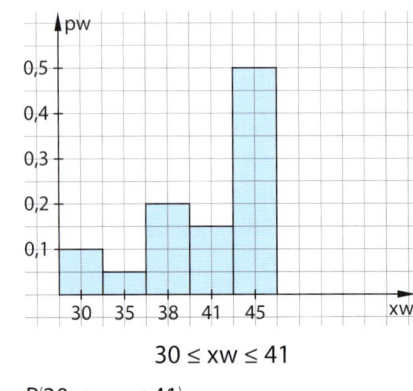

$3 \leq xw < 7$

$P(3 \leq xw < 7) =$ _____

$2 \leq xw < 6$

$P(2 \leq xw < 6) =$ _____

$30 \leq xw \leq 41$

$P(30 \leq xw \leq 41) =$ _____

5 Ein Tetraederwürfel, der mit den Zahlen 1, 2, 3 und 4 beschriftet ist, wird zweimal geworfen.

a) Ergänzen Sie die tabellarische Übersicht der möglichen Ergebnisse.

(1; 1)	(1; 2)	(1; 3)	(1; 4)
(2; 1)			(2; 4)
(3; 1)			(3; 4)
	(4; 2)		

b) Ordnen Sie den auf diesem Zufallsversuch beruhenden Zufallsgrößen die passende Wahrscheinlichkeitsverteilung zu:

X_1 Summe der Augenzahlen:

☐ A   ☐ B   ☐ C

X_2 Betrag der Differenz der Augenzahlen:

☐ A   ☐ B   ☐ C

X_3 Quotient der größeren durch die kleinere Augenzahl:

☐ A   ☐ B   ☐ C

A:

x	0	1	2	3		
P(X = x)	$\frac{1}{4}$	$\frac{3}{8}$	$\frac{1}{4}$	$\frac{1}{8}$		

B:

x	1	2	3	4	1,5	$\frac{4}{3}$
P(X = x)	$\frac{1}{4}$	$\frac{1}{4}$	$\frac{1}{8}$	$\frac{1}{8}$	$\frac{1}{8}$	$\frac{1}{8}$

C:

x	2	3	4	5	6	7	8
P(X = x)	$\frac{1}{16}$	$\frac{1}{8}$	$\frac{3}{16}$	$\frac{1}{4}$	$\frac{3}{16}$	$\frac{1}{8}$	$\frac{1}{16}$

c) Geben Sie eine Zufallsgröße bezüglich des zweimaligen Tetraederwurfs an, die zu der Wahrscheinlichkeitsverteilung D passt.

Zufallsgröße: _____

D:

x	1	2	3	4	6	8	9	12	16
P(X = x)	$\frac{1}{16}$	$\frac{1}{8}$	$\frac{1}{8}$	$\frac{3}{16}$	$\frac{1}{8}$	$\frac{1}{8}$	$\frac{1}{16}$	$\frac{1}{8}$	$\frac{1}{16}$

Weiterführende Aufgaben

6 Für ein Glücksspiel wird eine Urne mit sechs Kugeln benutzt, von denen eine grün (g), zwei blau (b) und drei weiß (w) sind. Ein Spieler entnimmt der Urne eine Kugel ohne Zurücklegen. Ist die Kugel weiß, ist das Spiel beendet, andernfalls nicht. Bei jeder weiteren Entnahme einer Kugel ohne Zurücklegen ist das Spiel beendet, wenn eine weiße oder blaue Kugel gezogen wird, andernfalls nicht.

a) Vervollständigen Sie die Ergebnismenge: $\left\{ (g, b), \left(g, \underline{\quad}\right), (b, g, b), \left(b, g, \underline{\quad}\right), \left(b, \underline{\quad}\right), (b, w), w \right\}$

b) Für die am Spielende gezogene Kugel gilt: Ist sie weiß, wird dem Spieler ein Euro ausgezahlt, ist sie blau, werden ihm zwei Euro ausgezahlt. Ergänzen Sie die Wahrscheinlichkeitstabelle für die Zufallsgröße „Auszahlung an den Spieler."

Auszahlung in Euro	1	2
Wahrscheinlichkeit		

7 Die Darstellung zeigt das Ergebnis einer Simulation des Werfens eines Tetraederwürfels mit dem GTR.

a) Übertragen Sie die Werte aus dieser Darstellung in eine Tabelle der Wahrscheinlichkeitsverteilung.

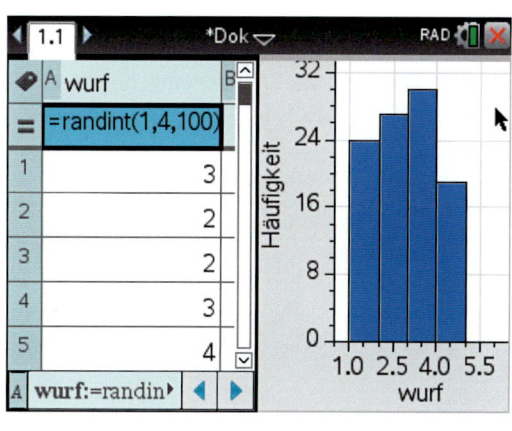

Ergebnis	1			
Wahrscheinlichkeit	0,24			

b) Kreuzen Sie alle wahren Aussagen an.

☐ Theoretisch ergibt sich bei einem fairen Tetraederwürfel für jedes Ergebnis die gleiche Wahrscheinlichkeit p = 0,25.

☐ Die Abweichungen von dieser Gleichverteilung sind durch den Zufallscharakter der Simulationen zu erklären.

Basisaufgaben

1 Erwartungswert: Berechnen Sie den Erwartungswert E(X) der Zufallsgröße X.

Hilfe:

a)

x_k	1	2	3	4
$P(X = x_k)$	0,2	0,1	0,4	0,3

E(X) =

b)

x_k	−5	−3	0	2	5	6
$P(X = x_k)$	0,05	0,1	0,3	0,15	0,3	0,1

E(X) =

c)

x_k	−1,8	−0,5	0	0,5	1,8
$P(X = x_k)$	0,2	0,2	0,2	0,2	0,2

E(X) =

2 Das Glücksrad ist in zwei Sektoren mit den Zentriwinkeln 120° und 240° unterteilt.

Es wird nach folgenden Regeln gespielt:

Der Spieler muss einen Einsatz von fünf Euro zahlen.

Das Glücksrad wird zweimal gedreht. Die Auszahlung an den Spieler hängt davon ab, wohin der Pfeil beide Male zeigt:

– zweimal auf den blauen Sektor: 14 Euro,
– zweimal auf den weißen Sektor: 10 Euro,
– auf verschiedenfarbige Sektoren: 0 Euro.

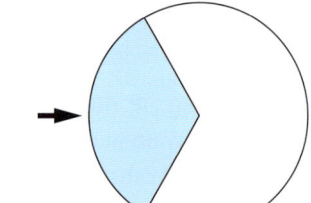

a) Ergänzen Sie die Tabelle der Wahrscheinlichkeits-verteilung für den Gewinn des Spielers.

b) Berechnen Sie den Erwartungswert E(G) für den Gewinn des Spielers.

E(G) = _____

Auszahlung in Euro	14		0
Gewinn des Spielers in Euro	9		−5
Wahrscheinlichkeit		$\frac{4}{9}$	

3 Der Einsatz des Spielers für das in Aufgabe 2 beschriebene Glücksspiel soll so gewählt werden, dass es sich um ein faires Spiel handelt.

Ergänzen Sie die Rechnung.

$(14 - x) \cdot \underline{\quad} + \left(\underline{\quad} - x\right) \cdot \frac{4}{9} + (0 - x) \cdot \underline{\quad} = \underline{\quad} \Rightarrow \underline{\hspace{2cm}} \Rightarrow x = \underline{\quad}$

Faires Spiel:
E(X) = 0

4 Varianz und Standardabweichung: Ermitteln Sie den Erwartungswert μ = E(X), die Varianz V(X) und die Standardab-weichung σ(X) der Wahrscheinlichkeitsverteilung.

Hilfe:

k	−4	−2	0	3	5
$P(X = k)$	0,2	0,1	0,1	0,4	0,2

$E(X) = (-4) \cdot \underline{\quad} + \underline{\quad} \cdot 0,1 + 0 \cdot \underline{\quad} + \underline{\quad} \cdot 0,4 + 5 \cdot \underline{\quad} = 1,2$

$V(X) = (-4 - 1,2)^2 \cdot 0,2 + \underline{\quad} \cdot 0,1 + (0 - 1,2)^2 \cdot \underline{\quad} + \underline{\quad} \cdot 0,4 + \underline{\quad} \cdot \underline{\quad} = 10,76$

$\sigma(X) = \underline{\quad} \approx \underline{\quad}$

5 Die angegebene Wahrscheinlichkeitsverteilung hat den Erwartungswert E(X) = 13,5. Die zugehörige Standardab-weichung ist _____ , b = _____

x	5	10	15	20
$P(X = x)$	0,1	0,2	b	0,1

6 Gegeben sind zwei Wahrscheinlichkeitsverteilungen A und B.

A:	k	−2	−1	0	1	2
	P(X = k)	0,2	0,2	0,2	0,2	0,2

B:	k	−20	−10	0	10	20
	P(X = k)	0,2	0,2	0,2	0,2	0,2

a) Kreuzen Sie an, zunächst ohne nachzurechnen, ob Sie die Aussagen für wahr halten.

☐ Beide Wahrscheinlichkeitsverteilungen haben den Erwartungswert $E(X) = 0$.

☐ Der Erwartungswert von B ist größer als der von A.

☐ Beide Wahrscheinlichkeitsverteilungen haben die gleiche Standardabweichung.

☐ Die Standardabweichung von B ist größer als die von A.

b) Berechnen Sie für beide Wahrscheinlichkeitsverteilungen den Erwartungswert sowie die Standardabweichung und vergleichen Sie die Ergebnisse mit Ihren Vermutungen aus Teilaufgabe **a**.

A: $E(X) =$ ___ , $V(X) =$ ___ ; $\sigma(X) =$ _____

B: $E(X) =$ ___ , $V(X) =$ _____ ; $\sigma(X) =$ _____

Weiterführende Aufgaben

7 Herr Köstlich betreibt einen Imbiss.

Er bereitet pro Tag 350 belegte Brötchen vor. An 5 % der Tage behält er 100 Brötchen, an 20 % der Tage 50 Brötchen, an 40 % der Tage 30 Brötchen und an 10 % der Tage 10 Brötchen übrig. An allen anderen Tagen verkauft er alle Brötchen. An einem Brötchen verdient er 0,50 €, bei einem nicht verkauften macht er 0,80 € Verlust.

a) Ergänzen Sie die Verteilung der relativen Häufigkeiten für seinen Gewinn pro Tag.

Gewinn in Euro pro Tag	$250 \cdot 0{,}50 + 100 \cdot (−0{,}80) = 125 − 80 = 45$		136		175
Relative Häufigkeit	0,05	0,20	0,40	0,10	

b) Ergänzen Sie die Berechnung für den durchschnittlichen Gewinn pro Tag.

Er beträgt _____ Euro, denn $45 \cdot 0{,}05 +$ _____ $\cdot 0{,}20 + 136 \cdot 0{,}40 +$ _____ $\cdot 0{,}10 + 175 \cdot$ _____ $=$ _____

8 Ein Händler kauft bei einem Hersteller Taschen zu einem Preis von 28 Euro ein. Erfahrungsgemäß sind 10 % der Taschen mit kleinen Fehlern behaftet.

a) Er verkauft die einwandfreien Taschen zu einem Preis von 38 Euro, die mit kleinen Mängeln behafteten 10 % billiger. Ergänzen Sie die Tabelle.

Verkaufspreis in Euro	38	
Gewinn des Händlers in Euro		
Wahrscheinlichkeit		

b) Kreuzen Sie den Betrag an, der dem Gewinn des Händlers in Euro entspricht, wenn er 800 solcher Taschen verkauft.

☐ 8 000   ☐ 30 096   ☐ 22 400   ☐ 7 696

Zusatzaufgabe: Der Händler möchte einen durchschnittlichen Gewinn von mindestens 12 Euro pro verkaufte Tasche erzielen. Geben Sie an, welchen Preis in Euro er für eine einwandfreie Tasche mindestens ansetzen muss.

9 Ein Test enthält fünf Multiple-Choice-Fragen mit je vier Antwortmöglichkeiten. Die jeweils einzige richtige Antwort soll durch Ankreuzen angegeben werden. Wähle jede korrekte Angabe der Wahrscheinlichkeit, durch bloßes Raten alle richtigen Antworten zu erhalten.

☐ $\frac{1}{4}$ ☐ $\frac{1}{1024}$ ☐ $\left(\frac{1}{4}\right)^5$ ☐ $5 \cdot \frac{1}{4}$

1 Eine Urne enthält eine rote Kugel und vier weiße Kugeln. Es werden nacheinander zwei Kugeln zufällig entnommen.

   a) Ergänzen Sie die Baumdiagramme durch Eintragen der Pfadwahrscheinlichkeiten.

Mit Zurücklegen

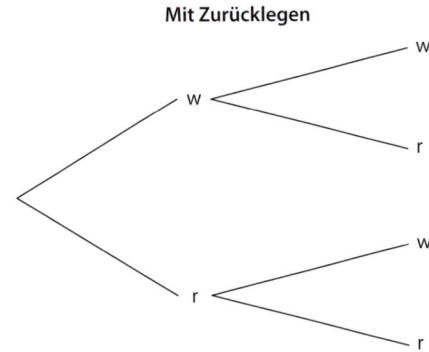

Ohne Zurücklegen

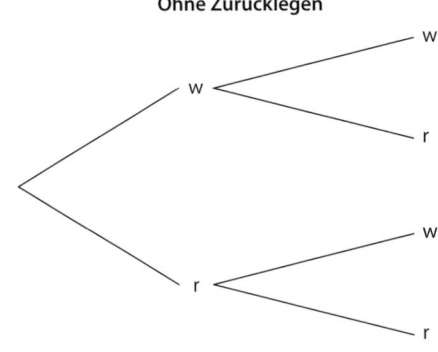

   b) Kreuzen Sie die korrekte Wahrscheinlichkeit für das Ereignis an.

     A: Beim Ziehen mit Zurücklegen wird zweimal eine weiße Kugel gezogen.

     ☐ 0,16   ☐ 1   ☐ 0   ☐ 0,64

     B: Beim Ziehen ohne Zurücklegen wird zweimal eine rote Kugel gezogen.

     ☐ 0,04   ☐ 1   ☐ 0   ☐ 0,2

     C: Beim Ziehen ohne Zurücklegen wird eine weiße und eine rote Kugel gezogen.

     ☐ 0,4   ☐ 1   ☐ 0   ☐ 0,2

2 Ein Glücksrad ist in sechs gleich große Sektoren eingeteilt. Ein Sektor ist weiß, zwei sind rot und drei sind gelb gefärbt.

   a) Das Glücksrad wird zweimal gedreht. Ordnen Sie die Wahrscheinlichkeiten den Ereignissen A, B, C zu.

     A: Es erscheint mindestens einmal ein roter Sektor.   B: Es erscheint zweimal die gleiche Farbe.   C: $A \cap B$

     ☐ $\frac{1}{3} \cdot \frac{1}{3} + \frac{1}{6} \cdot \frac{1}{6} + \frac{1}{2} \cdot \frac{1}{2} = \frac{14}{36} = \frac{7}{18} \approx 0,39$ ☐ $P(\{(\text{rot, rot})\}) = \frac{1}{3} \cdot \frac{1}{3} = \frac{1}{9}$ ☐ $1 - \left(\frac{2}{3} \cdot \frac{2}{3}\right) = \frac{5}{9} \approx 0,56$

3 Ein Tetraederwürfel, dessen Seiten die Zahlen 1, 2, 3 und 4 tragen, wird zweimal geworfen.

   Es werden die Ereignisse A, B, C und D betrachtet.

   A: „Die erste Zahl ist größer als die zweite Zahl."   B: „Die Summe beider Zahlen ist mindestens 6."

   C: „Beide Zahlen sind gleich."   D: „Die zweite Zahl ist eine 3."

   a) Ergänzen Sie die Tabelle der Wahrscheinlichkeiten.

$P(A)$	$P(B)$	$P(C)$	$P(D)$	$P_B(A)$	$P_A(B)$	$P_D(C)$	$P_C(D)$

   b) Kreuzen Sie an, welche der Aussagen Sie für wahr halten.

     ☐ Die Ereignisse A und B sind stochastisch unabhängig.   ☐ Die Ereignisse C und D sind stochastisch unabhängig.

4 Etwa 5 % der Menschen leiden an Zöliakie. Sie vertragen kein Gluten in Lebensmitteln. Angenommen, ein Zöliakie-Test erkennt mit 96 %iger Wahrscheinlichkeit diese Krankheit, wenn die getestete Person wirklich an ihr erkrankt ist. Wird eine gesunde Person diesem Test unterzogen, so wird diese Person mit 98 %iger Wahrscheinlichkeit auch als gesund erkannt.

   a) Vervollständigen Sie die Vierfeldertafel zu diesem Sachverhalt.

	Zöliakie liegt vor	Zöliakie liegt nicht vor	
Test zeigt Zöliakie an	0,048	0,019	0,067
Test zeigt Zöliakie nicht an			0,933
	0,05	0,95	1

   b) Kreuzen Sie an, welcher Wert der Wahrscheinlichkeit entspricht, wirklich an Zöliakie erkrankt zu sein, wenn der Test positiv ausfiel, also das Vorliegen der Krankheit anzeigte.

     ☐ 1   ☐ ca. 0,716   ☐ ca. 0,048   ☐ 0,05

5 Kreuzen Sie an, welche der Diagramme als Histogramm der Wahrscheinlichkeitsverteilung einer Zufallsgröße in Frage kommen.

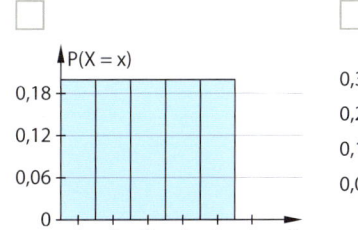 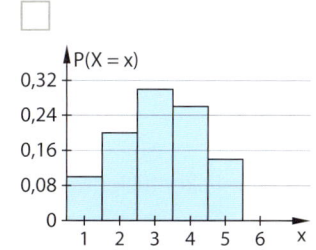 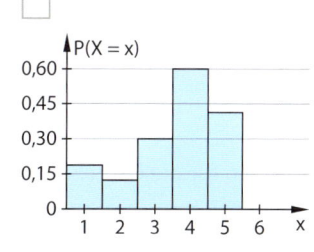 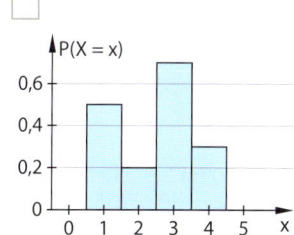

6 Ein Würfel wird zweimal geworfen. Fällt dabei keine Sechs, so erhält der Spieler nichts ausgezahlt. Für genau eine Sechs erhält der Spieler sechs Euro ausgezahlt. Fallen zwei Sechsen, erhält der Spieler zwölf Euro ausgezahlt. Der Spieler muss einen Einsatz von einem Euro zahlen. Die Zufallsgröße X beschreibt den Gewinn des Spielers.

k: Gewinn des Spielers in Euro	−1		
P(X = k): Wahrscheinlichkeit			$\frac{1}{36}$

a) Ergänzen Sie die Tabelle der Wahrscheinlichkeitsverteilung von X mit a = $\frac{25}{36}$, b = $\frac{10}{36}$, c = 5, d = 11, e = 12, f = $\frac{21}{36}$

b) Kreuzen Sie an, welcher der Werte dem Erwartungswert des Gewinns des Spielers entspricht.

☐ 6 € ☐ 9 € ☐ 1,0 ☐ 2,70 €

c) Ermitteln Sie, wie hoch der Einsatz des Spielers sein müsste, damit dieses Spiel fair ist. x = _____ €

7 Eine Zufallsgröße X ist durch die Wahrscheinlichkeitsverteilung in der Tabelle gegeben. Ermitteln Sie

a) den Erwartungswert E(X) = _____

b) die Standardabweichung σ(X)≈ _____

x	0	2	3	4	8
P(X = x)	0,15	0,20	0,25	0,3	0,1

8 Von den Teilnehmern an der theoretischen Fahrschulprüfung bestanden 70 % sofort diese Prüfung. Alle Teilnehmer, die diese erste Prüfung nicht bestanden hatten, nahmen an der Nachprüfung teil. Diese wurde von 40 % der Teilnehmer bestanden. Bei den folgenden Aufgaben sollen diese relativen Häufigkeiten als Wahrscheinlichkeiten aufgefasst werden.

a) Vervollständigen Sie das Baumdiagramm für die Ereignisse
B: sofort bestanden, N: Nachprüfung bestanden

b) Ermitteln Sie, mit welcher Wahrscheinlichkeit ein Teilnehmer die theoretische Fahrschulprüfung spätestens nach der ersten Wiederholungsprüfung bestand.

_____

c) Berechnen Sie die Wahrscheinlichkeit, dass – bei dieser Bestehensquote – von fünf Teilnehmern mindestens einer sowohl durch die erste als auch durch die zweite Prüfung fällt.

_____

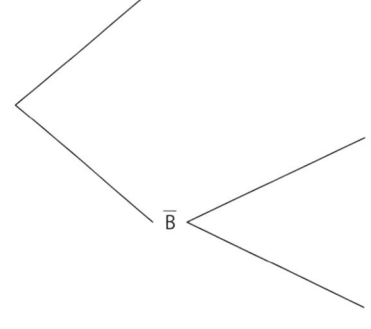

B: bestanden   B̄: nicht bestanden

d) Bei der theoretischen Fahrschulprüfung gibt es auch Fragen, bei denen man die richtige Antwort unter vier angegebenen Antwortmöglichkeiten pro Frage ankreuzen muss. Angenommen, ein Prüfling, der keine Ahnung hat, kreuzt bei zehn solcher Fragen jedes Mal zufällig durch bloßes Raten ein Antwortfeld an. Ermitteln Sie die Wahrscheinlichkeit, dass er bei dieser Methode alle zehn Fragen richtig beantwortet.

_____

9 Vervollständigen Sie für die Wahrscheinlichkeitsverteilung mit E(X) = 13,5:

a = _____ , b = _____ , σ(X) ≈ _____

x	5	10	15	20
P(X = x)	0,3	a	b	0,4

Basisaufgaben

1 Berechnen Sie n!

Hilfe: n-Fakultät: n!=1 · 2 · 3 · .... · n und 0! = 1

a) $3! =$ _____

b) $\frac{5!}{3!} =$ _____

c) $\frac{20!}{0! \cdot 19!} =$ _____

2 Kreuzen Sie alle richtigen Lösungen für die Berechnung der Binomialkoeffizienten an.

Hilfe: Binomialkoeffizient n über k: $\binom{n}{k} = \frac{n!}{k! \cdot (n-k)!}$

$\binom{3}{1}$ ☐ 1   ☐ $\frac{3!}{2!}$ ☐ 3   ☐ $\binom{3}{2}$

$\binom{10}{0}$ ☐ 10   ☐ 0   ☐ 1   ☐ $\binom{10}{10}$

$\binom{7}{3}$ ☐ $\frac{7}{3}$ ☐ $\frac{7 \cdot 6 \cdot 5}{1 \cdot 2 \cdot 3}$ ☐ $\binom{7}{4}$ ☐ 35

$\binom{8}{6}$ ☐ $\frac{8 \cdot 7 \cdot 6 \cdot 5 \cdot 4 \cdot 3}{6 \cdot 5 \cdot 4 \cdot 3 \cdot 2 \cdot 1}$ ☐ $\frac{8 \cdot 7}{1 \cdot 2}$ ☐ 28   ☐ $\binom{8}{2}$

$\binom{n}{k} = \binom{n}{n-k}$

3 Ergänzen Sie die Sätze durch Ankreuzen so, dass wahre Aussagen entstehen.

a) Es gibt $\binom{n}{k}$ Möglichkeiten, aus einer Urne mit n ☐ gleichartigen / ☐ verschiedenen Kugeln k Kugeln ☐ ohne / ☐ mit Zurücklegen zu entnehmen, wenn die Reihenfolge ☐ tatsächlich / ☐ nicht berücksichtigt wird.

b) Die Zahl $\binom{50}{12}$ gibt die Anzahl der ☐ Möglichkeiten / ☐ möglichen Reihenfolgen an, aus einer Menge mit ☐ _____ / ☐ _____ Elementen ☐ _____ / ☐ _____ Elemente ☐ nacheinander / ☐ „mit einem Griff" zu entnehmen.

c) Die Zahl 5! gibt die Anzahl der ☐ Möglichkeiten / ☐ möglichen Reihenfolgen an, fünf ☐ gleichartige / ☐ verschiedene Gegenstände in einer Reihe anzuordnen.

4 Berechnen Sie die Anzahl der Auswahlmöglichkeiten.

a) Aus einem Kader von sechs gleich- starken Biathleten werden 4 für die Staffel ausgewählt.

_____

b) Aus 24 Schülern werden durch ein Losverfahren zwei Sprecher ausge- wählt.

_____

c) Auf einem Schein mit 3 × 6 Feldern werden 15 verschiedene Felder zufällig angekreuzt.

_____

5 In einer Schale liegen vier verschiedenfarbige Kugeln.

Berechnen Sie die Wahrscheinlichkeit, dass bei einer Ziehung eine bestimmte Farbe nicht gezogen wird. _____

Zusatzaufgabe: Es wird viermal nacheinander eine Kugel gezogen und ihre Farbe festgestellt. Beurteilen Sie die Aufgabenstellung und folgende Erklärungen:

„Es gibt 4 + 3 + 2 + 1 = 10 mögliche Ergebnisse, denn bei der 1. Ziehung gibt es vier, der 2. Ziehung noch drei, bei der 3. Ziehung noch zwei und bei der 4. Ziehung noch eine Auswahlmöglichkeit."

_____

_____

_____

_____

6 **Binomialverteilung:** Ordnen Sie jeder Karte den richtigen Lösungsterm zu.

A: $5 \cdot 4 \cdot 3$ B: $5 \cdot 5 \cdot 5$ C: $\binom{5}{3}$

| 1: Gesucht ist die Anzahl aller dreistelligen natürlichen Zahlen, deren Ziffern ungerade sind. | 3: Gesucht ist die Anzahl der Möglichkeiten, die drei Personen haben, um auf fünf leeren Stühlen Platz zu nehmen. | 2: Gesucht ist die Anzahl aller möglichen Platzierungen (Gold, Silber, Bronze), wenn fünf gleichstarke Athleten um die drei Medaillen kämpfen. |

7 Kreuzen Sie an, mit welchem Befehl des Grafikrechners Binomialkoeffizienten $\binom{n}{k}$ berechnet werden.

☐ 5. Wahrscheinlichkeit   ☐ 1. Fakultät!

☐ 6. Statistik   ☐ 2. Permutationen

☐ 7. Matrix und Vektor   ☐ 3. Kombinationen

8 Berechnen Sie mit einem digitalen Mathematikwerkzeug und geben Sie, falls das sinnvoll und möglich ist, einen Näherungswert an.

$\binom{100}{5}$ _____ $\binom{1000}{500}$ _____ $\binom{10\,000}{5\,000}$ _____

9 Eine Kantine bietet drei Vorspeisen, fünf Hauptgerichte und vier Desserts an. Berechnen Sie die Anzahl der Menüzusammenstellungen, wenn jeweils genau eine Vorspeise, ein Hauptgericht und ein Dessert zu einem Menü gehören.

_____

10 Die schöne Helena hat beim Ankleiden die Wahl zwischen drei Hosen, fünf T-Shirts und vier Paar Schuhen. Kreuzen Sie an, wie viele Möglichkeiten der Auswahl sie hat, wenn ihr jede Zusammenstellung recht ist.

☐ $3 \cdot 4 \cdot 5$ ☐ $\binom{3}{1} + \binom{5}{1} + \binom{4}{1}$ ☐ $3! + 5! + 4!$ ☐ 60 ☐ $\binom{3}{1} \cdot \binom{5}{1} \cdot \binom{4}{1}$

Weiterführende Aufgaben

11 Aus den Farben Rot, Blau, Weiß und Gelb werden drei verschiedene Farben ausgewählt, um Flaggen mit drei verschiedenfarbigen horizontalen Streifen herzustellen.
Dabei soll die Reihenfolge der Farben eine Rolle spielen.
Wie viele verschiedene derartige Flaggen lassen sich herstellen?

_____

12 Aus einer Menge von acht Amerikanern, sieben Deutschen und fünf Briten sollen vier Personen zufällig ausgewählt werden. Gesucht ist die Wahrscheinlichkeit, dass unter den ausgewählten vier Personen nur Amerikaner sind. Kreuzen Sie die richtigen Lösungen an.

☐ $\binom{8}{4}$ ☐ $\dfrac{\binom{8}{4}}{\binom{20}{4}}$ ☐ $\dfrac{1}{\binom{20}{4}}$ ☐ $\dfrac{14}{969}$

☐ $\dfrac{8}{20}$ ☐ $\dfrac{8!}{20!}$ ☐ $\dfrac{70}{4845}$ ☐ $\dfrac{8 \cdot 7 \cdot 6 \cdot 5}{20 \cdot 19 \cdot 18 \cdot 17}$

13 Eine kleine Firma mit 12 Angestellten, von denen fünf Frauen sind, will eine Arbeitsgruppe aus fünf Personen bilden. In der Arbeitsgruppe soll mindestens eine Frau sein. Berechnen Sie die Anzahl der Möglichkeiten, eine solche Arbeitsgruppe zu bilden.

_____

_____

Basisaufgaben

1 Bernoulli-Experiment: Kreuzen Sie an, ob ein Bernoulli-Experiment vorliegt. Wenn dies der Fall ist, so geben Sie, wenn möglich, die Trefferwahrscheinlichkeit an.

Hilfe: Ein Bernoulli-Experiment ist ein Zufallsexperiment, bei dem nur die Ausgänge „Treffer" und „kein Treffer" unterschieden werden.

Zufallsexperiment	Bernoulli-Experiment	Trefferwahrscheinlichkeit
Ein Spielwürfel wird geworfen und festgestellt, ob eine gerade Zahl geworfen wurde.		
Zwei Spielwürfel werden gleichzeitig geworfen. Das Produkt der Augenzahlen wird ermittelt.		
Ein Steckbaustein wird geworfen und festgestellt, ob die Seite mit den Noppen oben liegt.		
Ein zufällig ausgewählter Bürger wird gefragt, ob er bei der nächsten Wahl die Partei ABC wählt oder nicht wählt.		

2 Ergänzen Sie die Texte, sodass wahre Aussagen entstehen.

a) Wird ein Bernoulli-Experiment ☐ n-mal / ☐ k-mal mit ☐ abnehmender / ☐ konstanter Trefferwahrscheinlichkeit wiederholt, so spricht man von einer Bernoulli-Kette der Länge n.

b) In einer Urne liegen 12 weiße und 6 schwarze Kugeln. Das Ziehen einer Kugel und das Feststellen ihrer Farbe kann nur dann als Bernoulli-Experiment aufgefasst werden, wenn es sich um Ziehen ☐ mit / ☐ ohne Zurücklegen handelt.

3 Bernoulli-Kette: Kreuzen Sie an, ob eine Bernoulli-Kette vorliegt. Wenn dies der Fall ist, so geben Sie die Länge n der Bernoulli-Kette und die Trefferwahrscheinlichkeit p an.

Zufallsexperiment	Bernoulli-Experiment	n	p
Eine Münze wird zwölfmal geworfen und festgestellt, ob „Wappen" oben liegt.			
Für Blumenzwiebeln wird eine Keimgarantie von 95 % gegeben. Es wird für 50 dieser Blumenzwiebeln unter gleichen Bedingungen untersucht, ob sie keimen.			
Für jeden Tag eines Monats wird die Anzahl der Sonnenstunden ermittelt.			

4 Angenommen, ein Basketballer hat eine konstante Trefferquote von 90 % bei jedem Freiwurf auf den Korb. Er wirft dreimal auf den Korb. Erläutern Sie die Bedeutung des Terms $\binom{3}{2} \cdot 0{,}9^2 \cdot 0{,}1^1$ in diesem Sachzusammenhang, indem Sie im Baumdiagramm die entsprechenden Pfade beschriften und farbig markieren für die Ereignisse:
T: Treffer, N: kein Treffer.

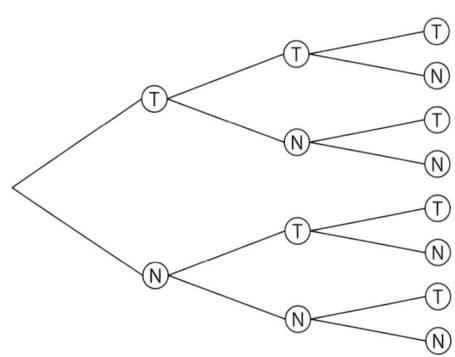

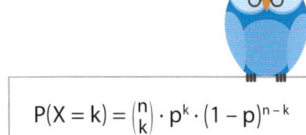

$$P(X = k) = \binom{n}{k} \cdot p^k \cdot (1-p)^{n-k}$$

5 Kreuzen Sie an, bei welchem Ereignis die zugehörige Wahrscheinlichkeit durch $\binom{3}{2} \cdot 0,5^3$ berechnet werden kann. Zusatzaufgabe: Geben Sie dort, wo Sie nicht ankreuzen, einen korrekten Term für die Wahrscheinlichkeit an.

Zweimal „Wappen" beim dreifachen Münzwurf mit einer fairen Münze.	
Aus einer Urne mit fünf weißen und fünf roten Kugeln werden nacheinander mit Zurücklegen drei Kugeln zufällig gezogen. Unter den gezogenen drei Kugeln sind zwei rote Kugeln.	
Zwei Sechsen beim Werfen dreier Spielwürfel.	

6 Für eine binomialverteilte Zufallsgröße gilt n = 100 und p = 0,4. Ordnen Sie den Karten die zugehörigen Wahrscheinlichkeiten zu.

A: 0,027 099   B: 1   C: 0,778 229

| 1: Es werden weniger als 70 Treffer erzielt. | 2: Es werden mindestens 50 Treffer erzielt. | 3: Es werden mindestens 36 und höchstens 48 Treffer erzielt. |

7 Der Term $\binom{12}{4} \cdot 0,3^4 \cdot 0,7^8 + \binom{12}{5} \cdot 0,3^5 \cdot 0,7^7$ berechnet die Wahrscheinlichkeit für ein Ereignis einer binomialverteilten Zufallsgröße X. Ergänzen Sie den Text durch Ankreuzen.

Der Term beschreibt die Wahrscheinlichkeit für ☐ 4 oder 5 / ☐ 12 Treffer einer binomialverteilten Zufallsgröße mit der Anzahl von n = ☐ 12 / ☐ 4 oder 5 Versuchsdurchführungen bei einer Trefferwahrscheinlichkeit von p = ☐ 0,3 / ☐ 0,7.

Weiterführende Aufgaben

8 Ein neu produziertes Hemd hat mit einer Wahrscheinlichkeit von 5 % kleine Mängel. Solche Hemden werden als 2. Wahl verkauft, alle anderen als 1. Wahl. Die Hemden werden zufällig in Kartons zu je 20 Stück verpackt. Wählen Sie den richtigen Wert der folgenden Wahrscheinlichkeiten.

a) In einem Karton gibt es genau zwei Hemden 2. Wahl.   p = ☐ 0,189   ☐ 0,9

b) In einem Karton sind mindestens 16 Hemden 1. Wahl.   p = ☐ 0,799   ☐ 0,997

c) Unter 100 Kartons gibt es mindestens 99 mit jeweils mindestens 18 Hemden 1. Wahl.   p = ☐ 0,370   ☐ 0,0036

9 In einer medizinischen Zeitschrift ist zu lesen: „Im Durchschnitt erkrankt jeder 23. Krankenhauspatient an einer Infektion, etwa 15 % davon an multiresistenten Erregern (MRE). Diese Keime sind besonders gefährlich, denn Antibiotika können ihnen nichts anhaben."

a) Erläutern Sie, unter welchen Annahmen die Anzahl der Erkrankungen von Patienten mit MRE als binomialverteilte Zufallsgröße aufgefasst werden kann.

_____

_____

b) Wählen Sie die Berechnung der Wahrscheinlichkeit, dass von 650 Patienten eines Krankenhauses sich mehr als fünf mit MRE infizieren, wenn man als mathematisches Modell für die Anzahl der Erkrankungen eine Binomialverteilung annimmt.

☐ binomcdf$(650, \frac{1}{23} \cdot 0.15, 6, 650) \approx 0,253$ ☐ binomcdf$(650, \frac{1}{23} \cdot 0.15, 5) \approx 0,747$

10 In jeder 7. Packung einer Schokoladenmarke ist laut Werbung des Herstellers ein kleines Geschenk enthalten. Wie viele dieser Packungen muss man mindestens kaufen, um mit mindestens 90 %iger Wahrscheinlichkeit mindestens 10 dieser Geschenke zu erhalten?

☐ 37   ☐ 73   ☐ 79   ☐ 97   ☐ 137

Basisaufgaben

1 Erwartungswert und Standardabweichung: Ordnen Sie den Binomialverteilungen $B_{n;p}$ mit den Parametern n und p den zugehörigen Erwartungswert μ und die zugehörige Standardabweichung σ zu.

| A: μ = 50; σ = 5 | B: μ = 50; σ = 3 · | C: μ = 400; σ = 8 · | D: μ = 100; σ = 5 · |

$B_{10\,000;\,\frac{4}{100}}$ $B_{400;\,\frac{1}{4}}$ $B_{100;\,\frac{1}{2}}$ $B_{500;\,\frac{1}{10}}$

2 Eine binomialverteilte Zufallsgröße X hat den Erwartungswert 1000 und die Standardabweichung $10 \cdot \sqrt{5}$.
Bestimmen Sie die Parameter n und p von X.

n = _____ ; p = _____

$$\mu = n \cdot p$$
$$\sigma = \sqrt{n \cdot p \cdot (1-p)}$$

3 Etwa 12 % aller Menschen sind Linkshänder. Es wird die Anzahl der Linkshänder in einer Schule mit 580 Schülern betrachtet.
Wählen Sie die richtigen Werte.

Geben Sie an, wie viele Linkshänder in dieser Schule etwa zu erwarten sind.

☐ 48 ☐ 57 ☐ 70

Berechnen Sie die Standardabweichung für die Anzahl der Linkshänder in dieser Schule.

☐ 4,38 ☐ 7,83 ☐ 8,74

Ermitteln Sie die Wahrscheinlichkeit, mit der sich mindestens 80 Linkshänder an der Schule befinden.

☐ 0,43 ☐ 0,57 ☐ 0,1

Berechnen Sie die Wahrscheinlichkeit, dass der fünfte befragte Schüler dieser Schule der erste Linkshänder ist.

☐ 0,072 ☐ 0,087 ☐ 0,74

4 Die drei Histogramme gehören zu den Binomialverteilungen **a)** $B_{20;\,0,5}$ **b)** $B_{20;\,0,2}$ oder **c)** $B_{20;\,0,7}$.
Ordnen Sie die Diagramme der passenden Verteilung zu.

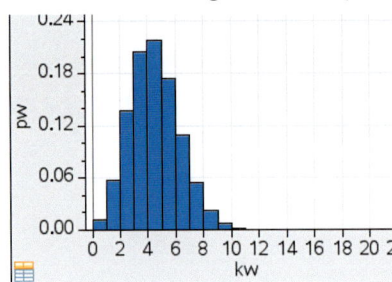 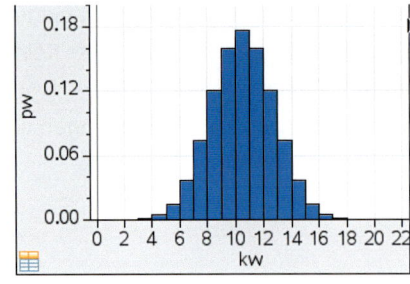 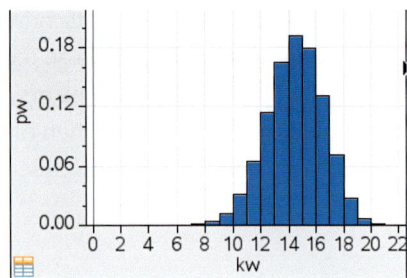

5 Ergänzen Sie die Texte, sodass wahre Aussagen entstehen.

① Im Histogramm einer binomialverteilten Zufallsgröße liegt das Maximum bei gleichem n umso weiter rechts, je ☐ kleiner / ☐ größer die Einzelwahrscheinlichkeit p ist.

② Bei gleichbleibender Einzelwahrscheinlichkeit p und wachsendem n wandert das Maximum des zugehörigen Histogramms einer binomialverteilten Zufallsgröße weiter nach ☐ rechts / ☐ links.

③ Alle Werte einer binomialverteilten Zufallsgröße X, die μ − σ ≤ X ≤ μ + σ erfüllen, haben einen Abstand von ☐ mindestens / ☐ genau / ☐ höchstens σ vom Erwartungswert μ.

④ Die Standardabweichung einer binomialverteilten Zufallsgröße ist bei festem n maximal für p = ☐ $\frac{1}{2}$ / ☐ $\frac{1}{4}$.

6 Eine binomialverteilte Zufallsgröße hat den Erwartungswert μ = 10 und die Standardabweichung σ = 2.
Geben Sie die Intervalle für die Sigma-Umgebungen an.

1σ-Umgebung	☐ [8; 10]	☐ [8; 12]	☐ [9; 11]
2σ-Umgebung	☐ [6; 14]	☐ [8; 12]	☐ [4; 16]
3σ-Umgebung	☐ [4; 16]	☐ [4; 12]	☐ [2; 18]
1,96σ-Umgebung	☐ [6,08; 13,92]	☐ [8,02; 12,18]	

7 Ergänzen Sie die Tabelle für eine binomialverteilte Zufallsgröße X mit den Parametern n und p.

n	p	μ	σ	$P(\mu - 2\sigma \leq X \leq \mu + 2\sigma)$
100	0,2			
5 000		2 500		
		6 000	$20 \cdot \sqrt{6}$	

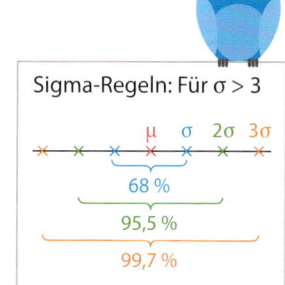

Sigma-Regeln: Für σ > 3

8 Ergänzen Sie in der Tabelle den Faktor c der zugehörigen Wahrscheinlichkeit
$\beta = P(\mu - c \cdot \sigma \leq X \leq \mu + c \cdot \sigma)$ einer binomialverteilten Zufallsgröße X,
sodass wahre Aussagen entstehen.

β	0,680	0,900	0,950	0,955	0,990	0,997
c						

Weiterführende Aufgaben

9 Ermitteln Sie, wie groß n mindestens sein muss, damit die Laplace-Bedingung σ > 3 für den Münz-Wurf erfüllt ist.

10 Mit dem Grafikrechner lassen sich binomialverteilte Zufallsgrößen simulieren.
Mit randbin(n, p, m) können m Zufallswerte einer binomialverteilten Zufallsgröße mit den Parametern n und p erzeugt werden. Der Befehl countif(liste, Bedingungen) dient dazu, in einer Liste die Werte zu zählen, die die angegebenen Bedingungen erfüllen. Erläutern Sie die Simulation.

```
◀ 1.1 ▶        Erwartungs...ung ▽      RAD ◀▯ 🔋 ❌

n:=1000 ▸ 1000    p:=0.6 ▸ 0.6

ew:=n· p ▸ 600.  sta:=√(n· p· (1−p)) ▸ 15.4919

liste:=randBin(n,p,200)
   ▸ {621,613,625,612,603,610,624,578,630,58  ▸

countIf(liste,ew−2· sta<?<ew+2· sta)
──────────────────────────────────── ▸ 0.935
               200.
```

Unter n und p werden die ☐ Ergebnisse / ☐ Parameter der binomialverteilten Zufallsgröße ☐ berechnet / ☐ gespeichert.

Die Variablen ☐ n / ☐ ew und ☐ p / ☐ sta stehen für den Erwartungswert bzw. die Standardabweichung der Zufallsgröße.

Es werden mit randbin ☐ 200 / ☐ n Werte dieser Zufallsgröße erzeugt.

Die letzte Zeile gibt den Anteil der Werte der Liste an, die in der ☐ σ / ☐ 2σ / ☐ 3σ-Umgebung des Erwartungswertes liegen.

11 Stellen Sie eine Vermutung auf, in welchem zum Erwartungswert symmetrischen Intervall mit 90 %iger Sicherheit die Anzahl der Sechsen liegen würde, wenn Sie einen Spielwürfel 600-mal werfen würden.

Basisaufgaben

1 Schluss von der Gesamtheit auf die Stichprobe: Beurteilen Sie, ob die Aussagen wahr sind.

a) Wenn der Anteil p einer Merkmalsausprägung einer $B_{n;\,p}$-verteilten Zufallsgröße bekannt ist, dann ist z. B. das 95 %-Prognoseintervall das zum Erwartungswert symmetrische Intervall, in das mit 95 %iger Wahrscheinlichkeit die relative Häufigkeit h dieser Merkmalsausprägung in einer Stichprobe ausfällt.

☐ wahr   ☐ falsch

b) Liegt ein Stichprobenergebnis außerhalb des 99 %-Prognoseintervalls, dann spricht man von einer signifikanten Abweichung. Ein solches Ergebnis ist Anlass, an der behaupteten Wahrscheinlichkeit des betrachteten Merkmals zu zweifeln.

☐ wahr   ☐ falsch

X im kσ-Intervall um μ:	
90 %:	k = 1,64
95 %:	k = 1,96
99 %:	k = 2,58

2 Aus einer Urne mit vier blauen und sechs orangefarbenen Kugeln wird 50-mal zufällig und mit Zurücklegen eine Kugel entnommen und ihre Farbe notiert.

Ergänzen Sie die Berechnung des 95 %-Prognoseintervalls für die relative Häufigkeit des Anteils der blauen Kugeln in dieser Stichprobe.

Hilfe: Prognoseintervall für die relative Häufigkeit: $p - k \cdot \sqrt{\dfrac{p \cdot (1-p)}{n}} \leq h \leq p + k \cdot \sqrt{\dfrac{p \cdot (1-p)}{n}}$

Standardabweichung: $\sigma = \sqrt{50 \cdot 0,4 \cdot 0,6} \approx 3,46 > 3$

Laplace-Bedingung ist erfüllt: ☐ Ja   ☐ Nein

Untere Grenze des Prognoseintervalls: $u = 0,4 - 1,96 \cdot \dfrac{\sqrt{0,4 \cdot 0,6}}{\sqrt{50}}$

Obere Grenze des Prognoseintervalls: $o = 0,4 + 1,96 \cdot \dfrac{\sqrt{0,4 \cdot 0,6}}{\sqrt{50}}$

Das 95 %-Prognoseintervall für die relative Häufigkeit des Anteils blauer Kugeln ist _____ .

3 Vervollständigen Sie durch die korrekte Auswahl die Untersuchung, ob man dieser Behauptung eines Losverkäufers bei einer Sicherheitswahrscheinlichkeit von 95 % in Zweifel ziehen sollte, wenn unter 60 Losen zehn Gewinnlose waren.

Jedes dritte Los gewinnt!

Die relative Häufigkeit h = _____

liegt ☐ tatsächlich / ☐ nicht im 95 %-Prognoseintervall.

_____ : Man kann an der Behauptung ☐ tatsächlich / ☐ nicht zweifeln.

4 Verträglichkeit von p mit einer Stichprobe: Ein Händler erhält eine Lieferung von ca. 10 000 Paar Strümpfen. Der Händler möchte die Behauptung des Herstellers, dass der Anteil 2. Wahl höchstens 20 % beträgt, durch eine Stichprobe überprüfen. Dazu werden der Gesamtlieferung 100 Paar Strümpfe auf einmal entnommen, von denen zehn Paar 2. Wahl waren.

Kann er die Behauptung des Herstellers auf einem Sicherheitsniveau von 95,4 % gelten lassen, oder muss er daran zweifeln? Wählen Sie die richtigen Antworten für die Lösungsschritte.

Ziehen ohne Zurücklegen:

Ist das Modell der Binomialverteilung anwendbar?   ☐ Ja   ☐ Nein

Ist die Laplace-Bedingung erfüllt?   ☐ Ja   ☐ Nein

Prognoseintervall [0,12; 0,28]?   ☐ Ja   ☐ Nein

Liegt das Stichprobenergebnis im Prognoseintervall?   ☐ Ja   ☐ Nein

Sind Zweifel berechtigt?   ☐ Ja   ☐ Nein

5 Etwa 20 % der in Deutschland zugelassenen Pkw stammen von ein und demselben Hersteller. Kreuzen Sie an, welches der Intervalle ein 90 %-Prognoseintervall für die absolute Häufigkeit der Pkw dieses Herstellers bei einer repräsentativen Stichprobe von 600 zufällig ausgewählten Pkw ist.

Zusatzaufgabe: Geben Sie einen Grund an, wenn Sie Intervalle nicht ankreuzen.

☐ [104; 137]   ☐ [104; 136]   ☐ [100; 140]   ☐ [600; 640]

6 Der Buchstabe e kommt in deutschsprachigen Texten mit einer Wahrscheinlichkeit von 17,4 % vor.
(Die Umlaute ä, ö und ü werden wie ae, oe und ue gezählt, ß als eigenständiges Zeichen.
Ermitteln Sie die relative Häufigkeit des Buchstaben e in dem Gedicht, und prüfen Sie, ob das Ergebnis statistisch verträglich ist mit $p = 0{,}174$.

> Seht ihr den Mond dort stehen?
> Er ist nur halb zu sehen
> und ist doch rund und schön!
> So sind wohl manche Sachen,
> die wir getrost belachen,
> weil unsre Augen sie nicht sehn.
>
> *Matthias Claudius, 1740 bis 1815*

Anzahl der Buchstaben insgesamt: _____

Anzahl e: _____ , h = _____ , p = _____ , Prognoseintervall: _____ ,

statisch verträglich: ☐ ja / ☐ nein.

> „Statistisch verträglich" mit p:
> relative Häufigkeit innerhalb des Prognoseintervalls

Weiterführende Aufgaben

7 Im nebenstehenden Diagramm sind für $n = 100$, $c = 2$ und die Wahrscheinlichkeiten p von 0; 0,1; 0,2; …; 1 die zugehörigen Prognoseintervalle der relativen Häufigkeiten grafisch dargestellt.

  a) Lesen Sie aus dem Diagramm näherungsweise das Prognoseintervall zu $p = 0{,}3$ ab.

  _____

  b) Entscheiden Sie anhand der grafischen Darstellung, ob die relative Häufigkeit $h = 0{,}33$ signifikant von $p = 0{,}2$ abweicht. ☐ Ja / ☐ Nein

  Zusatzaufgabe: Geben Sie anhand der grafischen Darstellung mindestens drei relative Häufigkeiten an, die mit $p = 0{,}8$ statistisch verträglich sind.

8 Bestimmen Sie mit dem Zufallsgenerator Ihres Grafikrechners 20-mal je 200 ganzzahlige Zufallszahlen von 1 bis 4, und lassen Sie jeweils die Anzahl der Einsen zählen.
Prognostizieren Sie, in welches zum Erwartungswert symmetrische Intervall die Anzahl der Einsen mit 95 %iger Wahrscheinlichkeit fällt. [___ ; ___]

```
countIf(randInt(1,4,200),1) ▸ 45
```

20-mal diesen Befehl realisieren

Zusatzaufgabe: Stellen Sie fest, wie oft das Stichprobenergebnis bei den 20 Durchführungen außerhalb des Prognoseintervalls lag.

9 Ergänzen Sie die Sätze durch Ankreuzen, sodass wahre Aussagen (bei sonst gleichen Bedingungen) entstehen.
Vervierfacht man den Stichprobenumfang bei gleicher Wahrscheinlichkeit p, dann ☐ halbiert / ☐ verdoppelt sich die Länge des Prognoseintervalls der relativen Häufigkeit.
Je größer die Sicherheitswahrscheinlichkeit, desto ☐ kleiner / ☐ größer ist die Länge des Prognoseintervalls der relativen Häufigkeit.

1 Kreuzen Sie alle richtigen Antworten an.

a) $5! =$ ☐ 24   ☐ $4! \cdot 5$ ☐ 120   ☐ $\frac{10!}{2}$ ☐ $10! - 5!$

b) $\binom{8}{2} =$ ☐ 28   ☐ $\frac{8!}{2! \cdot 6!}$ ☐ $\binom{8}{6}$ ☐ $\binom{4}{1}$ ☐ $\frac{8 \cdot 7}{1 \cdot 2}$

2 Für eine binomialverteilte Zufallsgröße X gilt n = 200 und p = 0,7.
Ordnen Sie den Karten die zugehörigen Wahrscheinlichkeiten zu.

A: 0,054   B: 0,051   C: 0,8952

| Es werden mindestens 130 und höchstens 150 Treffer erzielt. | Es werden weniger als 130 Treffer erzielt. | Es werden mehr als 150 Treffer erzielt. |

3 Eine Urne enthält vier blaue und sechs orangefarbene Kugeln.
Der Urne werden zufällig und nacheinander mit Zurücklegen vier Kugeln entnommen.
Berechnen Sie die Wahrscheinlichkeiten folgender Ereignisse.

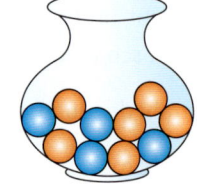

a) Drei der entnommenen Kugeln sind blau.

_____

b) Mindestens eine der entnommenen Kugeln ist blau.

_____

c) Die dritte entnommene Kugel ist die erste blaue Kugel.

_____

4 Die Zufallsgröße X gibt die Anzahl der Treffer bei einer binomialverteilten Zufallsgröße mit den Parametern n = 5 und p = 0,7 an.

a) Kreuzen Sie an, welches der Diagramme die Wahrscheinlichkeitsverteilung von X korrekt wiedergibt.

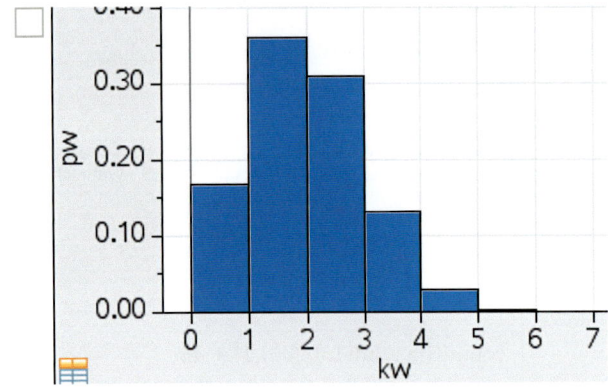 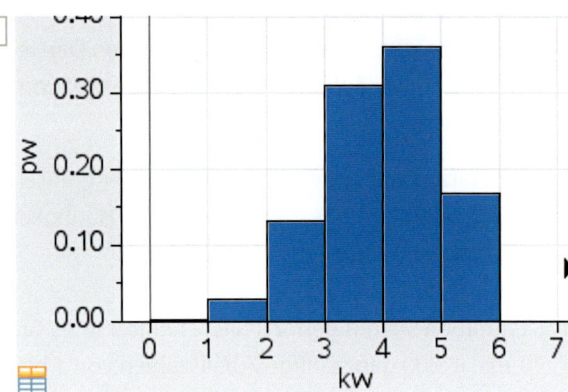

b) Kreuzen Sie alle Terme an, die die Wahrscheinlichkeit für zwei oder drei Treffer korrekt beschreiben.

☐ $\binom{5}{2} \cdot 0,7^2 \cdot 0,3^3 + \binom{5}{3} \cdot 0,7^3 \cdot 0,3^2$

☐ $10 \cdot 0,7^3 \cdot 0,3^2$

☐ $\frac{5!}{2! \cdot 3!} \cdot 0,3^2 \cdot 0,7^3 + \frac{5 \cdot 4}{1 \cdot 2} \cdot 0,3^3 \cdot 0,7^2$

☐ $10 \cdot 0,7^2 \cdot 0,3^2$

c) Beschreiben Sie mit Worten ein zur Zufallsgröße X gehörendes Ereignis, dessen Wahrscheinlichkeit durch den Term $1 - 0,3^5$ beschrieben wird.

_____

5 Das Histogramm zeigt die Wahrscheinlichkeitsverteilung der Binomialverteilung mit n = 900 und p = 0,5.
Markieren Sie farbig die Grenzen der 1σ-Umgebung des Erwartungswertes.

6 Jede Schraube ist erfahrungsgemäß mit einer Wahrscheinlichkeit von 0,03 defekt.

    a) Bestimmen Sie die zu erwartende Anzahl defekter Schrauben unter 110 Schrauben.

    b) Es werden 106 defektfreie Schrauben benötigt.
       Ermitteln Sie die Wahrscheinlichkeit, mit der 110 gelieferte Schrauben ausreichen.

7 Für die Tombala zum Schulfest wurden 150 Preise gestiftet und nummeriert. Unter die 150 Gewinnlose wurden noch
200 Nieten gemischt. Geben Sie ein 95 %-Prognoseintervall für den Anteil der Gewinnlose in einer Stichprobe von 50
Losen an. Untersuchen Sie, ob man an dem Anteil der Gewinnlose zweifeln sollte, wenn in der Stichprobe 19 Gewinnlose entdeckt werden. Wählen Sie jeweils die korrekte Ergänzung.

$p = \frac{150}{350} = \frac{3}{7}$;   Prognoseintervall: ☐ [0,1317; 0,6957] / ☐ [0,2914; 0,5657]

$h = $ ☐ $\frac{19}{50} = 0,38$ / ☐ $\frac{150}{200} = \frac{3}{4}$; h liegt ☐ außerhalb / ☐ im Prognoseintervall,

Zweifel am Anteil der Gewinnlose sind deshalb ☐ tatsächlich / ☐ nicht angebracht.

8 Einer Zeitungsmeldung zufolge lag im Jahr 2017 der Anteil der Raucherinnen und Raucher bundesweit bei 22 %.
In einer repräsentativen Umfrage im Jahr 2018 unter 1 500 Personen wurden 397 Raucherinnen und Raucher gezählt.
Zeigen Sie, das dieses Ergebnis statistisch nicht verträglich ist mit p = 0,22 aus dem Jahr 2017 (Sicherheitswahrschein-
lichkeit 95 %).

Zusatzaufgabe: Kann man aus dem Ergebnis mit Sicherheit darauf schließen, dass sich der Anteil der Raucherinnen
und Raucher bundesweit verändert hat?

9 Kreuzen Sie an, ob die Aussagen wahr oder falsch sind.

Aussage	wahr
Wenn man den Stichprobenumfang verdoppelt, dann verdoppelt sich auch die Länge des Prognose-intervalls der relativen Häufigkeit.	
Wenn man die Sicherheitswahrscheinlichkeit vergrößert, dann verkleinert sich die Länge des Prognoseintervalls der relativen Häufigkeit.	
Wenn die relative Häufigkeit des Stichprobenergebnisses innerhalb des Prognoseintervalls der relativen Häufigkeit liegt, dann ist das Stichprobenergebnis statistisch verträglich mit der Wahrscheinlichkeit p.	

1 Analysis 1

Gegeben ist die Funktion f durch $f(x) = x \cdot (4 - x)$ mit $x \in \mathbb{R}$.

a) Zeichnen Sie den Graphen von f im Intervall $0 \leq x \leq 4$.   2 BE

b) Der Graph von f und die Gerade $y = 3$ schließen eine Fläche ein.
   Berechnen Sie den Inhalt der Fläche.   3 BE

Lösung:

a) Nullstellen von f: _____

Schnittpunkte des Graphen von f mit der x-Achse:

P(____ | ____) und Q(____ | ____).

Der Graph von f mit $f(x) =$ _____

_____

_____

Ihr Scheitelpunkt liegt _____

_____

_____

_____

_____

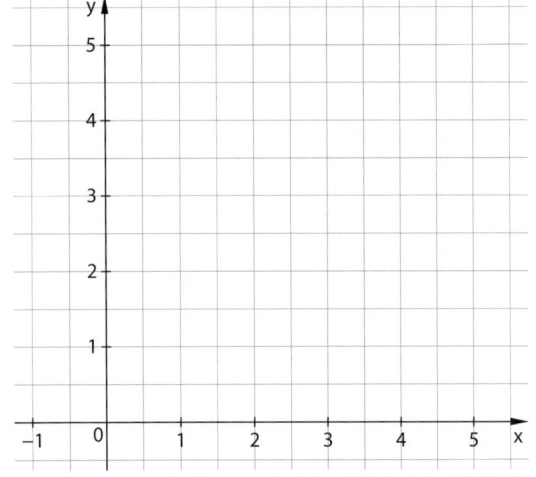

b) Die Gerade $y = 3$ schneidet _____

_____

_____

Die Integrationsgrenzen sind Lösungen der Gleichung _____

_____

_____

_____

_____

Flächeninhalt: $A = \int_{1}^{3} (f(x) - 3)\,dx =$ _____

_____

_____

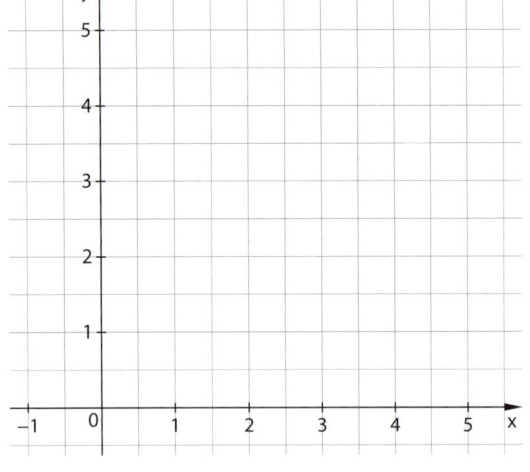

Der Flächeninhalt der vom Graphen von f und der Geraden $y = 3$ eingeschlossenen Fläche beträgt _____ .

[Hinweis: Zur Musterlösung gehören auch die schwarz gedruckten Teile.]

2 Analysis 2

Ein zylindrisches Gefäß enthält zu Beobachtungsbeginn 5 Liter Wasser. Zu- und Abfluss werden über Ventile gesteuert. Für einen gewissen Zeitraum gibt das Diagramm stark vereinfacht die Abhängigkeit der Änderungsrate der Flüssigkeit (in Liter pro Minute) von der Zeit (in Minuten) an.

Kreuzen Sie an, welche Aussagen richtig sind.

☐ Im Zeitraum $0 \le t \le 7$ fließt Wasser ab.

☐ Von der 9. bis zur 11. Minute wird der Zufluss immer stärker.

☐ Eine Minute nach Beobachtungsbeginn befinden sich 9,5 Liter Wasser in dem Gefäß.

☐ Im Zeitraum $7 \le t \le 11$ ist die Bilanz der Volumenänderung gleich Null.

☐ Zum Zeitpunkt $t = 7$ hat das Wasservolumen im Gefäß ein Minimum.

5 BE

Hinweise zur Lösung:

① Die Aussage ist _____ . Wenn die Änderungsrate positiv ist, gibt es einen _____ , also eine _____ des Wasservolumens; wenn die Änderungsrate negativ ist, gibt es einen _____ , also eine _____ des Wasservolumens. In den Zeiträumen von _____ bis _____ gibt es einen Zufluss, im Zeitraum _____ gibt es einen Abfluss.

② Die Aussage ist _____ , weil die Änderungsrate _____ ist und _____ wird.

③ Die Aussage ist _____ . Da zu Beginn _____ im Gefäß waren, müssen _____ 9,5 Liter Füllmenge erreicht sind. Der Bestand einer Größe kann aus ihrer Änderungsrate durch _____ bestimmt werden, d. h. _____ gibt den Bestand an. Im Zeitraum _____ ≤ t ≤ _____ kann man _____ abzählen. Das entspricht einer Volumenzunahme von _____ . (Durch Integrieren der Funktion $f(t) =$ _____ über dem Intervall [_____] erhält man dasselbe Ergebnis.)

④ Die Aussage ist _____ . Im Zeitraum _____ ≤ t ≤ _____ fließen _____ Liter _____ und im Zeitraum _____ ≤ t ≤ _____ fließen _____ Liter zu.

⑤ Die Aussage ist _____ . Im Zeitraum _____ ≤ t ≤ _____ fließen _____ Liter zu, im Zeitraum _____ ≤ t ≤ _____ fließen _____ Liter ab. Die Bilanz der Volumenänderung ist also _____ Liter. Da zu Beginn _____ Liter im Gefäß waren, sind es zum Zeitpunkt t = _____ Minuten _____ Liter. Das entspricht auch dem Gesamtvolumen nach _____ Minuten (siehe ④).

[Hinweis: Zur Musterlösung gehören auch die schwarz gedruckten Teile.]

3 Wahrscheinlichkeitsrechnung 1

Ein regionales Anzeigenblatt möchte seinen Kunden Rabatt
gewähren, abhängig vom Würfelergebnis.

a) Berechnen Sie die Wahrscheinlichkeit dafür, die Anzeige
    gratis zu erhalten.   (1 BE)

b) Berechnen Sie, wie viel Einnahmeverlust die Zeitung im
    Durchschnitt mit dieser Aktion pro Anzeige hat,
    wenn man modellhaft für eine Anzeige einen Einheitspreis
    von 36 Euro ansetzt.   (2 BE)

c) Lohnt sich die Werbeaktion auf lange Sicht, wenn anstatt
    wie sonst 100 Anzeigen aufgrund der Werbeaktion nun
    110 Anzeigen verkauft werden können?   (1 BE)

ANZEIGENRABATT BEI PASCH!
SIE HABEN 3 WÜRFEL.

— SIE GEWINNEN SO: —

⚀ ⚀ ⚀   10 %
⚁ ⚁ ⚁   20 %
⚂ ⚂ ⚂   30 %
⚃ ⚃ ⚃   40 %
⚄ ⚄ ⚄   50 %
⚅ ⚅ ⚅   100 %

Lösung:

a) Gratis gibt es eine Anzeige für _____ . Die Wahrscheinlichkeit dafür ist _____ .

b) Jeder Pasch hat die gleiche Wahrscheinlichkeit _____ .

Die Zufallsgröße für den Verlust an Einnahmen kann durch folgende Tabelle beschrieben werden:

Pasch	Einer	Zweier	Dreier	Vierer	Fünfer	Sechser
Wahrscheinlichkeit						
Verlust in €						

Erwartungswert für den Verlust an Einnahmen:

E(X) = _____

E(X) = _____

Der durchschnittliche Einnahmeverlust pro Anzeige beträgt _____

c) Werden üblicherweise 100 Anzeigen zu je 36 Euro verkauft, so sind das _____ Euro Einnahmen.

Werden stattdessen 110 Anzeigen zu _____ verkauft, so ergibt das

Einnahmen von _____

Es könnte sich also auf lange Sicht _____

[Hinweis: Zur Musterlösung gehören auch die schwarz gedruckten Teile.]

4 Wahrscheinlichkeitsrechnung 2

Ein Einkaufschip mit Schrift- und Symbolseite soll, wie eine Münze,
als Zufallsgerät verwendet werden.

a) Berechnen Sie unter der Annahme, dass Schrift- und Symbolseite
   mit der gleichen Wahrscheinlichkeit fallen, den Erwartungswert
   und die Standardabweichung für die Zufallsgröße X, welche die
   Anzahl von „Schriftseite liegt oben" beschreibt, für n = 900. (2 BE)

b) Ermitteln Sie ein Prognoseintervall für die Häufigkeit des Ergebnisses
   „Schriftseite liegt oben" unter der Annahme p = 0,5, wenn der
   Einkaufschip 900-mal geworfen werden soll.
   (Vertrauensniveau 95,4 %) (2 BE)

c) Bei 900 ausgeführten Würfen lag 408-mal die Seite mit der
   Schrift oben.
   Geben Sie an, ob dieses Ergebnis statistisch verträglich mit der
   Annahme p = 0,5 ist, oder ob es sich um eine signifikante
   Abweichung handelt. (1 BE)

Lösung:

a) $E(X) = \mu =$ _____

   $\sigma(X) =$ _____

b) Ein Vertrauensniveau von 95,4 % lässt auf eine _____ -Umgebung schließen.

   Das Prognoseintervall ist deshalb _____ also _____ $\leq X \leq$ _____

c) Die absolute Häufigkeit k = _____ für das Auftreten der Zufallsgröße X liegt _____ des

   95,4 %-Prognoseintervalls: Dieser Wert ist _____ verträglich mit p = 0,5.

   Deshalb sind Zweifel an der Annahme p = 0,5 angebracht.

[Hinweis: Zur Musterlösung gehören auch die schwarz gedruckten Teile.]

5 Analytische Geometrie

Die Punkte A(3|3|2), B(4|4|2) und C(2|6|2) sind die Eckpunkte eines Dreiecks ABC.

a) Weisen Sie nach, dass das Dreieck rechtwinklig ist.   2 BE

b) Ermitteln Sie die Koordinaten eines Punktes D, sodass das Volumen der Pyramide ABCD 12 VE beträgt.   3 BE

Lösung:

a) [Nachweis der Rechtwinkligkeit mit dem _____

(oder der _____)]

_____

_____   bilden einen rechten Winkel bei _____.

b) Grundfläche der Pyramide: _____

_____

c) Die Punkte A, B und C liegen in _____ Höhe über der x_1x_2-Ebene in der Ebene _____

Weil für das Volumen V der Pyramide _____ gilt und V = _____ , also _____ ,

folgt für die Höhe h: _____

Der Punkt D muss also entweder _____ über der Ebene _____ , d.h. _____ über der x_1x_2-Ebene,

oder _____ , demzufolge _____ liegen.

Jeder Punkt mit _____ kommt als Punkt D in Frage.

Die x- und die y-Koordinate _____

_____

[Hinweis: Zur Musterlösung gehören auch die schwarz gedruckten Teile.]

Hinweise zum Wahlpflichtteil

Bei der Vorbereitung auf mögliche Teilaufgaben können Sie folgende Aufgaben verwenden:

Analysis

S. 3, 5; S. 5, 7; S. 7, 7; S. 9, 8–9; S. 17, 9; S. 19, 4–6; S. 21, 8; S. 23, 7; S. 25, 7; S. 27, 8; S. 29, 7; S. 31, 10

Wahrscheinlichkeitsrechnung

S. 55, 8; S. 59, 6; S. 61, 6 und 7; S. 63, 6–8; S. 67, 9–11; S. 71, 6; S. 73, 6–8

Analytische Geometrie

S. 33, 8; S. 37, 10; S. 39, 9–10; S. 41, 7; S. 43, 7: S. 45, 7; S. 47, 8, 10; S. 49, 5–6; S. 51, 7, 8

Wahlpflichtteil

Analysis – WTR

Gegeben ist die Funktion $f(x) = 0,2 \cdot x^2 \cdot (6 - x)$ mit $x \in \mathbb{R}$.

a) Berechnen Sie die Nullstellen, die lokalen Extrempunkte und den Wendepunkt von f. 8 BE

b) Zeichnen Sie den Graphen von f im Intervall $-1 \leq x \leq 6$.

Die Punkte $P(6|0)$, $Q(u|f(u))$ und $R(u|0)$ bilden für $0 < u < 6$ ein Dreieck.

Zeichnen Sie für $u = 2$ ein solches Dreieck ein. 3 BE

c) Weisen Sie nach, dass für den Flächeninhalt A des Dreiecks PQR gilt:

$A = 0,1 \cdot u^4 - 1,2 \cdot u^3 + 3,6 \cdot u^2$ 3 BE

d) Ermitteln Sie den Wert von u, für den der Flächeninhalt A_Δ des Dreiecks PQR maximal ist.

Geben Sie an, wie groß der maximale Flächeninhalt des Dreiecks PQR ist. 6 BE

e) Die Funktion f kann im Intervall $0 \leq x \leq 6$ als mathematisches Modell für die Geschwindigkeit

des Höhenwachstums (in mm/Tag) einer Pflanze interpretiert werden.

Dabei gibt x die Zeit in Tagen an. Ermitteln Sie die Höhe der Pflanze sechs Tage nach

Beobachtungsbeginn, wenn die Pflanze zum Zeitpunkt $x = 0$ fünf Zentimeter hoch war. 4 BE

CAS/ GTR:

Zusatzaufgabe: Ermitteln Sie, für welche Werte von u das Dreieck PQR (Teilaufgaben b und c) einen Flächeninhalt von 2 FE hat.

Lösungen:

a) Nullstellen: $0,2 \cdot x^2 \cdot (6 - x) = 0$ für $x = $ \rule{2cm}{0.4pt} , \rule{2cm}{0.4pt} nach dem \rule{4cm}{0.4pt}

Ableitungen von $f(x) = 0,2 \cdot x^2 \cdot (6 - x) = 1,2 \cdot x^2$ \rule{2cm}{0.4pt}

$f'(x) = $ \rule{3cm}{0.4pt} $f''(x) = $ \rule{3cm}{0.4pt} $f'''(x) = $ \rule{3cm}{0.4pt}

Lokale Extremstellen

Notwendige Bedingung: $f'(x) = $ \rule{1.5cm}{0.4pt}

\rule{5cm}{0.4pt} $= 0$, mögliche Extremstellen: $x_1 = $ \rule{1.5cm}{0.4pt} ; $x_2 = $ \rule{1.5cm}{0.4pt}

Hinreichende Bedingung: \rule{3cm}{0.4pt}

$f''(x_1) = $ \rule{4cm}{0.4pt} lokales \rule{2.5cm}{0.4pt} bei x_1

$f''(x_2) = $ \rule{4cm}{0.4pt} lokales \rule{2.5cm}{0.4pt} bei x_2

Funktionswerte

$f(x_1) = $ \rule{10cm}{0.4pt}

$f(x_2) = $ \rule{10cm}{0.4pt}

Wendepunkt

Notwendige Bedingung: \rule{3cm}{0.4pt}

\rule{3cm}{0.4pt} $= 0$ mögliche Wendestelle: \rule{1.5cm}{0.4pt}

Hinreichende Bedingung: \rule{3cm}{0.4pt}

$f'''($ \rule{1cm}{0.4pt} $) = $ \rule{3cm}{0.4pt} \rule{6cm}{0.4pt}

Funktionswert

$f($ \rule{1cm}{0.4pt} $) = $ \rule{4cm}{0.4pt} Wendepunkt $W($ \rule{1.5cm}{0.4pt} $|$ \rule{1.5cm}{0.4pt} $)$

b) (Hinweis: Koordinatensystem für ____ ≤ x ≤ ____ wegen der _____ und

____ ≤ y ≤ ____ wegen des Extrempunktes _____ , bei Bedarf Wertetabelle erstellen)

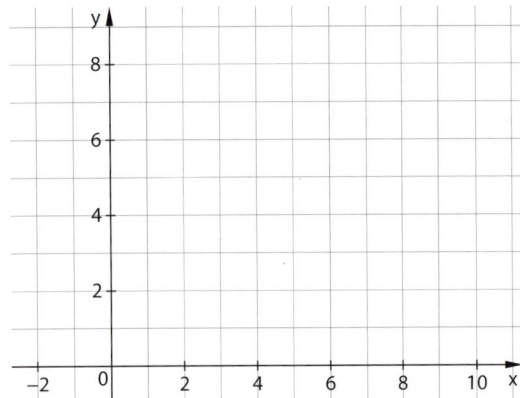

x					
y					
(Punkt)					

c) Für den Flächeninhalt A eines Dreiecks mit der Grundseite g und der Höhe h gilt: A = _____

Das Dreieck PQR hat bei ____ einen _____ Winkel, die Seite $\overline{RP}$ hat die Länge _____ ,

$\overline{QR}$ _____ mit der Länge _____ . Daher gilt:

A(u) = _____

$A(u) = 0{,}1 \cdot u^4 - 1{,}2 \cdot u^3 + 3{,}6 \cdot u^2$

d) $A(u) = 0{,}1 \cdot u^4 - 1{,}2 \cdot u^3 + 3{,}6 \cdot u^2$

A'(u) = _____ A''(u) = _____

Maximum:

A'(u) ____ 0 und A''(u) ____ 0   A'(u) = 0 ergibt _____ ⇒ 0,4u · (_____) = 0

Nach dem Satz _____ gilt: _____

Der erste Faktor _____ ist null für _____ .

Der zweite Faktor (_____) ist null für u = ____ oder u = ____

(Nach der _____ oder _____ binomischen Formel).

Da u = ____ und u = ____ nicht im Intervall 0 < u < 6 liegen, kommt nur u = ____ für ein lokales Extremum in Frage.

A''(____) = _____ = − 3,6 < 0

An der Stelle u = ____ liegt also ein lokales Maximum für den Flächeninhalt des Dreiecks vor.

Der maximale Flächeninhalt in FE beträgt A(____) = _____

e) Wenn die Funktion f _____ angibt,

dann kann man den Höhenzuwachs von Tag ____ bis Tag ____ berechnen mit _____ .

$\int_0^6 (\underline{\qquad\qquad})dx = \int_0^6 (\underline{\qquad\qquad})dx = \underline{\qquad\qquad\qquad}$

= _____ (in ____) Gesamthöhe: _____ cm + _____ cm = _____ cm

Übungsmaterialien

Basistraining
Mathematik
Oberstufe
2

LÖSUNGEN

Cornelsen

Autoren: Reinhard Oselies, Dr. Wilfried Zappe
Redaktion: Maya Brandl, Julia Hildebrandt, Berit Kroschel

Grafik: Cornelsen/Christian Böhning
Ilustration: Cornelsen/Golnar Mehboubi: blaue Eule
Umschlaggestaltung: hawemannundmosch, Berlin
Layoutkonzept: zweiband.media, Berlin
Technische Umsetzung: zweiband.media, Berlin

Inhaltsverzeichnis

Basisaufgaben

1 Äquivalenzumformungen: Kreuzen Sie alle Äquivalenzumformungen an.

Zwei Seiten einer Gleichung werden vertauscht.	x
Eine Gleichung wird durch die Summe dieser Gleichung mit einer anderen Gleichung ersetzt.	x
Eine Gleichung wird durch die Differenz dieser Gleichung mit einer anderen Gleichung ersetzt.	x
Eine Gleichung wird mit einer beliebigen reellen Zahl c multipliziert.	**Für c = 0 erhält man immer eine wahre Aussage, auch wenn die Gleichung vorher nicht erfüllbar war.**
Die linke Seite einer Gleichung wird mit einer Zahl c ≠ 0 multipliziert.	**Rechenoperationen müssen immer auf beiden Seiten einer Gleichung ausgeführt werden.**
Zwei Gleichungen werden ersetzt durch die Summe mit der jeweils anderen.	**Dabei entstehen zwei identische Gleichungen.**

Zusatzaufgabe: Erläutern Sie bei anderen Umformungen, warum es sich nicht um Äquivalenzumformungen handelt.

2 Das lineare Gleichungssystem ist in Zeilenstufenform gegeben. Ordnen Sie jeweils die richtige Lösung zu.

A $x + y + 5z = 19$
   $2y + 7z = 22$
   $3z = 6$

B $-2x + y + 6z = -7$
   $-y + 3z = 2$
   $2z = -2$

C $2x + 3y + 4z = 2$
   $-y - 2z = -\frac{1}{...}$
   $6z = -\frac{3}{2}$

□ $L = \{(1|4|5)\}$ [A] $L = \{(5|4|2)\}$ [C] $L = \left\{\left(\frac{1}{2}\middle|\frac{1}{3}\middle|-\frac{1}{4}\right)\right\}$ [B] $L = \{(-2|-5|-1)\}$ □ $L = \left\{\left(-\frac{1}{2}\middle|\frac{1}{3}\middle|-\frac{1}{4}\right)\right\}$

3 Ordnen Sie dem Gleichungssystem jeweils die Lösung zu.

A $4x + 3y - 2z = 5$
   $2x - y + z = 9$
   $x + 5y - 4z = -10$

B $-3x + 7y - 2z = 24$
   $2x - 5y + z = -17$
   $x + 4y - 6z = -2$

C $-9x + 7y - 8z = -37$
   $8x - 13y + 6z = 7$
   $-4x + 5y - 3z = -8$

$x - 2y + 3z = -1$
$y + 3z = 10$
$z = 2,$
$z = 2, \; y = 4, \; x = 1$

[C] $L = \{(2|3|5)\}$ □ $L = \{(5|-3|3)\}$ [A] $L = \{(3|-1|2)\}$ [B] $L = \{(-4|2|1)\}$

4 Lösbarkeit linearer Gleichungssysteme: Vervollständigen Sie mithilfe der Buchstaben:

Ein lineares Gleichungssystem kann __C__ , __B__ oder __F__ Lösungen haben. Ein lineares Gleichungssystem hat keine Lösung, wenn sich __J__ ergibt; es hat __F__ Lösungen, wenn es __G__ Variablen als Gleichungen gibt (z. B. weil eine Zeile __N__).

Wenn sich __L__ und __M__ ergibt und die Anzahl der Variablen mit der Anzahl der __O__ übereinstimmt, hat das lineare Gleichungssystem eine eindeutige Lösung.

A kein	B keine	C eine	D zwei	E drei	F unendlich viele	G mehr
H weniger	I genauso viele	J ein Widerspruch	K eine Zeilenstufenform	L kein Widerspruch		
M keine Nullzeile	N ein Vielfaches einer anderen Zeile ist	O Gleichungen	P Nullzeilen	Q eine Nullzeile		

5 Geben Sie jeweils die Lösungsmenge des linearen Gleichungssystems an.

a) $\begin{array}{rr} 2x + y - z = 2 \\ 5y - 2z = 4 \\ 4z = 32 \end{array}$
   $L = \{(3|4|8)\}$

b) $\begin{array}{rr} 2x + y - 2z = 8 \\ 3y + 6z = 12 \\ 0 = 0 \end{array}$
   $L = \{(2 + 2c \,|\, 4 - 2c \,|\, c) \,|\, c \in \mathbb{R}\}$

c) $\begin{array}{rr} 7x + 4y - 3z = 18 \\ 5y + 8z = 37 \\ 0 = 13 \end{array}$
   $L = \{\,\}$

d) $\begin{pmatrix} 1 & 4 & 2 & | & 9 \\ 0 & 3 & 8 & | & 2 \\ 0 & 0 & 0 & | & 7 \end{pmatrix}$
   $L = \{\,\}$

e) $\begin{pmatrix} 2 & 3 & -1 & | & -3 \\ 0 & 5 & -3 & | & -21 \\ 0 & 0 & 6 & | & 12 \end{pmatrix}$
   $L = \{(4|-3|2)\}$

f) $\begin{array}{r} x - y + z = 6 \\ 2x + ay + 2z = 9 \\ 3x - 2y - z = 9 \end{array}$
   für a = -2: $L = \{\,\}$; für a ≠ -2:
   $L = \left\{\left(\frac{15a+21}{4a+8}\,\middle|\,\frac{-3}{a+2}\,\middle|\,\frac{9a+15}{4a+8}\right)\right\}$

6 Das lineare Gleichungssystem wurde in reduzierte Zeilenstufenform gebracht. Geben Sie jeweils die Lösungsmenge des linearen Gleichungssystems an.

a) $\begin{pmatrix} 1 & 0 & 0 & | & 17 \\ 0 & 1 & 0 & | & 28 \\ 0 & 0 & 1 & | & 43 \end{pmatrix}$
   $L = \{(17|28|43)\}$

b) $\begin{pmatrix} 1 & 1 & 2 & | & 7 \\ 0 & 1 & 4 & | & 8 \\ 0 & 0 & 1 & | & 43 \end{pmatrix}$
   $L = \{(-1 + 2c \,|\, 8 - 4c \,|\, c) \,|\, c \in \mathbb{R}\}$

c) $\begin{pmatrix} 1 & 2 & 1 & | & 23 \\ 0 & 1 & 5 & | & 47 \\ 0 & 0 & 0 & | & 13 \end{pmatrix}$
   $L = \{\,\}$

d) $\begin{pmatrix} 1 & -7 & 4 & | & 93 \\ 0 & 0 & 0 & | & 0 \\ 0 & 0 & 0 & | & 0 \end{pmatrix}$
   $L = \{(93 + 7c - 4d \,|\, c \,|\, d) \,|\, c, d \in \mathbb{R}\}$

Weiterführende Aufgaben

7 Der durchschnittliche Tagesbedarf eines Menschen an Vitamin C beträgt 110 mg. Mit einem 200-g-Smoothie soll der Tagesbedarf an Vitamin C exakt abgedeckt werden. Vervollständigen Sie die Sätze.

	Orange	Paprika	schwarze Johannisbeere	Sanddorn
Vitamin C (in mg/100g)	50	120	180	450

a) Das ist möglich aus den ersten drei Sorten: 5g Paprika, 5g Johannisbeere und __190g__ Orange

b) Kreuzen Sie alle passenden Zusammenstellungen an.
□ 184 g Orange, 3 g Paprika, 2 g Johannisbeere, 2 g Sanddorn
☒ 196 g Orange, 1 g Paprika, 1 g Johannisbeere, 2 g Sanddorn
☒ 184 g Orange, 4 g Sanddorn

Zusatzaufgabe: Geben Sie eine weitere Möglichkeit der Zusammenstellung an, sofern das möglich ist. **individuell, z. B.: 193 g Orange, 3 g Orange, 3 g Paprika, 3 g Johannisbeere, 1 g Sanddorn**

8 Ergänzen Sie jeweils die Lücken so, dass das lineare Gleichungssystem die vorgegebene Lösung hat.

a) $L = \{(3|-7)\}$
   $\begin{array}{r} 4x + 2y = \underline{\;26\;} \\ 6x - y = \underline{\;11\;} \end{array}$

b) $L = \{(2|-1|\,3\,)\}$
   $\begin{array}{r} x + y - z = -2 \\ 2x + y + 3z = \underline{\;12\;} \\ \underline{\;3\;} \cdot x + y + z = 8 \end{array}$

c) $L = \{(c-1|1|\,c\,) \,|\, c \in \mathbb{R}\}$
   $\begin{array}{r} x + y - z = 0 \\ 2x + y - 2z = -1 \\ 4x - 4z = \underline{\;-4\;} \end{array}$

Basisaufgaben

1 Vervollständigen Sie die Tabelle.

Grad n		3	4
Allgemeine Funktionsgleichung n-ten Grades	$f(x) =$	$ax^3 + bx^2 + cx + d$	$ax^4 + bx^3 + cx^2 + dx + e$
Funktionswert an der Stelle $x = 0$	$f(0) =$	d	e
Funktionswert an der Stelle $x = -1$	$f(-1) =$	$-a + b - c + d$	$a - b + c - d + e$
1. Ableitung	$f'(x) =$	$3ax^2 + 2bx + c$	$4ax^3 + 3bx^2 + 2cx + d$
2. Ableitung	$f''(x) =$	$6ax + 2b$	$12ax^2 + 6bx + 2c$
3. Ableitung	$f'''(x) =$	$6a$	$24ax + 6b$

2 Kreuzen Sie die richtige Anzahl an: Um eine ganzrationale Funktion n-ten Grades zu bestimmen, benötigt man ein Gleichungssystem mit ☐ $n - 1$ / ☐ n / ☒ $n + 1$ Gleichungen.

3 Der Graph einer ganzrationalen Funktion f dritten Grades besitzt den Hochpunkt H(1|4); $x_N = -1$ ist Nullstelle und $x_W = 3$ Wendestelle von f. Stellen Sie das lineare Gleichungssystem auf, das sich aus dieser Beschreibung ergibt.

① Allgemeine Form einer ganzrationalen Funktion f dritten Grades mit Ableitungen:

$f(x) = ax^3 + bx^2 + cx + d$

$f'(x) = 3ax^2 + 2bx + c$

$f''(x) = 6ax + 2b$

② Mithilfe der bekannten Eigenschaften ein lineares Gleichungssystem aufstellen:

$x_N = -1$ ist Nullstelle von f	$f(-1) = 0$	$-a + b - c + d = 0$
(1│4) ist Punkt des Graphen von f	$f(1) = 4$	$a + b + c + d = 4$
H(1│f(1)) ist Hochpunkt des Graphen von f	$f'(1) = 0$	$3a + 2b + c = 0$
$x_W = 3$ Wendestelle von f	$f''(3) = 0$	$18a + 2b = 0$

Zusatzaufgabe:

a) Überprüfen Sie, ob der Funktionsterm $x^3 - \frac{1}{8}x^2 + \frac{15}{8}x + \frac{25}{8}$ die geforderten Eigenschaften erfüllt. **Nein**

b) Lösen Sie das LGS und geben Sie die gesuchte Funktion f an. $f(x) = \frac{1}{8}x^3 - \frac{9}{8}x^2 + \frac{15}{8}x + \frac{25}{8}$

4 Die Abbildung zeigt den Graphen einer ganzrationalen Funktion f.

a) Begründen Sie, dass f mindestens vierten Grades sein muss.

f hat mindestens zwei Wendestellen. f'' hat mindestens

Grad 2, daher hat f mindestens Grad 4.

b) Lesen Sie die Koordinaten des Hochpunktes und des Sattelpunktes ab. Stellen Sie ein lineares Gleichungssystem auf, mit dem man die Funktionsgleichung ermitteln kann.

H(2│2), S(0│0), $f(x) = ax^4 + bx^3 + cx^2 + dx + e$;

$f(0) = 0$ und $f'(0) = 0$ und $f''(0) = 0$ und $f(2) = 2$ und $f'(2) = 0$.

Daraus ergibt sich: $e = 0$, $d = 0$, $c = 0$, $f(x) = ax^4 + bx^3$,
$b = \frac{1}{4} - 2a$ und $b = -\frac{8}{3}a$; $a = -\frac{3}{8}$, $b = 1$, $f(x) = -\frac{3}{8}x^4 + x^3$

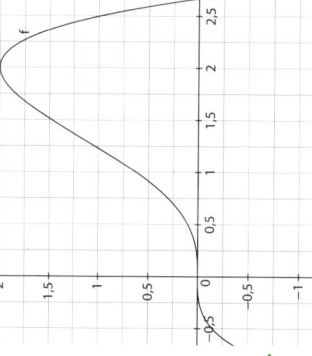

Maximum:
$f'(x) = 0$ und $f''(x) < 0$

---

5 Bestimmen Sie den Grad, den die Funktion mit den geforderten Eigenschaften mindestens haben muss.

a) Hochpunkt H(3│0) und Nullstelle $x = 3$

b) Wendepunkt W(3│0) und Punktsymmetrie zum Ursprung

c) Hochpunkt H(3│0) und Tiefpunkt T(−3│0)

d) Graph ist achsensymmetrisch zur y-Achse mit Hochpunkt H(3│0)

e) Graph ist achsensymmetrisch zur y-Achse mit Wendepunkt W(3│0)

f) Sattelpunkt S(3│0) und Graph ist achsensymmetrisch zur y-Achse

a) $n = 2$ b) $n = 5$ c) $n = 5$ d) $n = 4$

e) $n = 4$ f) $n = 6$

6 Das lineare Gleichungssystem rechts wurde auf der Grundlage von Eigenschaften einer ganzrationalen Funktion f dritten Grades aufgestellt. Formulieren Sie eine Beschreibung der Eigenschaften der Funktion f bzw. ihres Graphen, die zu diesem linearen Gleichungssystem führt.

Der Graph einer ganzrationalen Funktion f dritten Grades

besitzt den Extrempunkt E(1│6) und schneidet die y-Achse

im Punkt S(0│2), $x_W = 2$ ist Wendestelle von f.

$$a + b + c + d = 6$$
$$3a + 2b + c = 0 \qquad d = 2$$
$$12a + 2b = 0$$

7 Zu der Steckbriefaufgabe „Der Graph einer ganzrationalen Funktion dritten Grades besitzt den Tiefpunkt T(3│5) und hat im Punkt P(2│3) die Steigung 3." wurde die Funktionsgleichung $f(x) = -x^3 + 6x^2 - 9x + 5$ ermittelt. Überprüfen Sie, ob diese Funktion die geforderten Eigenschaften erfüllt.

$f(x) = -x^3 + 6x^2 - 9x + 5$, $f'(x) = -3x^2 + 12x - 9$, $f''(x) = -6x + 12$

$f(2) = -8 + 24 - 18 + 5 = 3$, $f(3) = -27 + 54 - 27 + 5 = 5$,

$f'(2) = -12 + 24 - 9 = 3$, $f'(3) = -27 + 36 - 9 = 0$,

$f''(3) = -18 + 12 = -6 < 0$

Die Funktion erfüllt nicht alle geforderten Eigenschaften, denn T ist Hoch- statt Tiefpunkt.

Weiterführende Aufgaben

8 Mit ganzrationalen Funktionen modellieren:

Die Abbildung zeigt eine Durchfahrt mit parabelförmigem Querschnitt, die Höhe beträgt 5 m und die Breite an der Basis 6 m.

a) Bestimmen Sie den Funktionsterm, der den parabelförmigen Bogen beschreibt.

$p(x) = 5 - \frac{5}{9} \cdot x^2$ S(0│5), $f(x) = 5 - ax^2$, $f(3) = f(-3) = 0$, $a = \frac{5}{9}$

b) Ein Lkw darf maximal 2,60 m breit und 4 m hoch sein. Ein solcher LKW kann die Durchfahrt (theoretisch) ☐ passieren / ☒ nicht passieren.

Begründung:

$p(1{,}3) = 5 - \frac{5}{9} \cdot 1{,}3^2 \approx 4{,}06 > 4$

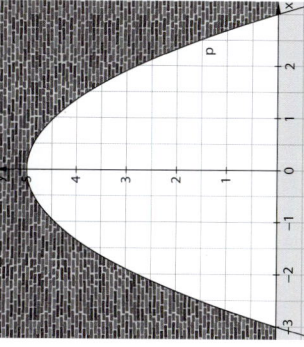

Kurvenanpassung

Basisaufgaben

1 Funktionen mit Parametern: Vervollständigen Sie die Tabelle für die Funktionen f_a und ihre Ableitungen.

	Für a allgemein	Für a = 0	Für a = −1
$f_a(x)$	$ax^4 + a^2x^3 - x + a^3$	$f_0(x) = -x$	$f_{-1}(x) = -x^4 + x^3 - x - 1$
$f_a'(x)$	$4ax^3 + 3a^2x^2 - 1$	$f_0'(x) = -1$	$f_{-1}'(x) = -4x^3 + 3x^2 - 1$
$f_a''(x)$	$12ax^2 + 6a^2x$	$f_0''(x) = 0$	$f_{-1}''(x) = -12x^2 + 6x$
$f_a'''(x)$	$24ax + 6a^2$	$f_0'''(x) = 0$	$f_{-1}'''(x) = -24x + 6$

2 a) Kreuzen Sie die erste und zweite Ableitung für $g_a(x) = x^3 + ax^2 + a^2x + a^3$ an.

[x] $g_a'(x) = 3x^2 + 2ax + a^2$ [ ] $g_a'(x) = x^2 + ax + a^2$

[ ] $g_a''(x) = 6x + 2ax$ [x] $g_a''(x) = 6x + 2a$

b) Vervollständigen Sie dann für die Funktionen g_a die Tabelle für die Stelle $x_0 = 3$.

Für $x_0 = 3$	Für a allgemein	Für a = 0	Für a = −1	Für a = 1
$g_a(3)$	$27 + 9a + 3a^2 + a^3$	27	20	40
$g_a'(3)$	$27 + 6a + a^2$	27	22	34
$g_a''(3)$	$18 + 2a$	18	16	20

3 Es gilt $f_a(x) = x \cdot (x - a)^2$. Ordnen Sie die Parameter den Graphen zu. Ergänzen Sie den fehlenden Parameter.

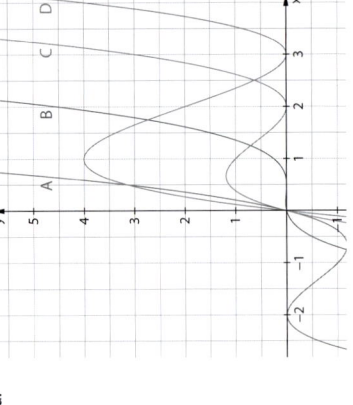

$a = 2$ **C**

$a = -2$ **A**

$a = 3$ **D**

$a = \frac{1}{2}$ **B**

Zusatzaufgabe:
Erläutern Sie den Einfluss des Parameters auf den Graphen.
Individuelle Lösungen – mögliche Antwort:
Der Parameter a bestimmt eine der Nullstellen der Funktion f_a.

4 Gegeben sind die Funktionen f_a mit $f_a(x) = x^3 - 2ax^2$. Bestimmen Sie zu dem Parameter jeweils die Funktionswerte.

a	$f_a(0)$	$f_a(1)$	$f_a(-1)$	$f_a(10)$	$f_a(-10)$
0	0	1	−1	1000	−1000
1	0	−1	−3	800	−1200
$\frac{1}{4}$	0	0,5	−1,5	950	−1050

5 Bestimmen Sie Werte von a so, dass der Graph der Funktion f_a mit $f_a(x) = x^3 - ax$ den Punkt P enthält.

a) $P(-1|2)$ **b)** $P(2|0)$ **c)** $P(2|10)$ **d)** $P(0|0)$

$f_a(-1) = -1 + a = 2, a = 3$ $f_a(2) = 8 - 2 = 0, a = 4$ $f_a(2) = -8 - 2a = 10, a = -1$ $f_a(0) = 0 - 0a = 0, a \in \mathbb{R}$

6 Kreuzen Sie an, was richtig ist, und vervollständigen Sie die Lösung.
Gegeben sind die Funktionen f_a mit $f_a(x) = x^3 - 2ax^2$ mit $a \neq 0$.

a) Bestimmen Sie alle möglichen Extremstellen von f_a. Kreuzen Sie an, was richtig ist.
Es ist

[ ] $f_a'(x) = 2x^2 - 4a$ [x] $f_a'(x) = 3x^2 - 4ax$ [x] $f_a''(x) = 6x - 4a$ [ ] $f_a''(x) = 6x^2 - 4$

[ ] Hinreichende / [x] Notwendige Bedingung für einen Extrempunkt: $f_a'(x) = 0$

$3x^2 - 4ax = 0$ ⇔ $3x \cdot (x - \frac{4}{3} \cdot a) = 0$ ⇔ $x = 0$ oder $x = \frac{4}{3} a$

b) Zeigen Sie, dass die Graphen von f_a für beliebige Werte von $a \neq 0$ alle einen Extrempunkt gemeinsam haben. Untersuchen Sie auch, welche Art von Extrempunkt hier vorliegt.

[ ] Es ist $f_a'(0) = 0$ und wegen $f_a''(x) = 6x - 4a = 0$ für $x = \frac{2}{3} \cdot a$ ist der Punkt $S(0|\frac{2}{3} \cdot a)$ Sattelpunkt.

[x] Es ist $f_a'(0) = 0$ und wegen $a \neq 0$ ist $f_a''(0) = -4a \neq 0$. Also ist der Punkt $E(0|0)$ Extrempunkt.

[x] Für $a < 0$ ist $f_a''(0) = -4a > 0$ und E ist Tiefpunkt des Graphen, für $a > 0$ Hochpunkt.

c) Es gibt [ ] einen / [x] keinen Wert von a, sodass f_a an der Stelle $x = 4$ ein Maximum besitzt.

$\frac{4}{3} \cdot a = 4$ ⇔ $a = 3$ **und es gilt: $f_3''(4) = 24 > 0$, also handelt es sich um ein Minimum.**

Zusatzaufgabe:
Bestimmen Sie einen Wert von a so, dass der Wendepunkt des Graphen von f_a die y-Koordinate 54 hat.
$\frac{2}{3} \cdot a$ **ist Wendestelle von f_a**, $f_a\left(\frac{2}{3} \cdot a\right) = -\frac{16}{27} \cdot a^3$ **und** $-\frac{16}{27} \cdot a^3 = 54$ **für** $a = -\frac{9}{2}$

Weiterführende Aufgaben

7 In der Abbildung sind für verschiedene Werte von a die Graphen der Funktionen f_a mit $f_a(x) = x^3 - 6x^2 + 12x - ax - 8 + a$ dargestellt.

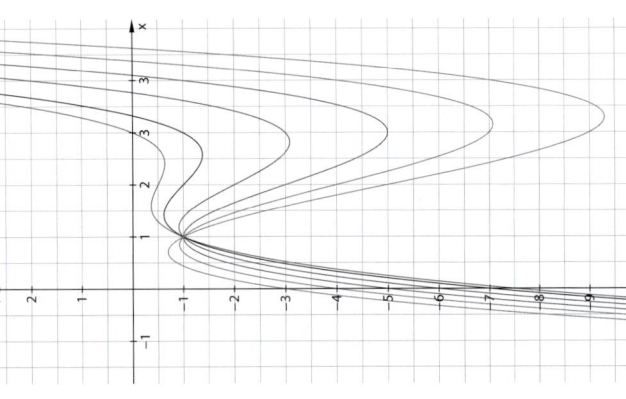

a) Zeigen Sie, dass alle Graphen von f_a durch einen Punkt verlaufen.

$f_a(1) = 1 - 6 + 12 - a - 8 + a = -1$
$P(1|-1)$ liegt auf allen Graphen.

b) Für die Wendepunkte gilt:

[x] $x = 2$ / [ ] $y = 2$ / [ ] keine gemeinsamen Koordinaten
$f_a''(x) = 6x - 12$ und $f_a'''(x) = 6$ liefert $f_a''(2) = 0$
und $f_a'''(2) = 6 \neq 0$

Zusatzaufgabe:
Geben Sie die Gleichungen der Wendetangenten an.
$f_a(2) = -a$ und $f_a'(2) = -a$,
also $t_a(x) = -a(x - 2) - a = -ax + a$

c) Bestimmen Sie die Extremstellen von f_a in Abhängigkeit von a.
$f_a'(x) = 3x^2 - 12x + 12 - a$ $\Rightarrow x^2 - 4x + 4 - \frac{a}{3} = 0$
$x_1 = 2 + \sqrt{\frac{a}{3}}$ $x_2 = 2 - \sqrt{\frac{a}{3}}$
$f_a''(x_1) = 6\sqrt{\frac{a}{3}}$ $f_a''(x_2) = -6\sqrt{\frac{a}{3}}$
$x_1 = 2 + \sqrt{\frac{a}{3}}, x_2 = 2 - \sqrt{\frac{a}{3}}$ **sind Extremstellen**

Basisaufgaben

1 Ordnen Sie den Funktionen die Ableitungsregel zu.

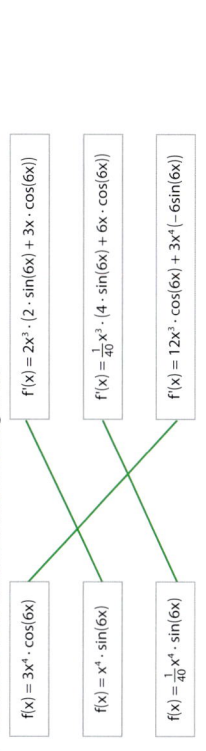

- $f(x) = \dfrac{\cos(x)}{x^2}$
- $f(x) = \sin(x)\cdot\sqrt{x}$
- $f(x) = x^2\cdot\sin(5x-7)$
- $f(x) = \sqrt{3x+8}$

- Produkt- und Kettenregel
- Kettenregel
- Produktregel
- Produktregel nach Umformung anwendbar: $f(x) = x^{-2}\cdot\cos(x)$

Kurzform Produktregel:
$(u\cdot v)' = u'\cdot v + u\cdot v'$
lineare Kettenregel:
$(g(a\cdot x+b))' = a\cdot g'(a\cdot x+b)$

2 Vervollständigen Sie die Tabelle.

$f(x) =$	$u(x) =$	$u'(x) =$	$v(x) =$	$v'(x) =$	$f'(x) = u'(x)\cdot v(x) + u(x)\cdot v'(x)$
$x^2\cdot\sin(x)$	x^2	$2x$	$\sin(x)$	$\cos(x)$	$2x\cdot\sin(x) + x^2\cdot\cos(x)$
$(x^2+3x)\cdot\sqrt{x}$	x^2+3x	$2x+3$	$\sqrt{x}$	$\dfrac{1}{2\sqrt{x}}$	$(2x+3)\cdot\sqrt{x} + (x^2+3x)\cdot\dfrac{1}{2\sqrt{x}}$
$\cos(x)\cdot x$	$\cos(x)$	$-\sin(x)$	x	1	$-\sin(x)\cdot x + \cos(x)\cdot 1$
$\dfrac{1}{x}\cdot\sin(x)$	$\dfrac{1}{x}$	$-\dfrac{1}{x^2}$	$\sin(x)$	$\cos(x)$	$-\dfrac{1}{x^2}\cdot\sin(x) + \dfrac{1}{x}\cdot\cos(x)$

3 Leiten Sie die folgenden Funktionen mit der Produktregel ab, multiplizieren Sie dann den Funktionsterm aus und leiten Sie das Ergebnis ohne Produktregel ab:

a) $f(x) = 3x^2\cdot(x^2-4) + x^3\cdot 2x$

$f'(x) = 5x^4 - 12x^2$

b) $f(x) = \left(1 + \dfrac{1}{2\sqrt{x}}\right)\cdot(x-\sqrt{x}) + (x+\sqrt{x})\cdot\left(1 - \dfrac{1}{2\sqrt{x}}\right)$

$f(x) = 2x - 1$

c) $f(x) = \left(1 - \dfrac{1}{2\sqrt{x}}\right)\cdot(x-\sqrt{x}) + (x-\sqrt{x})\cdot\left(1 - \dfrac{1}{2\sqrt{x}}\right)$

$f'(x) = 2x - 3\sqrt{x} + 1$

4 Vervollständigen Sie die Tabelle.

$g(z)$	$z = ax+b$	$f(x) = g(ax+b)$	
z^4	$3x-10$	$(3x-10)^4$	$f(4) = 16$
$\sin(z)$	$2x-\pi$	$\sin(2x-\pi)$	$f\left(\dfrac{\pi}{4}\right) = -1$
$\sqrt{z}$	$11x-8$	$\sqrt{11x-8}$	$f(3) = 5$
$\cos(z)$	$\pi\cdot x$	$\cos(\pi\cdot x)$	$f(1{,}5) = 0$
$\dfrac{1}{z}$	x^2-4	$\dfrac{1}{x^2-4}$	$f(4) = \dfrac{1}{12}$

5 Ordnen Sie den Funktionen ihre Ableitungen zu.

- $f(x) = 3x^4\cdot\cos(6x)$
- $f(x) = x^4\cdot\sin(6x)$
- $f(x) = \dfrac{1}{40}x^4\cdot\sin(6x)$

- $f'(x) = 2x^3\cdot(2\cdot\sin(6x) + 3x\cdot\cos(6x))$
- $f'(x) = \dfrac{1}{40}x^3\cdot(4\cdot\sin(6x) + 6x\cdot\cos(6x))$
- $f'(x) = 12x^3\cdot\cos(6x) + 3x^4\cdot(-6\sin(6x))$

6 Vervollständigen Sie die Tabelle.

$f(x) = g(ax+b)$	$z = ax+b$	$g(z)$	$g'(z)$	$f'(x) = a\cdot g'(ax+b)$
$(3x-7)^5$	$3x-7$	z^5	$5z^4$	$3\cdot 5(3x-7)^4 = 15(3x-7)^4$
$\sin(2x+5)$	$2x+5$	$\sin(z)$	$\cos(z)$	$2\cdot\cos(2x+5)$
$\sqrt{8x-3}$	$8x-3$	$\sqrt{z}$	$\dfrac{1}{2\sqrt{z}}$	$8\cdot\dfrac{1}{2\sqrt{8x-3}} = \dfrac{4}{\sqrt{8x-3}}$
$\dfrac{1}{(6x-9)^3}$	$6x-9$	$\dfrac{1}{z^3}$	$\dfrac{-3}{z^4}$	$6\cdot\dfrac{-3}{(6x-9)^4} = \dfrac{-18}{(6x-9)^4}$

Weiterführende Aufgaben

7 Es soll gezeigt werden, dass der Graph der Funktion f mit $f(x) = x^2\cdot\cos(x)$ den Tiefpunkt T(0|0) hat.

a) Berechnen Sie die Ableitungsfunktion f'.

$f'(x) = 2x\cdot\cos(x) - x^2\cdot\sin(x)$

b) Leiten Sie $f''(x) = -4x\cdot\sin(x) - x^2\cdot\cos(x) + 2\cdot\cos(x)$ her.

$f''(x) = 2\cdot\cos(x) - 2x\cdot\sin(x) - 2x\cdot\sin(x) - x^2\cdot\cos(x) = -4x\cdot\sin(x) + (2-x^2)\cdot\cos(x)$

c) Zeigen Sie die Behauptung.

$f'(0) = 0$ und $f''(0) = 2 > 0$, also hat f an der Stelle 0 ein lokales Minimum, und $f(0) = 0$.

8 Zu zeigen ist, dass der Graph der Funktion f mit $f(x) = x^2\cdot\sin(2x)$ den Sattelpunkt S(0|0) besitzt.

a) Berechnen Sie

$f''(x) = 2x\cdot\sin(2x) + x^2\cdot 2\cdot\cos(2x)$

$= 2x\cdot\sin(2x) + 2x^2\cdot\cos(2x)$

$f''(x) = 2\cdot\sin(2x) + 2x\cdot 2\cdot\cos(2x) + 4x\cdot\cos(2x) + 2x^2\cdot 2\cdot(-1)\cdot\sin(2x)$

$= 8x\cdot\cos(2x) + (2 - 4x^2)\cdot\sin(2x)$

$f'''(x) = 8\cos(2x) + 8x(-1)\cdot 2\cdot\sin(2x) + (-8x)\cdot\sin(2x) + (2 - 4x^2)\cdot 2\cdot\cos(2x)$

$= 8\cos(2x) - 16x\sin(2x) - 8x\sin(2x) + (4 - 8x^2)\cdot\cos(2x)$

$= -24x\sin(2x) + (12 - 8x^2)\cdot\cos(2x)$

b) S(0|0) ist Sattelpunkt, denn:

$f'(0) = 0$ und $f''(0) = 0$ und $f'''(0) = 12 \neq 0$

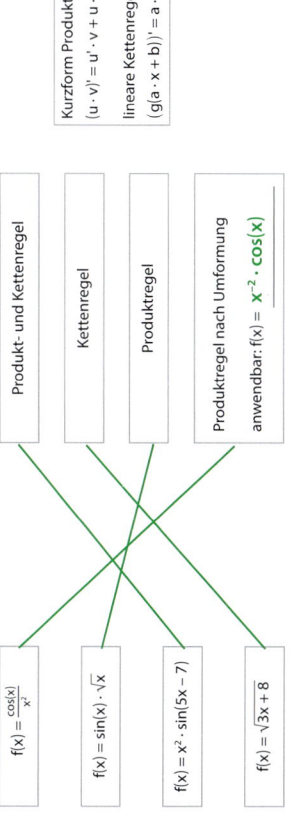

Test – Kurvenanpassung mit ganzrationalen Funktionen

1 Bestimmen Sie zu jedem linearen Gleichungssystem die Lösungsmenge.

a)
$$\begin{array}{l} x + y - z = 14 \\ 2y + z = 12 \\ 3z = 24 \end{array} \quad L = \{20|2|8\}$$

b)
$$\begin{array}{l} x + y - z = 14 \\ 2y + z = 12 \\ 3z = 0 \end{array} \quad L = \{8|6|0\}$$

c)
$$\begin{array}{l} x + y - z = 14 \\ 2y + z = 12 \\ 0 = 24 \end{array} \quad L = \{\ \}$$

d)
$$\begin{array}{l} x + y + z = 14 \\ 2y + z = 12 \\ 0 = 0 \end{array} \quad L = \left\{ \left(8 + \tfrac{3}{2}\cdot c \,\middle|\, 6 - \tfrac{1}{2}\cdot c \,\middle|\, c \right); c \in \mathbb{R} \right\}$$

2 Eine ganzrationale Funktion f 4. Grades schneidet die Gerade mit y = 1 an den Stellen −2; −1; 1 und 2. Der Punkt P(0|5) liegt auf ihrem Graphen.

a) Prüfen Sie, ob $g(x) = x^4 - 5x^2$ eine Lösung ist.

Nein, es werden nicht alle Bedingungen erfüllt, z.B. g(0) = 0 ≠ 5

b) Bestimmen Sie die Gleichung der Funktion h mit h(x) = f(x) − 1.

h hat die Nullstellen −2; −1; 1 und 2, daher gilt nach dem Satz vom Nullprodukt

$h(x) = a(x + 2)(x + 1)(x - 1)(x - 2)$

Es muss gelten: h(0) = 4a = 4, folglich a = 1, also $h(x) = (x + 2)(x + 1)(x - 1)(x - 2)$

c) Multiplizieren Sie den Funktionsterm von h aus. Geben Sie dann eine Funktionsgleichung von f an.

$h(x) = (x + 2)(x + 1)(x - 2) = (x + 2)(x - 2)|(x + 1)(x - 1) = (x^2 - 4)(x^2 - 1) = x^4 - 5x^2 + 4$

(3. binomische Formel). Die Lösung ist eindeutig. Also ist $f(x) = h(x) + 1 = x^4 - 5x^2 + 5$

3 Kreuzen Sie an, was für ein Polynom f mit den Nullstellen 2, 3 und 4 gilt.

☐ Das Polynom ist eindeutig bestimmt.

☐ Das Polynom ist bis auf einen Faktor eindeutig bestimmt.

☒ Gilt zusätzlich $f'''(x) = 24$ für alle $x \in \mathbb{R}$, dann ist das Polynom eindeutig bestimmt.

4 Gegeben sind die Punkte P(3|7), Q(4|9), R(2|6). Kreuzen Sie alle Funktionen an, die eindeutig bestimmt sind.

☒ Eine lineare Funktion mit dem Graphen durch P und Q. — **Zwei Punkte mit verschiedenen x-Koordinaten**

☐ Eine lineare Funktion mit dem Graphen durch P, Q und R. — **R liegt nicht auf der Geraden durch P und Q.**

☐ Eine quadratische Funktion mit dem Graphen durch P und Q. — **Durch 2 Punkte verlaufen mehrere Parabeln.**

☐ Eine kubische Funktion mit dem Graphen durch P, Q und R. — **nicht eindeutig**

☒ Eine kubische Funktion mit dem Graphen durch P, Q und R und der Nullstelle 0. — $f(x) = \tfrac{7}{24}x^3 - \tfrac{17}{8}x^2 + \tfrac{73}{12}x$

☒ Eine quadratische Funktion mit dem Graphen durch P, Q und R. — **Drei Punkte mit unterschiedlichen x-Koordinaten, die nicht auf einer Geraden liegen:** $f(x) = \tfrac{1}{2}x^2 - \tfrac{3}{2}x + 7.$

5 Eine quadratische Funktion f hat eine Nullstelle x = 0. Außerdem berührt sie den Graphen der Funktion g mit $g(x) = x^2 - 2x + 3$ an der Stelle x = 1. Bestimmen Sie die Funktionsgleichung von f.

$f(x) = a \cdot x^2 + b \cdot x + c$ Nullstelle: **f(0) = 0**, daher gilt: **c = 0**

$g(x) = x^2 - 2x + 3$ $g'(x) = $ **2x − 2** **g(1) = 1 − 2 + 3 = 2**

B(**1** | **2**) **f(1) = a + b = 2** **f'(1) = 2a + b = g'(1) = 0**

Aus **a + b = 2** und **2a + b = 0** folgt a = **−2**, b = **2 − (−2) = 4**, f(x) = **−2** $x^2 +$ **4** x

---

6 Vervollständigen Sie.

Wenn sich zwei Funktionen f und g an der Stelle x_0 schneiden, dann gilt $f(\mathbf{x_0}) = \mathbf{g(x_0)}$.

Wenn sie sich an der Stelle x_0 berühren, so bedeutet das, sie haben dort **denselben Funktionswert und**

und dieselbe Steigung: $f(x_0) = g(x_0)$ **und** $f'(x_0) = g'(x_0)$.

Den Steigungswinkel α der Funktion f an der Stelle x_0 bestimmt man mithilfe der **ersten Ableitung.**

7 Die lineare Funktion f schneidet die y-Achse im rechten Winkel und verläuft durch den Punkt P(−2018|77). Bestimmen Sie die Parameter m und n der Funktionsgleichung f(x) = mx + n.

m = 0, n = 77 $f'(x) = m = 0$, daher gilt: $f(x) = n = 77$

8 Bestimmen Sie die Funktionsgleichung der quadratischen Funktion f mit folgenden Eigenschaften:

f ist achsensymmetrisch bezüglich der y-Achse; f hat eine Nullstelle bei x = −1; Schnittpunkt mit der y-Achse: S(0|−3).

Für eine allgemeine achsensymmetrische quadratische Funktion mit S(0|−3) gilt $f(x) = $ $ax^2 + b$, $f(0) = $ **b**,

also b = **−3** und wegen $f(-1) = 1 = a + b = a - 3 = 0$ gilt $a = $ **3**, daher $f(x) = $ $3x^2 - 3$

9 Der Verlauf einer Straße kann durch den Graphen einer Funktion f modelliert werden. Zwischen zwei Orten A und B, die auf dem Graphen von f liegen, soll eine neue Straßenführung geplant werden. Wählen Sie alle Bedingungen, die die Funktion g, welche die neue Straßenführung darstellt, erfüllen muss.

☒ A und B liegen auf dem Graphen von g.

☒ Die erste Ableitung von f und von g stimmen im Punkt A und im Punkt B überein.

☒ Die zweite Ableitung von f und von g stimmen im Punkt A und im Punkt B überein.

☐ Die dritte Ableitung von f und von g stimmen im Punkt A und im Punkt B überein.

10 Wählen Sie alle Fälle, in denen die Beschreibung korrekt in eine Gleichung „übersetzt" ist.

☐ f ist eine quadratische Funktion. $f(x) = a^2x + bx + c$ $f(x) = ax^2 + bx + c$

☒ f hat an der Stelle x = 3 die Steigung 5. $f'(3) = 5$

☒ Der Graph von f verläuft an der Stelle x = 1 parallel zu dem von g mit g(x) = 4x + 9. $f'(1) = 4$

☒ Die Graphen der Funktionen g und h schneiden sich im Punkt P(3|7). $g(3) = h(3) = 7$

☒ Der Graph der Funktion h berührt die x-Achse an der Stelle x = 3. $h(3) = 0, h'(3) = 0$

☐ Die Tangente an den Graphen der Funktion f im Punkt P(3|1) verläuft waagerecht. $f(3) = 0$ $f(3) = 1, f'(3) = 0$

11 Zeigen Sie, dass P(1|0) ein Tiefpunkt des Graphen der Funktion f mit $f(x) = (x - 1)^2 \cdot \sin(x)$ ist.

a) Zeigen Sie, dass der Punkt P auf dem Graphen von f liegt.

$f(1) = 0 \cdot \sin(1) = 0$

b) Zeigen Sie, dass $f'(x) = (x - 1) \cdot (2 \cdot \sin(x) + (x - 1) \cdot \cos(x))$ die erste Ableitung von f ist.

Produktregel: $f'(x) = 2 \cdot (x - 1) \cdot \sin(x) + (x - 1)^2 \cdot \cos(x)$

Durch Ausklammern von (x − 1) erhält man die oben angegebene Darstellung.

c) Zeigen Sie, dass die Tangente an f in diesem Punkt waagerecht ist.

$f'(1) = (1 - 1) \cdot (...) = 0$ **oder** $f'(1) = 2 \cdot (1 - 1) \cdot \sin(1) + (1 - 1)^2 \cdot \cos(1) = 0$

d) $f''(x) = 4x\cos(x) - 4\cos(x) - x^2\sin(x) + 2x\sin(x) + \sin(x)$. Zeigen Sie, dass P kein Hoch- oder Sattelpunkt ist.

$f'(1) = 0$ **und** $f''(1) = 2 \cdot \sin(1) > 0$, **P(1|0) ist ein Tiefpunkt.**

3 Gegeben sind die Graphen von Änderungsraten f' und Beständen f.
Ordnen Sie die Graphen einander zu.
Zusatzaufgabe: Begründen Sie die Zuordnung.

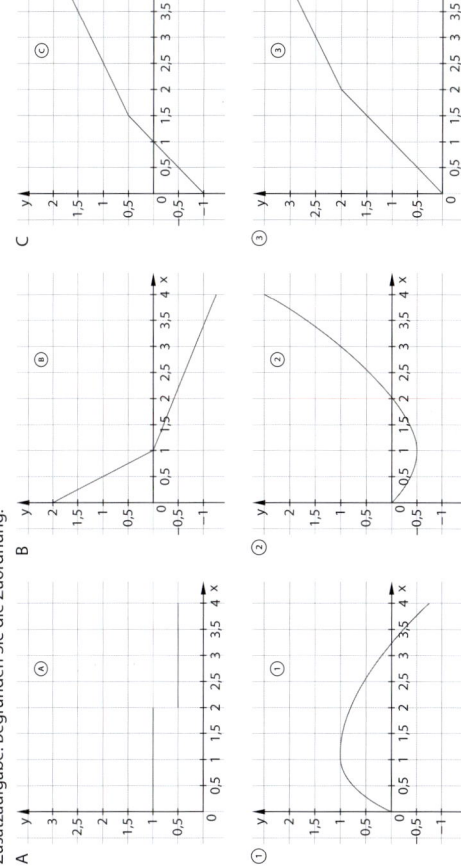

A gehört zu **3**. Die Änderungsrate ist ab der Stelle 2 kleiner als vorher, also wächst der Bestand langsamer.

B gehört zu **1**. Die Änderungsrate ist ab der Stelle 1 negativ, der Bestand wird also kleiner.

C gehört zu **2**. Die Änderungsrate ist anfangs negativ und der Bestand somit defizitär.

Weiterführende Aufgaben

4 In der Abbildung ist der Graph der Funktion f mit f(x) = sin(x) dargestellt. Gesucht ist eine Abschätzung für den Inhalt der Fläche, die der Graph von f über dem Intervall [0; π] mit der x-Achse einschließt.

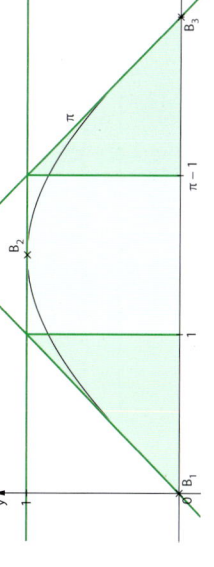

a) Bestimmen Sie die Gleichungen der Tangenten an den Graphen von f in den Punkten $B_1(0|0)$, $B_2(\frac{\pi}{2}|1)$ und $B_3(\pi|0)$.

$f'(x) =$ **cos(x)**

$t_1(x) =$ **x**

$t_2(x) =$ **1**

$t_3(x) =$ **π − x**

b) Zeichnen Sie die Tangenten in die Abbildung ein und geben Sie die gesuchte Abschätzung an (in Flächeneinheiten).

Man erhält zwei Dreiecke und ein Rechteck: $A = \frac{1}{2} \cdot 1 \cdot 1 + (\pi - 2) \cdot 1 + \frac{1}{2} \cdot 1 \cdot 1 = \pi - 1$, $A \approx 2{,}14$

oder ein Trapez: $A = \frac{1}{2} \cdot (\pi + \pi - 2) \cdot 1 = \pi - 1$, $A \approx 2{,}14$

Zusatzaufgabe: Bestimmen Sie analog einen Näherungswert für den Flächeninhalt, den der Graph zu f(x) = −x² + 2x mit der x-Achse einschließt. Nutzen Sie dabei auch die Tangenten in den Punkten $(\frac{1}{2}|f(\frac{1}{2}))$ und $(\frac{3}{2}|f(\frac{3}{2}))$.

$f(\frac{1}{2}) = f(\frac{3}{2}) = \frac{3}{4}$; $A \approx \frac{11}{8} = 1{,}375$

Basisaufgaben

1 Das Diagramm zeigt den Zu- bzw. Abfluss aus einem Wasserbecken.
Vervollständigen Sie korrekt.

Die Beobachtung erfolgt über **60** Minuten. Zu Beginn gibt es

einen Zufluss von **20** Kubikmeter pro **Minute**.

Dieser ist 15 Minuten lang **konstant**.

Nach 15 Minuten sind **300** Kubikmeter Wasser **mehr**

im Becken als zu Beginn. Danach fließen **15** Minuten lang

10 Kubikmeter Wasser pro Minute **ab**, das sind in dieser Zeit insgesamt **150** Kubikmeter.

Nach 30 Minuten befinden sich im Becken insgesamt **150** Kubikmeter Wasser **mehr als** zu Beginn.

2 Die Diagramme zeigen jeweils den Wasserzu- bzw. -abfluss in einem Wasserbecken im Verlauf einer Stunde.
Hilfe:
Die Zu- und Abnahme eines Bestandes F in einem Zeitintervall entspricht der Flächenbilanz zwischen dem Graphen der Änderungsrate f und der x-Achse.

a) Markieren Sie die Flächen, deren Inhalte ein Maß für das zu- oder abgeflossene Wasservolumen sind.

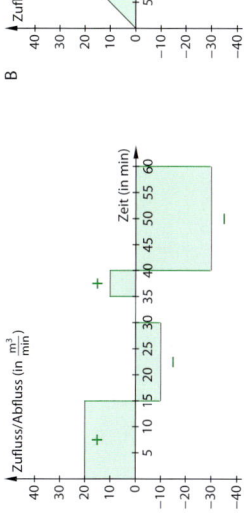

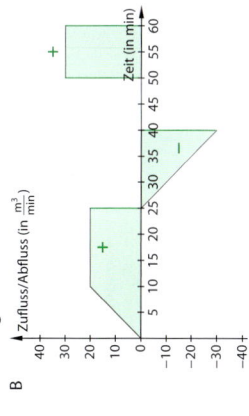

b) Ergänzen Sie in der Tabelle für die angegebenen Zeiten (in min) die Bilanz des Wasserzu- und -abflusses in m³.

Zeit	10	20	30	40	50	60
Bilanz (A)	200	250	150	200	-100	-400
Bilanz (B)	100	300	375	175	175	475

c) Geben Sie jeweils begründet an, wie viel Wasser zu Beginn mindestens in dem Becken gewesen sein muss und welches Fassungsvermögen das Wasserbecken mindestens haben muss.

In Becken A müssen zu Beginn mindestens **400** m³ gewesen sein, denn **kleinster Bilanzwert: − 400.**

Das Fassungsvermögen muss mindestens **700** m³ betragen, denn **am Anfang fließen 300 Liter zu.**

In Becken B müssen zu Beginn mindestens **0** m³ gewesen sein: **Es gibt keine negativen Bilanzwerte.**

Das Fassungsvermögen muss mindestens **475** m³ betragen, da **dies der maximale Bilanzwert ist.**

Vervollständigen Sie: „Es gibt einen Zeitpunkt, zu dem sich genauso viel Wasser im Becken befindet wie zu Beginn."
Diese Aussage ist für Becken A [x] wahr bzw. ☐ falsch und für Becken B ☐ wahr bzw. [x] falsch.

Zusatzaufgabe: Geben Sie diesen Zeitpunkt ggf. an.
Nach 46 Minuten 40 Sekunden, denn ab der 40. Minute fließt in dem linken Becken ein halber Kubikmeter pro Sekunde ab, also ist nach 400 Sekunden die Bilanz 0.

Das bestimmte Integral

Basisaufgaben

1 a) Vervollständigen Sie die Wertetabelle für $f(x) = 4 - \frac{1}{4}x^2$ im Intervall $[0; 4]$.

x	0	$\frac{1}{2}$	1	$\frac{3}{2}$	2	$\frac{5}{2}$	3	$\frac{7}{2}$	4
f(x)	4	$\frac{63}{16}$	$\frac{15}{4}$	$\frac{55}{16}$	3	$\frac{39}{16}$	$\frac{7}{4}$	$\frac{15}{16}$	0

b) Ergänzen Sie die Rechnungen für Ober- und Untersummen.

$O_4 = 1 \cdot 4 + 1 \cdot \frac{15}{4} + \boxed{1 \cdot 3} + \boxed{1 \cdot \frac{7}{4}} = \frac{\boxed{25}}{2}$

$U_4 = 1 \cdot \left(\boxed{\frac{15}{4}} + \boxed{3} + \frac{7}{4} + \boxed{0} \right) = \frac{17}{2}$

$O_8 = \frac{1}{2} \cdot \left(\boxed{4} + \frac{63}{16} + \frac{15}{4} + \frac{55}{16} + 3 + \frac{39}{16} + \frac{7}{4} + \frac{15}{16} \right) = \frac{93}{8}$

$U_8 = \frac{1}{2} \cdot \left(\boxed{\frac{63}{16}} + \frac{15}{4} + \frac{55}{16} + 3 + \frac{39}{16} + \frac{7}{4} + \frac{15}{16} + \boxed{0} \right) = \frac{77}{8}$

c) Kreuzen Sie wahre Aussagen an.

☐ $O_8 < U_8$ ☐ $O_8 \geq O_4$ ☒ $O_8 \geq O_{16}$ ☒ $U_4 \leq U_8$

Alle Untersummen sind kleiner als alle Obersummen. Obersummen werden mit größerem n immer kleiner, Untersummen immer größer.

Zusatzaufgabe: Erläutern Sie, dass man auch so rechnen kann: $U_8 = O_8 - \frac{1}{2} \cdot 4 + \frac{1}{2} \cdot 0$

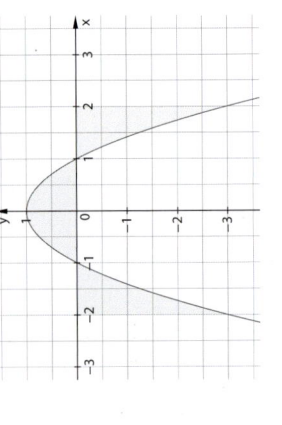

2 f sei eine Funktion über einem Intervall $[a; b]$. Kreuzen Sie alle wahren Aussagen an.

a)	Der Grenzwert der Ober- und Untersummen von f über $[a; b]$ ist das bestimmte Integral.	☒
b)	Wenn Ober- und Untersummen von f über $[a; b]$ sich einem gemeinsamen Grenzwert annähern, dann wird die Differenz zwischen der jeweiligen Ober- und Untersumme immer kleiner.	☒
c)	Das bestimmte Integral gibt die Flächenbilanz zwischen dem Graphen der Funktion und der x-Achse auf dem Intervall $[a; b]$ an.	☒
d)	Das bestimmte Integral ist der Grenzwert der Differenz zwischen Ober- und Untersummen für f über $[a; b]$.	**Dieser Grenzwert ist 0.**
e)	Wenn der Graph von f eine parallele Gerade zur x-Achse ist, kann man das bestimmte Integral nicht bestimmen.	**Doch, den Flächeninhalt des Rechtecks kann man bestimmen: $f(x) \cdot (b - a)$**

3 Ordnen Sie der Beschreibung eine passende Funktionsgleichung zu.

E: Das Integral ist positiv.

F: Das Integral ist negativ.

G: Das Integral hat den Wert 0.

A: $f(x) = -x^2$ über $[1; 4]$

B: $f(x) = x^2$ über $[-4; -1]$

C: $f(x) = x^3$ über $[-1; 1]$

4 Wählen Sie alle wahren Aussagen.

☒ $\int_0^2 x dx < \int_0^3 x dx$ ☐ $\int_0^2 (4 - x^2) dx < \int_0^3 (4 - x^2) dx$ ☒ $\int_0^3 -x dx > \int_0^4 -x dx$

5 Integral als Flächenbilanz: In der Abbildung ist der Graph der Funktion f dargestellt.

Es gilt: $\int_0^1 f(x) dx = \frac{2}{3}$ und $\int_1^2 f(x) dx = -\frac{4}{3}$.

Hilfe: $\int_q^a f(x) dx$: Flächenbilanz zwischen dem Graphen von f und der x-Achse im Intervall $[a; q]$.

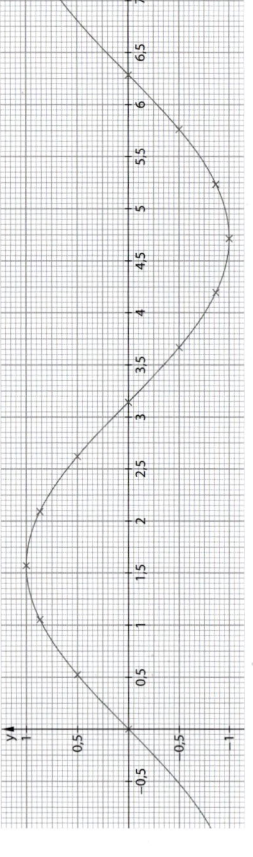

Kreuzen Sie alle wahren Aussagen an. Begründen Sie kurz.

☒ $\int_{-2}^{-1} f(x) dx = \int_1^2 f(x) dx$ **Symmetrie zur y-Achse**

☒ $\int_{-2}^0 f(x) dx = -\frac{2}{3}$ $-\frac{4}{3} + \frac{2}{3} = -\frac{2}{3}$

☒ $\int_{-2}^2 f(x) dx = 0$ $\frac{2}{3} + \frac{2}{3} - \frac{4}{3} = 0$

☐ $\int_{-1}^0 f(x) dx = -\frac{2}{3}$ **Falsches Vorzeichen: Fläche oberhalb der x-Achse**

☐ $\int_{-2}^2 f(x) dx = 4$ **Falsch, Integral ist Flächenbilanz:** $\int_{-2}^2 f(x) dx = 2\left(-\frac{4}{3}\right) + 2\left(\frac{2}{3}\right) = -\frac{4}{3}$

☐ $\int_{-2}^0 f(x) dx = -\int_0^1 f(x) dx$ **Falsches Vorzeichen: beide Flächen oberhalb der x-Achse/Achsensymmetrie**

☒ $\int_{-2}^1 f(x) dx = 0$ $-\frac{4}{3} + \frac{2}{3} + \frac{2}{3} = 0$

Weiterführende Aufgaben

6 a) Ergänzen Sie die Tabelle.

b	0	$\frac{1}{2}\pi$	π	$\frac{2}{3}\pi$	2π
$\int_0^b \sin(x) dx$	0	1	2	1	0

b) $\int_0^\pi f(x) dx = -\int_\pi^b f(x) dx$ mit $b = \underline{2\pi}$

Basisaufgaben

1 Stammfunktion:
Ordnen Sie jeder Funktion eine Stammfunktion zu: Notieren Sie den entsprechenden Großbuchstaben.

Hilfe: Eine Funktion F heißt **Stammfunktion** zu f, wenn für jede Stelle x gilt: $F'(x) = f(x)$.

$a(x) = x$ $b(x) = 3x + 2$ $c(x) = 3$ $d(x) = 3x$ $e(x) = 0$ $f(x) = 2x - 3$ $g(x) = 2x$

$A\ (x) = \frac{1}{2}x^2 + 2$ $B\ (x) = \frac{3}{2}x^2 + 2x$ $D(x) = \frac{3}{2}x^2 + 2$

$C\ (x) = 3x + 2$ $F\ (x) = x^2 - 3x + 2$ $E\ (x) = 3$

$G\ (x) = x^2 + 3$

2 Gesamtheit aller Stammfunktionen:
Kreuzen Sie alle Stammfunktionen der Funktion $f(x) = 5x + 4$ an.
Hilfe: Alle Stammfunktionen einer Funktion f unterscheiden sich nur durch eine Konstante.

☐ $F(x) = \frac{5}{2}x + 4$
☒ $F(x) = \frac{5}{2}x^2 + 4x + 3$
☐ $F(x) = 5x^2 + 4x$
☐ $F(x) = \frac{5}{4}x^2 + 4x - 2$
☒ $F(x) = \frac{5}{2}x^2 + 4x - 3$
☒ $F(x) = \frac{5}{2}x^2 + 4x - \frac{7}{4}$

3 Stammfunktionen grafisch bestimmen:
Ordnen Sie jedem Funktionsgraphen den Graphen einer Stammfunktion zu.

① D ② B ③ C ④ A

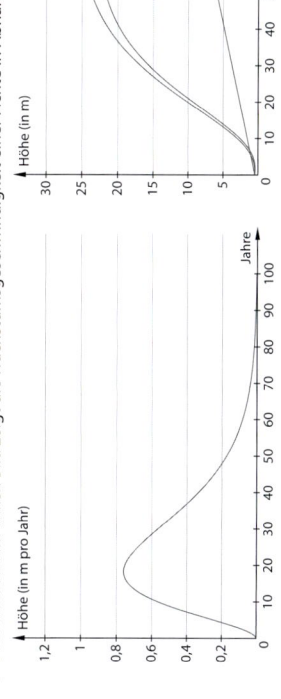
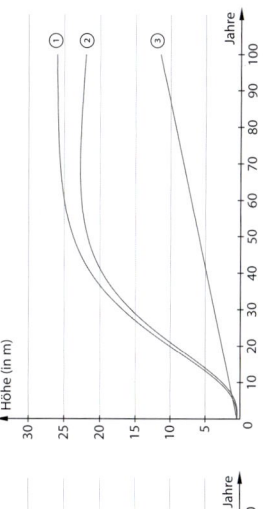

4 Potenzregel: Vervollständigen Sie.
Hilfe: ... eine Stammfunktion ...

$f(x) = x_r$, $F(0) = 5$, $F(x) = \frac{1}{2}x^2 + 5$
$g(x) = 3x^2$, $G(1) = 5$, $G(x) = x^3 + 4$
$h(x) = x^7$, $H(-1) = \frac{1}{4}$, $H(x) = \frac{1}{8}x^8 + \frac{1}{8}$

Zur Funktion f mit $f(x) = x^r$ und $r \in \mathbb{R}$, $r \neq -1$ ist F mit $F(x) = \frac{1}{r+1}x^{r+1}$ eine Stammfunktion.

5 Lineare Kettenregel:
Kreuzen Sie an, welche Funktion F eine Stammfunktion zu $f(x) = (6x + 11)^5$ ist.

☐ $F(x) = \frac{6}{6}(6x + 11)^6$
☒ $F(x) = \frac{1}{36}(6x + 11)^6$
☐ $F(x) = \frac{5}{6}(6x + 11)^6$

6
$f(x) = 5x^3 + 4x - 1$. Kreuzen Sie alle Regeln an, die man zur Bestimmung der Stammfunktion verwenden muss.

☐ Produktregel ☒ Faktorregel ☒ Summenregel ☒ Potenzregel ☐ lineare Kettenregel

---

7 Kreuzen Sie alle wahren Aussagen an. Begründen Sie kurz.

a) Zu $f(x) = 5x + 5x^2$ ist $F(x) = 5\left(\frac{1}{2}x^2 + \frac{1}{3}x^3\right)$ die Stammfunktion.		Nein, das ist nur eine Stammfunktion von f.
b) Zu $f(x) = 8x^3$ ist $F(x) = 32x^4$ keine Stammfunktion.	☒	$F'(x) = 4 \cdot 32x^{4-1} = 128x^3$, aber für $G(x) = 2x^4$ gilt $G'(x) = 4 \cdot 2x^{4-1} + c = 8x^3 + c$
c) Zu $f(x) = 8x^3$ ist $F(x) = 2x^4$ eine Stammfunktion.	☒	$F'(x) = 2 \cdot 4x^3 = 8x^3$
d) Zu $f(x) = 2x \cdot 7x$ kann man nur mithilfe der Faktorregel eine Stammfunktion bestimmen.		Nein, man benötigt auch die Potenzregel bei $f(x) = 14x^2$
e) Zu $f(x) = \frac{1}{x^3}$ kann man nur mithilfe der Potenzregel eine Stammfunktion bestimmen.	☒	$f(x) = \frac{1}{x^3} = x^{-3}$, $F(x) = -\frac{1}{2}x^{-2} + c$

8
F und G seien die Stammfunktionen von f und g. Kreuzen Sie alle wahren Aussagen an.
Geben Sie sonst als Gegenbeispiel Funktionsgleichungen von f und g an.

☒ F + G ist Stammfunktion zu f + g   (gilt wegen Summenregel)
☐ F · G ist Stammfunktion zu f · g   Gegenbeispiel: $f(x) = g(x) = 1$ (gilt wegen Potenzregel)
☒ $F(x) + x + 4$ ist Stammfunktion zu $f(x) + 1$ (gilt wegen Summenregel)
☒ $2 \cdot F - 3 \cdot G$ ist Stammfunktion zu $2 \cdot f - 3 \cdot g$
☐ $x^2 \cdot G(x)$ ist Stammfunktion zu $x \cdot g(x)$ Gegenbeispiel: $g(x) = x$

Weiterführende Aufgaben

9
Die Funktion f im linken Bild zeigt die Wachstumsgeschwindigkeit einer Fichte in Abhängigkeit von der Zeit.

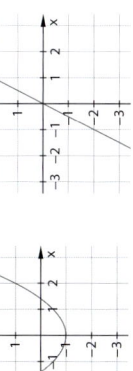
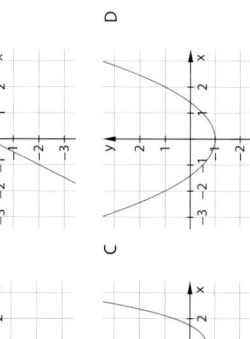
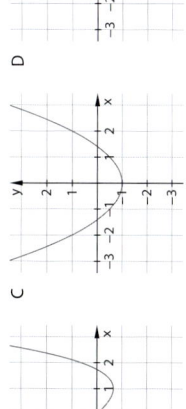

a) Begründen Sie, dass die Funktion der Fichtenhöhe eine Stammfunktion von f ist.
Die Wachstumsgeschwindigkeit ist die ☒ Änderungsrate der Höhe der Fichte / ☐ Höhe der Fichte.

b) Geben Sie an, welche Graphen die Fichtenhöhe beschreiben können: ☒ 1 / ☐ 2 / ☐ 3

Zusatzaufgabe: Begründen Sie das.

a) Die Stammfunktion der Wachstumsgeschwindigkeit der Fichte, also der Änderung ihrer Höhe, beschreibt die Höhe der Fichte (Fläche unter der Kurve).

b) 2 kommt nicht in Frage, da f keine negativen Werte annimmt.

3 kommt nicht in Frage, da das stärkste Wachstum nicht zwischen dem 15. und 20. Jahr stattfindet.

2 | Hauptsatz der Integral- und Differentialrechnung und Flächenberechnungen

Basisaufgaben

1 Vervollständigen Sie die Tabelle.

f(x)	F(x) (c=0)	a	b	F(b) − F(a)
1	x + 1	3	5	$6 - 4 = 2$
x	$\frac{1}{2}x^2$	4	6	$18 - 8 = 10$
$\frac{1}{2}x^3$	$\frac{1}{8}x^4$	1	2	$2 - \frac{1}{8} = \frac{15}{8}$
x^5	$\frac{1}{6}x^6$	0	2	$\frac{32}{3}$

2 Hauptsatz der Differential- und Integralrechnung: Ordnen Sie Funktion und Intervall den Inhalt der Fläche zwischen Funktionsgraph und x-Achse (in Flächeneinheiten) zu.

Hilfe: $\int_a^b f(x)dx = [F(x)]_a^b = F(b) - F(a)$ gilt, so gibt ... Ist F eine beliebige Stammfunktion einer Funktion f, so gilt ...

$f(x) = x;$ [0;4] **B**　　$g(x) = 3x + 2;$ [0;2] **C**　　$h(x) = 3;$ [-3;5] **D**

$i(x) = 0;$ [-2;2] **E**　　$j(x) = 2x - 3;$ [0;1] **A**　　$k(x) = 2x;$ [-1;1] **E**

A: -2　　B: 8　　C: 10　　D: 24　　E: 0　　F: 4c

3 Eingeschlossene Fläche zwischen Graph und x-Achse:
Gegeben ist die Funktion f mit $f(x) = 12 \cdot (x^2 - 1) \cdot (x - 2)$.
Die Abbildung zeigt den Graphen von f.
Es soll der Inhalt der Fläche bestimmt werden, die der Graph von f mit der x-Achse einschließt.

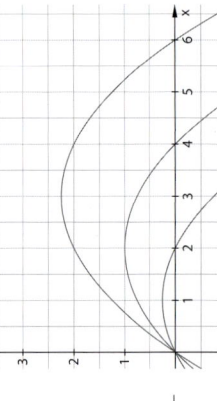

a) Lesen Sie die Nullstellen von f ab und erläutern Sie, wie man diese Nullstellen auch rechnerisch herleiten kann.

Funktionsterm mit der 3. binomischen Formel

faktorisieren: $f(x) = 12 \cdot (x + 1) \cdot (x - 1) \cdot (x - 2)$,

dann kann man die Nullstellen -1, 1, 2 direkt ablesen.

b) Multiplizieren Sie den Funktionsterm von f aus.
$f(x) = 12 \cdot (x^3 - 2x^2 - x + 2) = 12x^3 - 24x^2 - 12x + 24$

Geben Sie eine Stammfunktion von f an.
$F(x) = 3x^4 - 8x^3 - 6x^2 + 24x$

Zusatzaufgabe: Schätzen Sie den gesuchten Inhalt des Flächenstücks – beachten Sie die unterschiedlichen Einheiten auf den Koordinatenachsen.
Individuelle Lösung, zwischen 30 und 40 FE

c) Berechnen Sie die Integrale zwischen benachbarten Nullstellen.

$\int_{-1}^{1} f(x)dx = [F(x)]_{-1}^{1} = 3 - 8 - 6 + 24 - (3 + 8 - 6 - 24) = 32$

$\int_{1}^{2} f(x)dx = [F(x)]_{1}^{2} = 48 - 64 - 24 + 48 - (3 - 8 - 6 + 24) = -5$

d) Geben Sie den gesuchten Flächeninhalt A an.
$A = 32 + |-5| = 32 + 5 = 37$

---

4 Fläche zwischen Graph und x-Achse über einem gegebenen Intervall: Die Funktion f mit $f(x) = x^2 - x$ schließt mit der x-Achse über dem Intervall [-1;3] ein (mehrteiliges) Flächenstück ein, dessen Flächeninhalt bestimmt werden soll.

a) Geben Sie alle Nullstellen innerhalb des Intervalls an.
$x_1 = 0$ und $x_2 = 1$

b) Berechnen Sie die Integrale über den drei Teilintervallen.

$\int_{-1}^{0} f(x)dx = \left[\frac{1}{3}x^3 - \frac{1}{2}x^2\right]_{-1}^{0} = 0 - \left[-\frac{1}{3} - \frac{1}{2}\right] = \frac{5}{6}$

$\int_{0}^{1} f(x)dx = \left[\frac{1}{3}x^3 - \frac{1}{2}x^2\right]_{0}^{1} = \left(\frac{1}{3} - \frac{1}{2}\right) - 0 = -\frac{1}{6}$

$\int_{1}^{3} f(x)dx = \left[\frac{1}{3}x^3 - \frac{1}{2}x^2\right]_{1}^{3} = 9 - \frac{9}{2} - \left[\frac{1}{3} - \frac{1}{2}\right] = \frac{14}{3}$

c) Geben Sie den gesuchten Flächeninhalt A an.
$A = \frac{5}{6} + \left|-\frac{1}{6}\right| + \frac{14}{3} = \frac{17}{3}$

5 Von zwei Funktionsgraphen eingeschlossene Fläche:
Die Abbildung zeigt die Graphen der Funktionen f und g mit $f(x) = -x^3 + x^2 + x + 2$ und $g(x) = -x^2 + x + 2$.
Lösen Sie diese Aufgabe einfach in zwei Schritten.

a) Lesen Sie die Schnittstellen der Graphen ab.
Zeigen Sie rechnerisch, dass es keine weiteren Schnittstellen außerhalb des abgebildeten Bereichs gibt.

$x_1 = 0$ und $x_2 = 2$

Durch Gleichsetzen erhält man:
$-x^3 + x^2 + x + 2 = -x^2 + x + 2 \Leftrightarrow x^3 - 2x^2 = 0 \Leftrightarrow x^2 \cdot (x - 2) = 0$

b) Berechnen Sie den Inhalt des von den Graphen eingeschlossenen Flächenstücks.

$\int_{0}^{2} f(x) - g(x)dx = \left[-\frac{1}{4}x^4 + \frac{2}{3}x^3\right]_{0}^{2} = -4 + \frac{16}{3} = \frac{4}{3}$

Weiterführende Aufgaben

6 Für a > 0 ist die Funktion f_a gegeben durch
$f_a(x) = -\frac{1}{4}x^2 + \frac{1}{2}a \cdot x$.
In der Abbildung sind für einige Werte von a die Graphen von f_a dargestellt.

a) Zeigen Sie, dass der Graph von f_a mit der x-Achse ein Flächenstück mit dem Flächeninhalt $\frac{1}{3}a^3$ einschließt.

$f_a(x) = -\frac{1}{4}x \cdot (x - 2a)$, f_a hat die Nullstellen 0 und 2a,

$\int_{0}^{2a} f_a(x)dx = \left[-\frac{1}{12}x^3 + \frac{1}{4}ax^2\right]_{0}^{2a} = -\frac{2}{3}a^3 + a^3 = \frac{1}{3}a^3$

b) Bestimmen Sie a so, dass der Graph von f_a mit der x-Achse ein Flächenstück mit dem Inhalt 9 FE einschließt.
Nach Teilaufgabe a) muss gelten: $\frac{1}{3}a^3 = 9 \Leftrightarrow a = 3$, Nullstellen: 0 und 6

6 Kreuzen Sie alle korrekten Berechnungen des Inhalts der Fläche, die von den beiden Funktionsgraphen eingeschlossen wird, an.

☒ $f(x) = x^2$, $g(x) = 4$, $d(x) = f(x) - g(x) = x^2 - 4 = (x + 2)|(x - 2)$, Intervall $[-2; 2]$, $D(x) = -4x + \frac{1}{3}x^3$,
$A = D(2) - D(-2) = |\frac{16}{3}| - |\frac{16}{3}| = \frac{32}{3}$ [FE]

☐ $f(x) = -x^2 + 1$, $g(x) = -3$, $d(x) = -3 + x^2 - 1 = x^2 - 4 = (x + 2)|(x - 2)$, Intervall $[-3; 3]$, $D(x) = \frac{1}{3}x^3 - 4 \cdot x$,
$A = D(3) - D(-3) = |\frac{1}{3}3^3 - 4 \cdot 3| - |\frac{1}{3}(-3)^3 - 4 \cdot (-3)| = |9 - 12| - |-9 + 12| = 0$ [FE]

☒ $f(x) = x^2 + x + 14$; $g(x) = x + 9$; $d(x) = -x^2 + 9$; Intervall $[-3; 3]$; $D(x) = -\frac{1}{3}x^3 + 9x$; $A = D(3) - D(-3) = 18 - (-18) = 36$

7 Berechnen Sie den Inhalt der Fläche zwischen den beiden Funktionsgraphen im Intervall $I = [-2; 4]$.

a) $f(x) = \frac{1}{4}x^3 + 2$, $g(x) = x + 2$,
$d(x) = \frac{1}{4}x^3 - x = \frac{1}{4} \cdot x \cdot (x^2 - 4) = \frac{1}{4} \cdot x \cdot (x + 2)|(x - 2)$ ____, Integrationsgrenzen: **-2; 0; 2;** ____,
$D(x) = \frac{1}{16}x^4 - \frac{1}{2}x^2$, $D(0) = 0$, $D(2) = D(-2) = 1 - 2 = -1$, $D(4) = 8$,
$A = $ **9 [FE]**

b) $f(x) = \frac{1}{4}x^3 - 2$, $g(x) = x - 2$, $I = [-2; 4]$, $A = $ **9 [FE]: Beide Graphen um 4 Einheiten nach unten verschoben**

8 Die Graphen der Funktionen f mit $f(x) = -\frac{2}{3}x^3 + 2x^2$
und g mit $g(x) = -\frac{2}{3}x^3 - x^2 - 3x + 60$
schließen ein Flächenstück ein, zur Veranschaulichung ist dieses in der Abbildung dargestellt.

a) Bestätigen Sie rechnerisch, dass das zu berechnende Flächenstück über dem Intervall $[-5; 4]$ begrenzt wird.

$f(x) = g(x)$
$-\frac{2}{3}x^3 + 2x^2 = -\frac{2}{3}x^3 - x^2 - 3x + 60$
$3x^2 + 3x - 60 = 0$
$x^2 + x - 20 = 0$
$(x + 5) \cdot (x - 4) = 0$
$x = -5, x = 4$

b) Berechnen Sie den Flächeninhalt des eingeschlossenen Flächenstücks.
Differenzfunktion: $d(x) = $ **$g(x) - f(x) = -3x^2 - 3x + 60$**
Stammfunktion: $D(x) = $ **$-x^3 - \frac{3}{2}x^2 + 60x$**
Flächeninhalt: $A = $ **$[D(x)]\big|_{-5}^{4} = -64 - 24 + 240 - (125 - 37,5 - 300) = 364,5$**

9 Bestimmen Sie den Wert des Parameters k so, dass die Gleichung erfüllt ist:
$$\int_{-k}^{k} (3x^2 + 2x)\, dx = 54$$
$$\int_{-k}^{k} (3x^2 + 2x)\, dx = [x^3 + x^2]_{-k}^{k} = [k^3 + k^2] - [-k^3 + k^2] = 2k^3$$
$2k^3 = 54 \Leftrightarrow k^3 = 27$
$\Leftrightarrow k = 3$

---

1 Die Abbildung zeigt die Änderungsrate einer Stauentwicklung in Abhängigkeit von der Zeit. Ergänzen Sie die Bezeichnungen
a, b, c auf der Zeitachse und Begründungen.

a) Der Stau erreicht seine größte Länge zum Zeitpunkt
☐ a / ☒ b / ☐ c, weil **bis zu diesem Zeitpunkt positive**
Änderungsraten, also Zuwachs des Staus vorliegt.

b) Der Stau nimmt zum Zeitpunkt ☒ a / ☐ b / ☐ c,
am stärksten zu, weil
die Änderungsrate zu diesem Zeitpunkt maximal ist.

Zusatzaufgabe: Vervollständigen Sie: Die Funktion ist zur Modellierung des Staus geeignet, weil
die Bilanz des Staus in dem betrachteten Bereich positiv ist – es gibt keine negativen Staulängen.

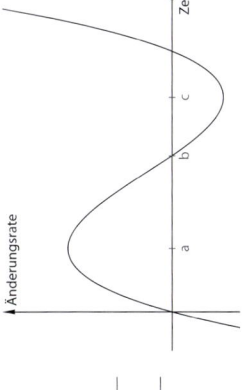

2 Kreuzen Sie alle wahren Aussagen an. Zusatzaufgabe: Korrigieren Sie falsche Aussagen.

☒ Für $f(x) = x^2$ im Intervall $[0; 1]$ gilt: $O_2 = \frac{1}{2}|\frac{1}{4} + 1|$.

☒ Für $f(x) = x^2$ im Intervall $[0; 1]$ gilt: $O_2 = \frac{1}{2}(f(\frac{1}{2}) + f(1))$.

☐ Für $f(x) = x^2$ im Intervall$[0; 1]$ gilt: $U_2 = \frac{1}{2}(f(\frac{1}{2}) + f(1))$.

☐ Für $f(x) = x^2$ im Intervall $[-1; 0]$ gilt: $U_2 = \frac{1}{2}(f(-\frac{1}{2}) + f(-1))$.

☐ Jede Untersumme ist größer als jede Obersumme.

☒ Eine Untersumme mit mehr Zwischenwerten ist größer als die Untersumme mit weniger Zwischenwerten, wenn man jeweils den Betrag betrachtet.

Untersummen kleiner als Obersummen

3 Ordnen Sie den Funktionen mindestens eine Stammfunktion zu. Ergänzen Sie bei Bedarf eine Stammfunktion.

$f(x) = 7x^8$	**A**
$f(x) = x \cdot 5x^4$	**C**
$f(x) = \frac{1}{\sqrt{x}} + 1$	**B**
$f(x) = \frac{1}{\sqrt{x^2}} + x^4 \quad -\frac{2}{\sqrt{x}} + \frac{1}{5}x^5$	

A: $F(x) = 5 + \frac{7}{9}x^9$
B: $F(x) = 2\sqrt{x} + x + \frac{7}{8}$
C: $F(x) = \frac{5}{6}x^6 + \frac{7}{9}$

4 Vervollständigen Sie die Tabelle.

Funktion	Intervall	Nullstellen im Intervall	Flächeninhalt gleich Integral?	Begründung
$f(x) = x$	$[-1;1]$	$x = 0$	nein	Fläche teils unterhalb, teils oberhalb der x-Achse
$f(x) = 3x^2$	$[-1;1]$	$x = 0$	ja	Graph berührt x-Achse, schneidet nicht
$f(x) = -x^2 + 1$	$[-1;1]$	$x = -1, x = 1$	ja	Nullstellen am Rand des Intervalls
$f(x) = -x^2 + 1$	$[-2;2]$	$x = -1, x = 1$	nein	Fläche teils unterhalb, teils oberhalb der x-Achse

5 Berechnen Sie den Flächeninhalt zwischen dem Graphen der Funktion und der x-Achse im angegeben Intervall.
$f(x) = 2x + 3$, $[-5; 5]$
Integrationsgrenzen (Intervallgrenzen und ggf. Nullstellen): **-5; -1,5; 5**
Stammfunktion mit $c = 0$: $F(x) = $ **$x^2 + 3x$**
Einsetzen der Integrationsgrenzen in F: $F(-5) = $ **10**; $F(-1,5) = $ **-1,5**; $F(5) = $ **40**
$A = $ **$|-12,25| + |42,25| = 54,5$; $A = 54,5$ FE**

Exponentialfunktionen – Eulersche Zahl e

Basisaufgaben

1 Ableitung beliebiger Exponentialfunktionen:
In der Abbildung sind die Graphen der Funktionen f, g, h und i dargestellt, die Graphen ihrer Ableitungsfunktionen farblich passend, aber gestrichelt.

Den Funktionsgleichungen sind folgende Graphen zugeordnet:

$f(x) = 4^x$ **C** $g(x) = 3^x$ **B** $h(x) = 2^x$ **A** $i(x) = 1,5^x$ **D**

Vervollständigen Sie:

Für b = **1,5** und b = **2** gilt $f'(x) < f(x)$.

Für b = **4** und b = **3** gilt $f'(x) > f(x)$.

„Der Graph der Ableitungsfunktion und der Graph der Funktion sind gleich.". Das gilt fast für
b = **3** und genau für b = **e** ≈ **2,71**.

Je größer x ist, desto **größer** ist die Steigung $f'(x)$.

Zusatzaufgabe: Überprüfen Sie die letzte Aussage für $j(x) = 0,5^x$ und ergänzen Sie die Graphen von $k(x) = 1^x$ und $j(x) = 0,5^x$.

2 Ableitung einer Exponentialfunktion als Vielfaches der Funktion:
Wählen Sie die Ableitung.

a) $f(x) = 4^x$ ☐ $f'(x) = 4^x$ ☒ $f'(x) = f'(0) \cdot 4^x$

b) $f(x) = 1 + 8^x$ ☒ $f'(x) = f'(0) \cdot 8^x$ ☐ $f'(x) = f'(x) \cdot 8^x$

c) $f(x) = 2^x - 2$ ☒ $f'(x) = f'(0) \cdot 2^x$ ☐ $f'(x) = f(2) \cdot 2^x$

d) $f(x) = 0,5 \cdot 3^x + x^3$ ☐ $f'(x) = 0,5 \cdot f'(3) \cdot 3^x + 3x$ ☒ $f'(x) = 0,5 \cdot f'(0) \cdot 3^x + 3x^2$

3 Ableitung und Stammfunktion von $f(x) = e^{ax+b}$: Kreuzen Sie an, was korrekt ist. Zusatzaufgabe: Korrigieren Sie ggf.

f(x)	f'(x)	Korrekt?	f''(x)	Korrekt?	F(x)	Korrekt?
e^{3x-2}	e^{3x-2}	$3 \cdot e^{3x-2}$	e^{3x-2}	$9 \cdot e^{3x-2}$	$\frac{1}{3} \cdot e^{3x-2} - 2$	x (mit c = -2)
$e^{\frac{x}{2}+3}$	$2 \cdot e^{\frac{x}{2}+3}$	$\frac{1}{2} \cdot e^{\frac{x}{2}+3}$	$4 \cdot e^{\frac{x}{2}+3}$	$\frac{1}{4} \cdot e^{\frac{x}{2}+3}$	$2 \cdot e^{\frac{x}{2}+3}$	x
e^{-10x+7}	$10 \cdot e^{-10x+7}$	$-10 \cdot e^{-10x+7}$	$100 \cdot e^{-10x+7}$	x	$0,1 \cdot e^{-10x+7}$	$-0,1 \cdot e^{-10x+7}$
e^{x-5}	$(-5) \cdot e^{x-5}$	e^{x-5}	$+25 \cdot e^{x-5}$	e^{x-5}	e^{x-5}	x
$e^{-0,2x+7}$	$-0,2 \cdot e^{-0,2x+7}$	x	$0,04 \cdot e^{-0,2x+7}$	x	$-5 \cdot e^{-0,2x+7}$	x

4 In der Tabelle sind drei verschiedene Wachstumsvorgänge aufgezeichnet. Geben Sie Funktionsgleichungen für f, g und h an. Begründen Sie, bei welcher Funktion exponentielles Wachstum vorliegt.

x	0	1	2	3	4	5	6	7	8
f(x)	0	1	4	9	16	25	36	49	64
g(x)	0,25	0,5	1	2	4	8	16	32	64
h(x)	0	8	16	24	32	40	48	56	64

$f(x) = x^2$, $h(x) = 8x$, $g(x) = e^{x-1}$, g exponentielles Wachstum (h lineares Wachstum, f quadratisches Wachstum)

Für $f(x) = b^x$ gilt:
$f'(x) = f'(0) \cdot b^x$
$(b \in \mathbb{R},\ b > 0)$
Für $f(x) = e^x$ gilt:
$f'(x) = f(x)$
$F(x) = f(x) + c$

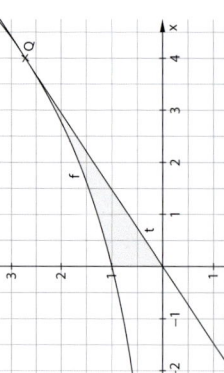

5 Der Graph der Funktion f mit $f(x) = e^{0,6x+2}$ ist rot dargestellt.
Vervollständigen Sie:
Der Graph der Ableitungsfunktion f' ist
☒ A   ☐ B   ☐ C   ☐ D

Zusatzaufgabe: Begründen Sie Ihre Wahl.
individuell, beispielsweise: **Es gilt $f'(x) = 0,6\, e^{0,6x+2}$,** **der Graph muss wegen des Faktors 0,6 unterhalb des Funktionsgraphen verlaufen und weniger steil sein.**
Bei C und D ist der Anstieg zu steil. B, C und D verlaufen oberhalb des Funktionsgraphen.

Die Funktionsgleichung $g(x) = 0,6 + e^{0,6x+2}$ kann zum Graphen **B** gehören.

6 Ordnen Sie die Kärtchen mit den Funktionsgleichungen den Graphen zu.

$f(x) = e^{0,5x}$ **A** $f(x) = e^{x+2}$ **C**

$f(x) = e^{x-2}$ **B** $f(x) = 2^x$ **D**

Weiterführende Aufgaben

7 Gegeben ist die Funktion f mit $f(x) = e^{\frac{1}{4}x}$, es sollen Tangenten an den Graphen von f untersucht werden.
Geben Sie dazu zunächst die Ableitungsfunktion f' an: $f'(x) = \frac{1}{4} \cdot e^{\frac{1}{4}x}$

a) Gesucht ist die Tangente an den Graphen von f im Punkt $P(8|y_P)$.

$y_P = $ **$f(8) = e^{\frac{1}{4} \cdot 8} = e^2$**

Tangentensteigung: $m_t = $ **$f'(8) = \frac{1}{4} \cdot e^{\frac{1}{4} \cdot 8} = \frac{1}{4} \cdot e^2$**

Tangentengleichung: $t(x) = m_t \cdot (x - x_P) + y_P = \frac{1}{4} \cdot e^2 \cdot (x - 8) + e^2 = \frac{1}{4} \cdot e^2 \cdot x - e^2$

b) Für die Tangente in $Q(4|e)$ ist
$m = $ **$f'(4) = \frac{1}{4} \cdot e$**
und daher
$t(x) = \frac{1}{4} \cdot e \cdot (x - 4) + e = \frac{1}{4} \cdot e \cdot x$

c) Berechnen Sie den Inhalt des schraffierten Flächenstücks.

$\int_0^4 f(x) - t(x)\,dx = \left[4 \cdot e^{\frac{1}{4}x} - \frac{1}{8} \cdot e \cdot x^2\right]_0^4$

$= 4e - 2e - (4 - 0) = 2e - 4$

$A \approx 1,44\,\text{FE}$

7 Lösen Sie die Gleichung.

a) $(e^x - e) \cdot (x^2 - 196) = 0$

$(e^x - e) \cdot (x + 14) \cdot (x - 14) = 0$

$L = \{1; -14; 14\}$

b) $e^x \cdot x^2 + 10 \cdot e^x = e^x \cdot 7x$

$e^x \cdot (x^2 - 7x + 10) = 0$

$e^2 \cdot (x - 2) \cdot (x - 5) = 0$

$L = \{2; 5\}$

c) $(e^{2x} - 9) \cdot (x^3 - 16x) = 0$

$(e^x - 3) \cdot (e^x + 3) \cdot x \cdot (x + 4) \cdot (x - 4) = 0$

$L = \{-4; 0; \ln(3), 4\}$

d) $x \cdot e^{2x} + 2x = 3x \cdot e^x$

$x \cdot (e^{2x} - 3 \cdot e^x + 2) = 0$

$x \cdot (e^x - 2) \cdot (e^x - 1) = 0$

$L = \{0; \ln(2)\}$

8 Ordnen Sie den Gleichungen Lösungen zu – ohne Rechner oder schriftliche Rechnung.

A: $e^{x-1} = e$ B: $x^2 \cdot e^x = 0$ C: $e^{x+1} = x \cdot e^x$ D: $-2e^x = 4$

keine Lösung **D** $x = 2$ **A** $x = 0$ **B** $x = e$ **C**

9 Geben Sie jeweils eine Stammfunktion an:

a) $f(x) = 2 \cdot 3^{0.25x}$

$F(x) = \dfrac{8}{\ln(3)} \cdot 3^{0.25x}$

b) $f(x) = e^x - 7^x$

$F(x) = e^x - \dfrac{1}{\ln(7)} \cdot 7^x$

c) $f(x) = 3x^2 - 4x + 7 - 5^x$

$F(x) = x^3 - 2x^2 + 7x - \dfrac{1}{\ln(5)} \cdot 5^x$

Weiterführende Aufgaben

10 Erläutern Sie die Schritte zur Lösung der Gleichung $2 \cdot e^{2x} - 32 \cdot e^{4x} + 126 \cdot e^x = 0$

$2 \cdot e^x \cdot (e^{6x} - 16 \cdot e^{3x} + 63) = 0$ **optimal ausklammern**

$2 \cdot e^x \cdot ((e^{3x})^2 - 16 \cdot e^{3x} + 63) = 0$ **quadratischen Term erzeugen, aber nicht in x sondern in e^{3x}**

$e^{3x} = 8 \pm \sqrt{8^2 - 63} = 8 \pm 1$ so: **p-q-Formel anwenden (e^{3x} statt x)**

$2 \cdot e^x \cdot (e^{3x} - 7) \cdot (e^{3x} - 9) = 0$ oder so: **direkt faktorisieren**

$e^{3x} - 7 = 0$ oder $e^{3x} - 9 = 0$ **Satz vom Nullprodukt**

$L = \left\{\dfrac{\ln(7)}{3}, \dfrac{\ln(9)}{3}\right\}$ **Exponentialgleichungen lösen**

11 Berechnen Sie jeweils die gemeinsamen Punkte der Funktionsgraphen.

a) $f(x) = e^{-x^2};\ g(x) = e^{1-2x}$

$f(x) = g(x) \Leftrightarrow -x^2 = 1 - 2x$

$\Leftrightarrow x^2 - 2x + 1 = 0 \Leftrightarrow (x - 1)^2 = 0$

$\Leftrightarrow x = 1$

$f(1) = e^{-1}; P\left(1\left|\tfrac{1}{e}\right.\right)$

b) $f(x) = e^{x-3};\ g(x) = e^{-2x+6}$

$f(x) = g(x) \Leftrightarrow x - 3 = -2x + 6$

$\Leftrightarrow 3x = 9 \Leftrightarrow x = 3$

$f(3) = 1; P(3|1)$

(Randnotiz: Satz vom Nullprodukt)

Basisaufgaben

1 Der natürliche Logarithmus: Vereinfachen Sie die Terme.

a) $e^{\ln(3)} = 3$

b) $\ln(e^7) = 7$

c) $\ln(e^2 \cdot \sqrt{e}) = 2{,}5$

d) $e^{\ln(6) - \ln(1{,}5)} = 4$

e) $\dfrac{1}{e^{-\ln 7}} = 7$

f) $\sqrt{\ln(e^{361})} = 19$

g) $\ln(e^{\ln(5) + \ln(0{,}2)}) = 0$

h) $\ln(\sqrt{e^3}) = 1{,}5$

2 Ordnen Sie den Termen die vereinfachte Version zu.

A: $\ln(\sqrt{e})$ B: $\ln\left(\dfrac{e^{e^n}}{e^e}\right)$ C: $\ln(e^3 \cdot (e^x)^2)$ D: $\ln(e^{17})$ E: $e^{3 \cdot \ln(0{,}5)}$

F: $\ln(\sqrt[6]{e^2})$ G: $e^{3 \cdot \ln 5}$ H: $4 \cdot e^{3 + \frac{1}{2}\ln(9)}$ I: $\ln\left(\dfrac{\sqrt{e}}{\sqrt{e}}\right)$ J: $\ln\left(\dfrac{1}{\sqrt{e}}\right)$

$\tfrac{1}{8}$ **E** $\tfrac{1}{6}$ **I** $\tfrac{1}{3}$ **F** $-0{,}5$ **J** $\tfrac{1}{2}$ **A** 17 **D** 125 **G** $3 + 2x$ **C** $x^2 - 4$ **B** $12e^3$ **H**

3 Exponentialfunktionen mit der Basis e darstellen: Schreiben Sie die Exponentialfunktion in der Form $f(x) = e^{g(x)}$.

Hilfe: $(e^{\ln(a)})^{g(x)} = a^{g(x)}$; man erhält: $a^{g(x)} = e^{\ln(a) \cdot g(x)}$

a) $f(x) = 5^x = e^{x \cdot \ln(5)}$

b) $f(x) = 3 \cdot 2^x = e^{x \cdot \ln(2) + \ln(3)}$

c) $f(x) = 7^{3x} = e^{3x \cdot \ln(7)}$

d) $f(x) = 0{,}2 \cdot 5^{2x-3} = e^{\ln(0{,}2) + (2x-3) \cdot \ln(5)}$

Zusatzfrage: Begründen Sie, dass sich die Funktion aus **d** darstellen lässt als $f(x) = e^{(2x-4) \cdot \ln(5)}$.

$f(x) = 0{,}2 \cdot 5^{2x-3} = 5^{-1} \cdot 5^{2x-3} = 5^{2x-4} = e^{(2x-4) \cdot \ln(5)}$

4 Ableitung der Funktion f mit $f(x) = b^x$: Bestimmen Sie die Ableitung mithilfe der linearen Kettenregel.

Hilfe: $b^x = e^{x \cdot \ln(b)}$; man erhält: $f'(x) = \ln(b) \cdot e^{x \cdot \ln(b)} = \ln(b) \cdot b^x$

a) $f(x) = 3^x = e^{x \cdot \ln(3)}$ $f'(x) = \ln(3) \cdot e^{x \cdot \ln(3)} = \ln(3) \cdot 3^x$

b) $f(x) = 2^{5x} = e^{5x \cdot \ln(2)}$ $f'(x) = 5 \cdot \ln(2) \cdot e^{5x \cdot \ln(2)} = 5 \cdot \ln(2) \cdot 2^{5x}$

c) $f(x) = \tfrac{3}{4} \cdot 5^{4x} = \tfrac{3}{4} \cdot e^{4x \cdot \ln(5)}$ $f'(x) = \tfrac{3}{4} \cdot 4 \cdot \ln(5) \cdot e^{4x \cdot \ln(5)} = 3 \cdot \ln(5) \cdot 5^{4x}$

5 Bestimmen Sie eine Gleichung der Tangente an den Graphen von f mit $f(x) = 3^{0.5x}$ im Punkt $B(2|f(2))$.

y-Koordinate von B: $f(2) = 3^{0.5 \cdot 2} = 3^1 = 3$ Kontrolle: $B(2|3)$

Ableitung: $f(x) = 3^{0.5x} = e^{0.5x \cdot \ln(3)}$

$f'(x) = \ln(3) \cdot 0{,}5 \cdot e^{0.5x \cdot \ln(3)} = \ln(3) \cdot 0{,}5 \cdot 3^{0.5x}$

Tangentensteigung: $m = f'(2) = \ln(3) \cdot 0{,}5 \cdot 3^{0.5 \cdot 2} = 1{,}5 \cdot \ln(3)$

Tangente: $t(x) = 1{,}5 \cdot \ln(3) \cdot (x - 2) + 3 = 1{,}5 \cdot \ln(3) \cdot x - 3 \cdot \ln(3) + 3$

6 Exponentialgleichungen: Ordnen Sie den Gleichungen Lösungsmengen zu. Ergänzen Sie die fehlende Lösung.

A: $e^x = 5$ B: $3e^x = 12$ C: $5e^{2x-6} - 3 = 17$ D: $e^{0.25x} = 7$ E: $e^{11x} = 1$

F: $e^{-x} = 2$ G: $7e^{-x} - 4 = 3$ H: $e^x + 9 = 7$ I: $2e^{3x} = 16$ J: $e^{4x} = 3e^{3x}$

$L = \{0\}$ **E, G**

$L = \{\tfrac{1}{3}\ln(8)\} = \{\ln(2)\}$ **I**

$L = \{\ln(4)\}$ **B**

$L = \{-\ln(2)\}$ **F**

$L = \{\ln(5)\}$ **A**

$L = \{\ln(3)\}$ **J**

$L = \{4 \cdot \ln(7)\}$ **D**

$L = \{\}$ **H**

$L = \{\tfrac{1}{2}(\ln(4) + 3)\} = \{\ln(2) + 3\}$ **C**

Basisaufgaben

1 Anfangsbestand: Die Entwicklung einer Tierpopulation kann durch die Funktion $f(t) = 1000 \, e^{0,14 \cdot t}$ beschrieben werden. Markieren Sie den Anfangsbestand durch ein A und den Bestand nach 10 Jahren durch ein Z.

☐ 0,14 ☐ 1,4 ☐ 14 ☐ 100 ☐ **A** 1000 ☐ **Z** 1000 · e ☐ **Z** 1000 · e^{1,4} ☐ 1400

2 Wachstumskonstante: Ein Patient erhält 3 mg eines Medikaments.
Bestimmen Sie die Wachstumskonstante unter den folgenden Voraussetzungen.

a) Das Medikament wird im Körper des Patienten pro Stunde um 12 % abgebaut.

$a = f(0) = 3\,mg, \quad k = \underline{\ln(b) = \ln(1 - 0,12) = \ln(0,88) \approx -0,128}$

b) Nach einer Stunde sind noch 2,7 mg des Medikaments im Blut.

$k = \underline{\ln\left(\frac{2,7}{3}\right) = \ln\frac{9}{10} \approx -0,105}$

c) Die Halbwertzeit des Medikaments beträgt 3 Stunden.

$k = \frac{\ln\frac{1}{2}}{T_H} = \underline{\frac{\ln\frac{1}{2}}{3} \approx -0,231}$

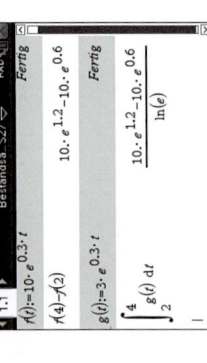

$f(t) = a \cdot e^{k \cdot t} \ (k \neq 0)$
Wachstumskonstante k
Anfangsbestand a = f(0)
k > 0: Exponentielle Zunahme, Verdopplungszeit $T_V = \frac{\ln(2)}{k}$
k < 0: Exponentielle Abnahme, Halbwertzeit $T_H = \frac{\ln\frac{1}{2}}{k}$

3 Werte bestimmen: Die Menge eines Narkosemittels im Blut eines Patienten kann durch die Funktion f mit $f(t) = 7,5 \cdot e^{-0,15 \cdot t}$ beschrieben werden (f(t) in mg pro Liter Blut, t in Stunden). Ergänzen Sie die Rechnung.

Menge des Narkosemittels im Blut zu Beginn:

f(0) = 7,5mg

Menge des Narkosemittels im Blut nach 3 Stunden:

$f(3) = 7,5 \cdot e^{-0,15 \cdot 3} = 7,5 \cdot e^{-0,45} \approx 4,78mg$

Menge des Narkosemittels im Blut nach 4 Stunden 15 Minuten:

(15 Minuten sind 0,25 Stunden) $f(4,25) = 7,5 \cdot e^{-0,15 \cdot 4,25} = 7,5 \cdot e^{-0,6375} \approx 3,96mg$

Wann liegt die Menge des Narkosemittels unterhalb der Schwelle von 2 mg pro Liter Blut?

$f(x) = 7,5 \cdot e^{-0,15 \cdot x} \leq 2, \quad x \geq \frac{\ln\frac{4}{15}}{-0,15} \approx 8,8$

Nach knapp 9 Stunden liegt der Gehalt unter der genannten Schwelle.

4 Wachstumsfunktion aufstellen: Eine Pflanze, die zuerst 30 cm hoch war, vergrößert ihr Wachstum pro Woche exponentiell. Stellen Sie eine exponentielle Funktionsgleichung auf, die die Höhe der Pflanze beschreibt.

a) Die Pflanzenhöhe nimmt um 5 % pro Woche zu.

$a = 30\,cm, b = 1 + 0,05 = 1,05, k = \ln(b) = \ln(1,05) \approx 0,05, f(t) = 30 \cdot e^{0,05 \cdot t}$ **(in cm pro Woche)**

b) Die Pflanze ist nach 3 Wochen etwa 38 cm hoch.

$a = 30\,cm, f(3) = 30 \cdot e^{k \cdot 3} = 38, k = \frac{\ln(38) - \ln(30)}{3} \approx 0,08, f(t) = 30 \cdot e^{0,08 \cdot t}$ **(in cm pro Woche)**

c) Die Pflanze ist nach 10 Wochen doppelt so groß.

$T_V = \frac{\ln(2)}{k} = 10, k = \frac{\ln(2)}{10} \approx 0,07, f(t) = 30 \cdot e^{0,07 \cdot t}$ **(in cm pro Woche)**

5 Wachstumsgeschwindigkeit: Eine Funktion f mit $f(t) = a \cdot e^{k \cdot t}$ beschreibt eine exponentielle Zu- oder Abnahme. Wählen Sie alle korrekten Aussagen.

☒ f' mit $f'(t) = a \cdot k \cdot e^{k \cdot t}$ gibt die Änderungsgeschwindigkeit zum Zeitpunkt t an.

☒ Die Änderungsgeschwindigkeit ist proportional zum Bestand.

☐ f beschreibt eine exponentielle Abnahme, wenn k > 0 gilt.

6 Wachstumsgeschwindigkeit bestimmen: Die Menge eines Wirkstoffs (in mg) im Blut eines Tieres lässt sich in Abhängigkeit von der Zeit in Stunden durch die Funktion f mit $f(t) = 5 \cdot e^{-0,2 \cdot t}$ beschreiben.

a) Bestimmen Sie die Änderungsgeschwindigkeit nach 5 Stunden.

$f'(t) = -e^{-0,2 \cdot t}, f'(5) = -e^{-0,2 \cdot 5} = -e^{-1} \approx -0,37$

b) Ermitteln Sie den Zeitpunkt, zu dem der Wirkstoffgehalt um 0,3 mg pro Stunde abnimmt.

$f'(t) = -e^{-0,2 \cdot t} = -0,3, t = \frac{\ln(0,3)}{-0,2} \approx 6$

c) Bestimmen Sie die durchschnittliche Änderungsgeschwindigkeit in den ersten 3 Stunden.

$\frac{f(3) - f(0)}{3 - 0} = \frac{5 \cdot e^{-0,6} - 5}{3} \approx -0,75$

7 Bestandsänderung ermitteln: Das Wachstumsgeschwindigkeit einer Bakterienkultur lässt sich durch die Funktion f mit $f(t) = 3 \cdot e^{0,3t}$ beschreiben (f(t) in mg pro Tag). Wählen Sie alle sinnvollen Zwischenschritte zur Ermittlung der Bestandsänderung vom 2. bis zum 4. Tag. Formulieren Sie einen Antwortsatz.

☐ $\approx 0,1 \cdot (1,4978) \approx 0,15$

☒ $\int_{\frac{1}{2}}^{4} f(t)dt = F(4) - F(2)$

☒ $\approx 10 \cdot (1,4978) \approx 14,98$

☒ $10 \cdot e^{0,3 \cdot 4} - 10 \cdot e^{0,3 \cdot 2} = 10 \cdot (e^{1,2} - e^{0,6})$

☐ $F(t) = 0,1 \cdot e^{0,3t} + c, c \in \mathbb{R},$ denn $F'(t) = 0,1 \cdot 0,3 \cdot e^{0,3t} = 3 \cdot e^{0,3t}$

☒ $F(t) = 10 \cdot e^{0,3t} + c, c \in \mathbb{R},$ denn $F'(t) = 10 \cdot 0,3 \cdot e^{0,3t} = 3 \cdot e^{0,3t}$

Die Bakterienkultur vergrößert sich vom 2. bis zum 4. Tag um etwa 15mg.

Zusatzaufgabe: Erläutern Sie den Screenshot.

Mit dem GTR kann man entweder die Stammfunktion angeben

und auswerten oder das Integral direkt berechnen lassen.

Screenshot:
1.1 ▸   Bestand a_S27 ▽   PAD
$f(x):=10 \cdot e^{0,3 \cdot t}$ $10 \cdot e^{1,2} - 10 \cdot e^{0.6}$
$f(4)-f(2)$ *Fertig*
$g(t):=3 \cdot e^{0,3 \cdot t}$ *Fertig*
$\int_2^4 g(t)\,dt$ $\frac{10 \cdot e^{1.2} - 10 \cdot e^{0.6}}{\ln(e)}$

Weiterführende Aufgaben

8 Ein Bakterienbestand lässt sich durch die Funktion f mit $f(t) = 15 \cdot 1,2^t$ beschreiben (t in Stunden, f(t) in mg).

a) Geben Sie die Wachstumskonstante k an und stellen Sie f in der Form $f(t) = a \cdot e^{k \cdot t}$ dar.

$k = \ln(1,2) \approx 0,1823, f(t) = 15 \cdot e^{0,1823 \cdot t}$

b) Berechnen Sie, nach wie vielen Stunden sich der Bestand etwa verdoppelt hat.

$T_V = \frac{\ln(2)}{\ln(1,2)} \approx 4$

c) Wählen Sie die Berechnung zur Bestimmung der Zeit, nach der der Bestand sich etwa verdreifacht hat. Formulieren Sie einen Antwortsatz.

☐ $\ln(2) \cdot \ln(1,2)$ ☐ $\ln(3) \cdot \ln(1,2)$ ☐ $\ln(3) \cdot \ln(1,3)$ ☐ $\ln(3) - \ln(1,2)$ ☒ $\frac{\ln(3)}{\ln(1,2)}$

☐ $\ln(2) \cdot \ln(1,2)$ ☐ $\ln(3) \cdot \ln(1,2)$ ☐ $\ln(3) \cdot \ln(1,2)$ ☐ $\frac{\ln(2)}{\ln(1,2)}$ ☐ $\frac{\ln(2)}{\ln(1,2)}$

Der Bakterienbestand hat sich nach etwa 6 Stunden verdreifacht.

d) Berechnen Sie, nach wie vielen Stunden sich der Bestand etwa verzehnfacht hat.

$T_{10} = \frac{\ln(10)}{\ln(1,2)} \approx 12,6$

Der Bakterienbestand hat sich nach etwa 13 Stunden verdreifacht.

Basisaufgaben

1 Betrachten Sie die Grafik. Kreuzen Sie alle wahren Aussagen an.

- [ ] Die Raumtemperatur nimmt exponentiell ab.
- [x] Die Raumtemperatur beträgt konstant 21 °C.
- [x] Die Safttemperatur zeigt begrenztes Wachstum.
- [x] Die Temperaturdifferenz nimmt exponentiell ab.
- [ ] Die Safttemperatur zu Beginn beträgt 21 °C. **2 °C**
- [x] Die Safttemperatur beträgt nach 8 Minuten ca. 15 °C.
- [ ] Die Temperaturdifferenz beträgt nach 8 Minuten ca. 15 °C. **ca. 6,5 °C**

Grafik: Temperatur (in °C), Raumtemperatur, Safttemperatur f, Temperaturdifferenz d, t (in min)

2 Bestimmen Sie die Grenze S und den Anfangsbestand a und vergleichen Sie die Werte. Kreuzen Sie an, ob es sich um begrenzte Abnahme oder begrenzte Zunahme handelt.

Hilfe: begrenzte Abnahme: $S > a$ ▸ begrenzte Zunahme: $S < a$; mit $k > 0$; symptotische Annäherung an die Grenze S; $f(0) = a$; $(a - S) \cdot e^{-k \cdot t}$ … Anfangsbestand a

a) $f(t) = 27 - 18 \cdot e^{-0,1 \cdot t}$ S = **27** a = **27 − 18 = 9** **a < S** [ ] begrenzte Abnahme [x] begrenzte Zunahme

b) $f(t) = 20 - 15 \cdot e^{-0,17 \cdot t}$ S = **20** a = **20 − 15 = 5** **a < S** [ ] begrenzte Abnahme [x] begrenzte Zunahme

c) $f(t) = 3 - e^{-0,02 \cdot t}$ S = **3** a = **3 − 1 = 2** **a < S** [x] begrenzte Abnahme [ ] begrenzte Zunahme

d) $f(t) = 10 + e^{0,03 \cdot t}$ S = **10** a = **10 + 1 = 11** **a > S** [x] begrenzte Abnahme [ ] begrenzte Zunahme

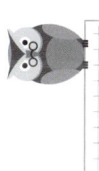

3 **Werte bestimmen:** Nach der Entnahme aus der Mikrowelle beträgt die Temperatur eines Essens $f(t) = 23 + 62\,e^{-0,078t}$ (Zeit t in Minuten seit der Entnahme, Temperatur in °C). Bestimmen Sie die gesuchten Werte und Zeitpunkte.

a) In der Mikrowelle wurde das Essen erhitzt auf **85** °C.

b) Die Temperatur nach 3 Minuten beträgt ca. **72** °C.

c) Eine Temperatur von 59 °C ist nach ca. **7** Minuten erreicht.

d) Die Differenz zur Raumtemperatur von konstant **23** °C beträgt weniger als 1 °C nach ca. **53** Minuten.

4 **Wachstumsfunktion aufstellen:** Ein frisch aufgebrühter Tee ist 90 °C heiß. In einem Raum mit 20 °C beträgt seine Temperatur nach 4 Minuten 67 °C. Stellen Sie eine Funktion auf, die die Temperaturentwicklung beschreibt.

Grenze und Anfangswert: S = **20** a = **90** Einheiten: t in **Minuten**, f(t) in **°C**

$f(t) = S - (\,S - a\,) \cdot e^{-k \cdot t} = 20 - (\,20 - 90\,) \cdot e^{-k \cdot t} = 20 + 70 \cdot e^{-k \cdot t}$,

Temperatur nach 4 Minuten: $f(\,4\,) = 67$

$k = \dfrac{\ln\!\left(\frac{f(4)-S}{S-a}\right)}{-4} = \dfrac{\ln\!\left(\frac{67-20}{70}\right)}{-4} \approx 0,1$

$f(t) = 20 + 70 \cdot e^{-0,1 \cdot t}$

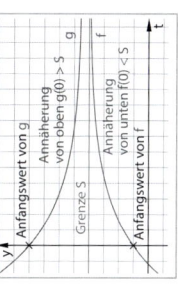

Anfangswert von g — Annäherung von oben $g(0) > S$ — Grenze S — Annäherung von unten $f(0) < S$ — Anfangswert von f — g — f — t

---

5 Apfelsaft hat im Kühlschrank eine Temperatur von 5 °C und steht dann im 23 °C warmen Raum. Nach 3 Minuten hat er eine Temperatur von 12 °C. Stellen Sie die Funktion auf, die die Temperaturentwicklung beschreibt.

$f(t) = 23 - 18 \cdot e^{-k \cdot t}$ mit $e^{-3 \cdot k} = \dfrac{12-23}{-18-23} = \dfrac{-11}{-18} = \dfrac{11}{18}$, also $k = \dfrac{\ln\frac{11}{18}}{-3} \approx 0,164$

6 Ordnen Sie den Funktionsgleichungen jeweils einen Graphen zu. Begründen Sie Ihre Zuordnung kurz.

$f(t) = 10 - 5 \cdot e^{-0,1 \cdot t}$ **B**
a = f(0) = 5, S = 10, f(−7) = 10 − 5 · e^{0,7} ≈ 0

$g(t) = 10 + 5 \cdot e^{-0,1 \cdot t}$ **A**
a = g(0) = 15, S = 10, exp. Abnahme wegen a > S

$h(t) = 5 - 5 \cdot e^{-0,1 \cdot t}$ **C**
a = h(0) = 0, S = 5

$i(t) = 10 - 5 \cdot e^{-0,5 \cdot t}$ **D**
a = i(0) = 5, S = 10, stärkeres Wachstum wegen betragsmäßig größeren Faktors im Exponenten

Grafik mit Graphen A, B, C, D.

7 Der Bestand einer Wildpferdeherde kann mithilfe der Funktion $f(t) = 500 - 400 \cdot e^{-0,01 \cdot t}$ (Anzahl der Tiere $f(t)$, t in Jahren) modelliert werden.

a) Geben Sie an, wie viele Tiere nach 10 Jahren in der Herde zu erwarten sind. **f(10) ≈ 138**

b) Bestimmen Sie, nach wie vielen Jahren 90 % des Maximalbestandes (theoretisch) erreicht werden.

S = 500; 90 % von S sind 450

Gesucht ist t mit $f(t) = 500 - 400 \cdot e^{-0,01 \cdot t} = 450$, $e^{-0,01 \cdot t} = \frac{450-500}{-400} = \frac{-50}{-400} = \frac{1}{8}$, $t = \frac{\ln\frac{1}{8}}{-0,01} \approx 208$

c) Berechnen Sie, wie schnell die Anzahl der Tiere nach 30 Jahren anwächst.

$f'(t) = 4 \cdot e^{-0,01 \cdot t}$, $f'(30) \approx 3$ **Nach zwei Jahren wächst die Anzahl um ca. 3 Tiere pro Jahr.**

d) In einer anderen Herde mit zunächst 100 Wildpferden und demselben Maximalzahl ist die Anzahl nach 4 Jahren auf 120 Tiere angewachsen. Bestimmen Sie die Bestandsfunktion für die Anzahl der Pferde in der Herde.

a = g(0) = 100, S = 500, g(4) = 120

$g(t) = 500 - 400 \cdot e^{-k \cdot t}$, $g(4) = 500 - 400 \cdot e^{-4 \cdot k} = 120$, $k = \frac{\ln\frac{19}{20}}{-4} \approx 0,013$, $g(t) = 500 - 400 \cdot e^{-0,013 \cdot t}$

Weiterführende Aufgaben

8 **Im Kühlraum,** der konstant auf 8 °C temperiert ist, misst der Gerichtsmediziner an einer Leiche eine Temperatur von 20 °C und zwei Stunden später von 18,5 °C. Ein lebender Mensch hat eine Körperkerntemperatur von 36,8 °C. Berechnen Sie, wie lange vor der ersten Messung der Tod eingetreten ist.

Einheiten: t in Stunden, f(t) in °C und a = f(0) = 20, S = 8, f(2) = 18,5

$f(t) = 8 + 12 \cdot e^{-k \cdot t}$ $f(2) = 8 + 12 \cdot e^{-2k} = 18,5$ $k = \frac{1}{-2} \cdot \ln\!\left(\frac{10,5}{12}\right) = 0,067$, $f(t) = 8 + 12 \cdot e^{-0,067 \cdot t}$

Gesucht ist t mit $f(t) = 8 + 12 \cdot e^{-0,067 \cdot t} = 36,8$ $t = \frac{\ln\frac{36,8-8}{12}}{-0,067} \approx -13,07$

Der Tod ist ca. 13 Stunden vor der ersten Messung eingetreten.

Test – Exponentialfunktionen und Wachstum

1 Kreuzen Sie alle richtigen Aussagen an.
- [ ] $b^x = b \cdot e^x$
- [ ] $b^x = \ln(b) \cdot e^x$
- [x] $b^x = e^{\ln(b) \cdot x}$
- [ ] $b^x = \ln(b) \cdot e^{b \cdot x}$

2 Kreuzen Sie alle richtigen Aussagen zu Ableitungs- und Stammfunktionen an.
- [x] Für $f(x) = 2^x$ gilt: $f'(x) = \ln(2) \cdot 2^x$
- [x] Für $f(x) = e^x$ gilt: $f'(x) = e^x$
- [ ] Für $f(x) = e^{3x+5}$ gilt: $f'(x) = 5 \cdot e^{3x}$
- [x] Für $f(x) = 5 \cdot e^{3x-2}$ gilt: $F(x) = e^{3x+5}$

- [ ] Für $f(x) = 3^x$ gilt: $f'(x) = \ln(2) \cdot 3^x$
- [x] Für $f(x) = e^{3x+5}$ gilt: $f'(x) = 3 \cdot e^{3x+5}$
- [x] Für $f(x) = e^x$ gilt: $F(x) = e^x$
- [x] Für $f(x) = e^{3x+5}$ gilt: $F(x) = \frac{1}{3} \cdot e^{3x+5}$

3 Kreuzen Sie alle richtigen Aussagen über Exponentialfunktionen der Form $f(x) = c \cdot e^{a \cdot x + b}$, $c > 0$ an:
- [x] f ist streng monoton fallend für $a < 0$
- [ ] f hat die Nullstelle $-\frac{b}{a}$
- [x] f hat den Wertebereich $W = \mathbb{R}^{>0}$

- [ ] $(0|c)$ liegt auf dem Graphen von f
- [x] $(-\frac{b}{a} | c)$ liegt auf dem Graphen von f
- [ ] $(0|b)$ liegt auf dem Graphen von f

4 Kreuzen Sie alle richtig angegebenen Werte an.
$f(x) = 2^x$
$f(x) = e^x$
$f(x) = e^{3x+5}$
$f(x) = 5 \cdot e^{3x-2}$

- [x] $f(1) = 4$ **2**
- [ ] $f(1) \approx 2$ **2,72**
- [x] $f(1) \approx 2981$
- [x] $f(1) \approx 742$

- [x] $f(10) = 1024$
- [x] $f(10) \approx 22026$
- [ ] $f(2) \approx 598$ **59874**
- [x] $f(0) \approx 0,68$

- [ ] $f(0,1) \approx 2,07$ **1,07**
- [ ] $f(0,1) \approx 2,1$ **1,1**
- [x] $f(0,1) \approx 200$
- [ ] $f(0,1) \approx 3,4$ **1,36**

5 Lösen Sie die folgenden Gleichungen:

a) $6 \cdot e^x = 3$
$$e^x = \frac{1}{2} \quad \rightarrow \quad x = -\ln(2)$$

b) $5 \cdot e^{7x-2} = 30$
$$e^{7x-2} = 6 \quad \rightarrow \quad 7x - 2 = \ln(6) \quad \rightarrow \quad x = \frac{1}{7} \cdot (\ln(6) + 2)$$

c) $x^2 \cdot e^{2x} + 36 \cdot e^{2x} = 12x \cdot e^{2x}$
$$(x^2 - 12x + 36) \cdot e^{2x} = 0 \quad \rightarrow \quad (x-6)^2 \cdot e^{2x} = 0 \quad \rightarrow \quad x = 6$$

d) $e^{8x} - 4 \cdot e^{4x} + 3 = 0$
$$(e^{4x} - 1) \cdot (e^{4x} - 3) = 0 \quad \rightarrow \quad x = 0 \text{ oder } x = \frac{1}{4} \cdot \ln(3)$$

6 Kreuzen Sie alle wahren Aussagen an.
- [x] Die Wachstumsgeschwindigkeit eines exponentiellen Wachstums ist proportional zum Bestand.
- [ ] Die Wachstumsgeschwindigkeit eines exponentiellen Wachstums ist selbst nicht exponentiell.
- [x] Für $f(x) = a \cdot e^{k \cdot t}$ gilt: $f'(x) = k \cdot f(t)$
- [x] Für $f(x) = a \cdot e^{k \cdot t}$ gilt: $f'(x) = a \cdot k \cdot e^{k \cdot t}$

7 a) Gesucht ist der Extrempunkt des Graphen der Funktion f mit $f(x) = e^x - e \cdot x$.
$$f'(x) = e^x - e \qquad f''(x) = e^x$$
Nullstelle(n) von f': $f'(x) = 0 \Leftrightarrow e^x - e = 0 \Leftrightarrow e^x = e \Leftrightarrow x = \ln e = 1$
Hinreichende Bedingung: $f'(1) = 0$ und $f''(1) = e^1 = e > 0$, also hat f an der Stelle **1** ein **lokales Minimum mit $f(1) = 0$: Der Graph von f hat den Tiefpunkt $T(1|0)$.**

b) Der Graph von f schließt mit den beiden Koordinatenachsen ein Flächenstück ein. Berechnen Sie den Flächeninhalt.
$$A = \int_0^1 f(x)dx = \left| e^x - \frac{1}{2} e \cdot x^2 \right|_0^1 = e - \frac{1}{2} e - (1-0) = \frac{1}{2} e - 1 \approx 0,36$$

8 Kreuzen Sie alle richtigen Werte an. Verwenden Sie: $20 \cdot e \approx 54,4$; $\frac{20}{e} \approx 7,4$
$f(x) = 35 - 20 \cdot e^{-0,1x}$
- [x] $f(0) = 15$
- [ ] $f(0) = 35$ **55**

$f(x) = 35 + 20 \cdot e^{b \cdot x}$
- [x] $f(10) = 27,6$
- [x] $f(10) = 42,4$

- [ ] $f(100) \approx 350$ **35**
- [ ] $f(100) \approx 350$ **35**

9 Das Bevölkerungswachstum eines Landes verläuft über einen gewissen Zeitraum exponentiell. Dabei gibt die Zeit in Jahren und f(t) die Bevölkerungszahl in Millionen an.

a) Berechnen Sie, um wie viel Prozent die Bevölkerung pro Jahr zunimmt.
$e^{0,0149} \approx 1,015$, die Bevölkerungszahl wächst jährlich um ca. 1,5%.

b) Berechnen Sie, nach wie vielen Jahren die Bevölkerungszahl auf ca. 15 Millionen angestiegen ist.
$12,7 \cdot e^{0,0149 \cdot t} = 15 \quad \rightarrow \quad t = \frac{1}{0,0149} \cdot \ln\left(\frac{15}{12,7}\right) \approx 11,17$: **Nach gut 11 Jahren werden 15 Millionen erreicht.**

c) Berechnen Sie die Wachstumsgeschwindigkeit der Bevölkerung nach 10 Jahren.
$f'(t) = 0,18923 \cdot e^{0,0149 \cdot t}$, $f'(10) \approx 0,2196$: Nach 10 Jahren wächst die Bevölkerung um ca. 220000 pro Jahr.

d) Tatsächlich ist die Bevölkerung nach 10 Jahren auf 18,3 Millionen angewachsen. Geben Sie die Wachstumsfunktion für den Fall an, das dieses Wachstum exponentiell verlaufen ist.
$12,7 \cdot e^{10k} = 18,3 \quad \rightarrow \quad k = \frac{1}{10} \cdot \ln\left(\frac{18,3}{12,7}\right) \approx 0,03653$, also $f(t) = 12,7 \cdot e^{0,03653 \cdot t}$

10 Bestimmen Sie die Extrem- und Wendestellen der Funktion f mit $f(x) = 2 \cdot (x - 1)^2 \cdot e^{-0,5 \cdot x}$.
Sie können die Ableitungen ohne Nachweis verwenden (oder selbst bestimmen und vergleichen).
$f'(x) = (x - 1) \cdot (5 - x) \cdot e^{-0,5 \cdot x}$, $f''(x) = \frac{1}{4} \cdot (x^2 - 10x + 17) \cdot e^{-0,5 \cdot x}$, $f'''(x) = \frac{1}{4} \cdot (x^2 - 14x + 37) \cdot e^{-0,5 \cdot x}$

Extremstellen: $f'(\underline{1}) = 0$ und $f''(\underline{1}) = 4 \cdot e^{-0,5} > 0$; **also hat f an der Stelle 1 ein lokales Minimum**
$f'(\underline{5}) = 0$ und $f''(\underline{5}) = -4 \cdot e^{-2,5} < 0$; **also hat f an der Stelle 5 ein lokales Maximum**

Notwendige Bedingung für eine Wendestelle: $f''(x) = 0$,
p-q-Formel: $x_{1,2} = 5 \pm \sqrt{8}$, $f''(x_1) \approx -0,95 \neq 0$ und $f'''(x_2) \approx 0,06 \neq 0$,
also hat f bei $x_1 = 5 - \sqrt{8} \approx 2,17$ und bei $x_2 = 5 + \sqrt{8} \approx 7,83$ Wendestellen.

11 In toten Organismen wird der Anteil am radioaktiven Kohlenstoffisotop ^{14}C, der in lebenden Organismen nahezu konstant ist, mit einer Halbwertzeit von 5730 Jahren abgebaut.

a) Der Rest an ^{14}C wird durch die Funktion f mit $f(t) = 100 \cdot e^{k \cdot t}$ beschrieben (t in Jahren, f(t) in Prozent). Berechnen Sie die Wachstumskonstante k.
$f(5730) = 50$, also: $100 \cdot e^{k \cdot 5730} = 50 \quad \rightarrow \quad k = \frac{1}{5730} \cdot \ln\left(\frac{1}{2}\right)$ Daher gilt: $k \approx -0,000121$

b) Im Schwarzlaichmoor bei Peiting in Oberbayern wurde ein Sarg mit der gut erhaltenen Moorleiche einer etwa 25-jährigen Frau gefunden. Bei der Untersuchung des Sarges ergab sich, dass noch ca. 90% der ^{14}C-Atome vorhanden waren. Bestimmen Sie einen Näherungswert für das Alter.
$f(t) = 90 \quad \rightarrow \quad 100 \cdot e^{-0,000121 \cdot t} = 90 \quad \rightarrow \quad t = \frac{\ln(0,9)}{-0,000121} \approx 870$

c) In der Höhle von Lascaux in Frankreich wurden Höhlenmalereien gefunden. Ein Kunsthistoriker stellt auf Grund stilistischer Vergleiche die These auf, dass die Höhlenmalereien ca. 10000 Jahre alt sind. Berechnen Sie, wie viel Prozent der ursprünglichen ^{14}C-Atome nach dieser These in einer Materialprobe noch vorhanden sein müssten.
$f(10000) = 100 \cdot e^{-0,000121 \cdot 10000} \approx 29,8$. Es müssten noch ca. 30% vorhanden sein.

d) Bei einer Gewebeprobe aus dem Turiner Grabtuch wurde ein Gehalt von 92% der ursprünglichen ^{14}C-Atome festgestellt. Wie alt ist diese Gewebeprobe?
$f(t) = 92 \quad \rightarrow \quad 100 \cdot e^{-0,000121 \cdot t} = 92 \quad \rightarrow \quad t = \frac{\ln(0,92)}{-0,000121} \approx 689$

Basisaufgaben

1 Vektoren in der Ebene: Bestimmen Sie die fehlenden Werte.
Gegeben ist das Dreieck ABC.
Hilfe: Ortsvektor zum Punkt P(x|y) ist $\vec{x} = \binom{x}{y}$.

a) Ergänzen Sie die fehlenden Koordinaten der Eckpunkte.
A(4|a), B(b|3) und C(c|d) mit
☒ a=-3 ☐ a=3 ☐ a=-4 ☒ b=3 ☐ b=-4
☒ c=-3 ☐ c=3 ☐ c=-4 ☐ d=-3 ☒ d=2

b) Kreuzen Sie korrekt angegebene Ortsvektoren an. Korrigieren Sie anderenfalls.
☐ $\vec{OA} = \binom{4}{3}$ $\binom{4}{-3}$ ☒ $\vec{OB} = \binom{3}{3}$ ☐ $\vec{OC} = \binom{3}{2}$ $\binom{-3}{2}$

c) Berechnen Sie die Länge der Dreieckseiten.
$|\vec{AB}| = \sqrt{(3-x)^2+(3-y)^2} = \sqrt{z}, x = 4, y = -3, z = 37$
$|\vec{AC}| = \sqrt{(-3-4)^2+(2-(-3))^2} = \sqrt{v}, v = 74, |\vec{BC}| = \sqrt{37}$

Zusatzaufgabe: Bestimmen Sie den Verbindungsvektor der Mittelpunkte der Strecken $\overline{AB}$ und $\overline{BC}$.
$\binom{3,5}{-2,5}, \binom{-3,5}{2,5}$

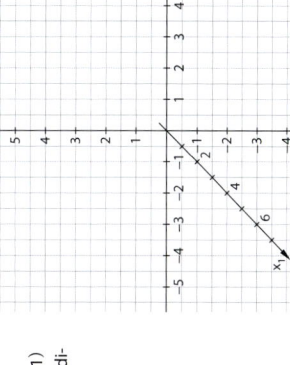

2 Abstand zweier Punkte im Raum: Vervollständigen Sie die Zeichnung. Kreuzen Sie alle wahren Aussagen an.

a) Zeichnen Sie die Punkte A(0|2|0), B(2|-2|1) und C(-2|-2|1) und das Dreieck ABC in das Schrägbild des räumlichen Koordinatensystems ein.

b) Kreuzen Sie die Aussagen an, die Sie für wahr halten.
☒ Der Punkt A liegt auf der x_2-Achse.
☒ B und C haben den gleichen Abstand zur x_1x_2-Ebene.
☒ Das Dreieck ABC ist gleichseitig.
☐ Die Seite $\overline{BC}$ ist gleichschenklig.
☐ Die Seite $\overline{BC}$ hat eine Länge von 2 LE.
☒ Das Dreieck ABC liegt symmetrisch bezüglich der x_2x_3-Ebene.

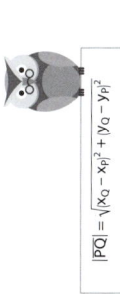

$|PQ| = \sqrt{|x_Q - x_P|^2 + |y_Q - y_P|^2}$

3 Die Pfeile $\overline{AB}$ und $\overline{CD}$ sollen zu ein und demselben Vektor gehören. Ermitteln Sie die fehlenden Koordinaten.
a) A(-1|0|1), B(1|2|3), D(0|1|-1); C(-2 | -1 | -3)
b) A(a|a|2a), B(3|0|-a), C(2a|0|a); D(3+a | -a | -2a)

4 Betrag eines Vektors: Bestimmen Sie x so, dass die Vektoren $\vec{a} = \binom{2}{-1}$ und $\vec{b} = \binom{x}{1}$ den gleichen Betrag haben:
$x_1 = 2, x_2 = -2$

5 Von einem Quader ABCDEFGH mit einem Volumen von 6 VE sind die Koordinaten der Eckpunkte A(2|2|2), B(2|4|2) und D(1|2|2) bekannt. Ergänzen Sie die Koordinaten der anderen Eckpunkte E, F, G, H.
C(1|4|2) E(2 | 2 | 5) F(2 | 4 | 5) G(1 | 4 | 5), H(1 | 2 | 5),
da $|\overline{AB}| = 2LE, |\overline{AD}| = 1LE, |\overline{AE}| = 3LE$
Zusatzaufgabe: Geben Sie alle Möglichkeiten an.

---

6 Die Punkte A(3|0|0), B(3|3|0) und C(3|0|2) sind die Eckpunkte der Grundfläche eines geraden Prismas, dessen Deckfläche DEF in der x_2x_3-Ebene liegt.

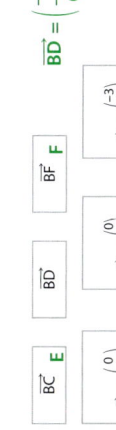

a) Kreuzen Sie die Aussagen an, die Sie für wahr halten.
☐ Der Vektor $\overline{AC}$ wird auch durch den Pfeil $\overline{FD}$ repräsentiert.
☒ Die Vektorpfeile $\overline{AD}$, $\overline{CF}$ und $\overline{BE}$ gehören zu demselben Vektor.
☒ Das Volumen des Prismas beträgt 9 VE.
☒ Der Mittelpunkt M der Seitenfläche ADFC hat die Koordinaten M(1,5|0|1).
☒ Die Seitenfläche ABED ist ein Quadrat.
☐ Die Seitenfläche BEFC ist ein Quadrat.

b) Ordnen Sie den Vektoren die passende Koordinatendarstellung zu. Ergänzen Sie die fehlende Koordinatendarstellung.

$\overline{AB}$ **A** | $\overline{AC}$ **B** | $\overline{AD}$ **C** | $\overline{AE}$ **D**
$\overline{BC}$ **E** | $\overline{BD}$ **F** | $\overline{BF}$ **F**

$\overline{BD} = \begin{pmatrix}-3\\-3\\0\end{pmatrix}$

$\vec{x}_1 = \begin{pmatrix}-3\\0\\0\end{pmatrix}$ **D** | $\vec{x}_2 = \begin{pmatrix}-3\\-3\\2\end{pmatrix}$ **F**
$\vec{x}_3 = \begin{pmatrix}0\\3\\0\end{pmatrix}$ **A** | $\vec{x}_4 = \begin{pmatrix}-3\\3\\0\end{pmatrix}$ **E**
$\vec{x}_5 = \begin{pmatrix}0\\0\\2\end{pmatrix}$ **B** | $\vec{x}_6 = \begin{pmatrix}0\\-3\\2\end{pmatrix}$ **C**

Weiterführende Aufgaben

7 Gegeben ist eine gerade Pyramide ABCDS mit quadratischer Grundfläche ABCD, die parallel zur x_1x_2-Ebene verläuft und einen Flächeninhalt von 16 FE hat. Die Spitze S hat eine positive x_3-Koordinate. Die Höhe der Pyramide beträgt h = 3 LE. Der Punkt A hat die Koordinaten A(4|1|1,5). Der dem Punkt A diagonal gegenüberliegende Eckpunkt C liegt senkrecht über der x_2-Achse.

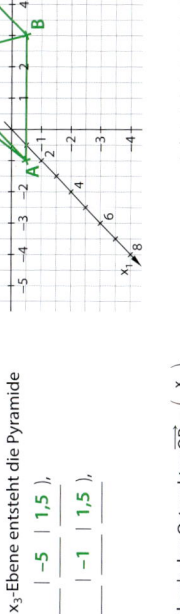

a) Zeichnen Sie ein Schrägbild der Pyramide und tragen Sie dort die Koordinaten der Punkte B, C, D und S ein.
B(4|5|1,5), C(0|5|1,5), D(0|1|1,5), S(2|3|4,5)

b) Berechnen Sie die Länge einer Seitenkante und das Volumen der Pyramide.
$\overline{AS} = \sqrt{17} \approx 4,12$ LE $V = \frac{1}{3} \cdot 16 \cdot 3 = 16$ VE

c) Durch Spiegelung an der x_1x_3-Ebene entsteht die Pyramide
A'(4 | -1 | 1,5), B'(4 | -5 | 1,5),
C'(0 | -5 | 1,5), D'(0 | -1 | 1,5),
S'(2 | -3 | 4,5),

8 Die Lage des Punktes P werde durch den Ortsvektor $\overrightarrow{OP} = \binom{x}{1-x}$; x ∈ ℝ; 0 ≤ x ≤ 1 (x in Meter) beschrieben.

a) Veranschaulichen Sie die zu $\overrightarrow{OP}$ gehörende Punktmenge in dem Koordinatensystem.

b) Wenn P für das Durchlaufen der gesamten Punktmenge von x = 0 bis x = 1 (in Metern) zehn Minuten braucht, welche Durchschnittsgeschwindigkeit (in Meter pro Stunde) hat dann P?

$\vec{v} = \frac{\sqrt{2}\,m}{10min} = \frac{\sqrt{2}\,m}{\frac{1}{6}\,Stunde} = 6 \cdot \sqrt{2}\,\frac{m}{h} \approx 8,5\,\frac{m}{h}$

☐ 6 $\frac{m}{h}$ ☐ 9,5 $\frac{m}{h}$ ☐ 12 $\frac{m}{h}$ ☒ 8,5 $\frac{m}{h}$ ☐ 10 $\frac{m}{h}$

Basisaufgaben

1 Addition von Vektoren:

a) Zeichnen Sie den Vektor $\vec{a} + \vec{b}$ in die Zeichnung ein.

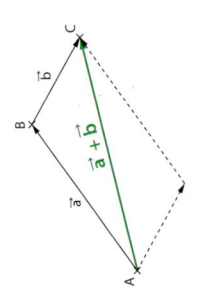

b) Ergänzen Sie die Texte zu wahren Aussagen.

① Ist $\vec{a} = \vec{AB}$ und $\vec{b} = \vec{BC}$, so ist
$\vec{a} + \vec{b} = \boxed{}\ \vec{AB} = \boxed{\times}\ \vec{AC} = \boxed{}\ \vec{BC}$.

② Die Summe $\vec{a} + \vec{b}$ lässt sich als Diagonalenvektor in dem von $\vec{a}$ und $\vec{b}$ aufgespannten ☐ Rechteck ☒ Parallelogramm interpretieren.

③ Unter der Summe $\vec{a} + \vec{b}$ zweier Vektoren versteht man den Vektor, der durch Addition ☒ der einander entsprechenden / ☐ aller Koordinaten von $\vec{a}$ und $\vec{b}$ entsteht.

2 Bilden Sie die Summe der Vektoren.

a) $\binom{2}{-1} + \binom{-3}{-1} = \binom{-1}{-2}$

b) $\binom{3}{-2} + \binom{-4}{2} = \binom{-1}{0}$

c) $\begin{pmatrix}6\\3\\-4\end{pmatrix} + \begin{pmatrix}-6\\-3\\4\end{pmatrix} = \begin{pmatrix}0\\0\\0\end{pmatrix}$

3 a) Zeichnen Sie in dem Fünfeck die Summenvektoren ein.

① $\vec{v} = \vec{DE} + \vec{EA}$
② $\vec{w} = \vec{BC} + \vec{CM}$

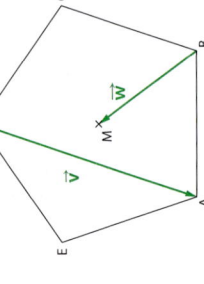

b) Geben Sie zwei aus Eckpunkten des Fünfecks gebildete Vektoren an, die als Summanden den Vektor $\vec{EC}$ erzeugen. Nennen Sie zwei Möglichkeiten.

① $\vec{EC} = \underline{\vec{ED}} + \underline{\vec{DC}}$ oder zum Beispiel
② $\vec{EC} = \underline{\vec{EB}} + \underline{\vec{BC}}$

4 Subtraktion von Vektoren: Ergänzen Sie die Sätze zu wahren Aussagen.

① Die Vektoren $\vec{a}$ und $-\vec{a}$ heißen __Gegenvektoren__.
② Der Vektor $\vec{a} + (-\vec{a})$ ergibt den __Nullvektor__ $\vec{0}$.
③ Die Subtraktion zweier Vektoren wird auf die Addition zurückgeführt. Es gilt: $\vec{a} - \vec{b} = \vec{a} + (-\vec{b})$

5 Bilden Sie die Differenz der Vektoren.

a) $\begin{pmatrix}-1\\-2\\0\end{pmatrix} - \begin{pmatrix}1\\2\\0\end{pmatrix} = \begin{pmatrix}-2\\-4\\0\end{pmatrix}$

b) $\binom{5}{-2} - \binom{-3}{1} = \binom{8}{-3}$

c) $\begin{pmatrix}3\\-3\\3\end{pmatrix} - \begin{pmatrix}-3\\3\\0\end{pmatrix} = \begin{pmatrix}0\\-6\\3\end{pmatrix}$

6 a) Lesen Sie in der Abbildung die Koordinaten von $\vec{a}$ und $\vec{b}$ ab.

$\vec{a} = \binom{4}{2}$, $\vec{b} = \binom{3}{-2}$

b) Zeichnen Sie den Vektor $\vec{a} - \vec{b} = \vec{a} + (-\vec{b})$ im Koordinatensystem ein. Lesen Sie seine Koordinaten ab.

$\vec{a} - \vec{b} = \binom{1}{4}$

c) Berechnen Sie zum Vergleich mit b.

$\vec{a} - \vec{b} = \binom{4}{2} - \binom{3}{-2} = \binom{4}{2} + \binom{-3}{2} = \binom{1}{4}$

Übereinstimmung

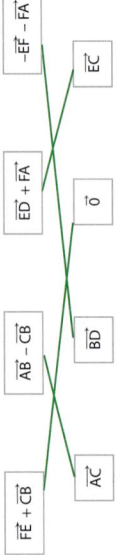

---

7 Rechenregeln: Berechnen Sie geschickt.

Hinweis: Fassen Sie zur Vereinfachung unter Beachtung der Rechenregeln geeignete Summanden zusammen.

a) $\binom{2}{-1} + \binom{-3}{-1} - \binom{2}{-1} = \binom{-3}{-1}$

b) $\begin{pmatrix}3\\-2\\5\end{pmatrix} - \begin{pmatrix}-4\\0\\5\end{pmatrix} + \begin{pmatrix}3\\-2\\5\end{pmatrix} - \begin{pmatrix}6\\-4\\10\end{pmatrix} = \begin{pmatrix}-4\\-2\\0\end{pmatrix}$

c) $\begin{pmatrix}3\\-2\\5\end{pmatrix} - \left(\begin{pmatrix}-4\\2\\0\end{pmatrix} - \begin{pmatrix}6\\-4\\10\end{pmatrix}\right) = \begin{pmatrix}10\\-6\\0\end{pmatrix}$

d) $\begin{pmatrix}1\\-3\\0{,}75\end{pmatrix} - \begin{pmatrix}-2\\2\\1\end{pmatrix} + \begin{pmatrix}-3\\5\\0{,}25\end{pmatrix} = \begin{pmatrix}0\\0\\0\end{pmatrix}$

8 Ermitteln Sie die Koordinaten des Vektors $\vec{x}$.

a) $\binom{2}{4} - \vec{x} + \binom{1}{-4} - \binom{2}{0} = \binom{-4}{0}; \vec{x} = \binom{4}{6}$

b) $\begin{pmatrix}-1\\-3\\4\end{pmatrix} - \left(\begin{pmatrix}-1\\-3\\4\end{pmatrix} - \begin{pmatrix}3\\7\\6\end{pmatrix}\right) = \begin{pmatrix}3\\7\\6\end{pmatrix} - \vec{x}; \vec{x} = \begin{pmatrix}0\\0\\0\end{pmatrix}$

Weiterführende Aufgaben

9 Verbinden Sie in Bezug auf das regelmäßige Sechseck jede Vektorsumme mit dem dazu passenden Vektor.

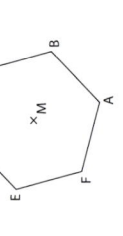

$\boxed{\vec{FE} + \vec{CB}}$ $\boxed{\vec{AB} - \vec{CB}}$ $\boxed{\vec{ED} + \vec{FA}}$ $\boxed{-\vec{EF} - \vec{FA}}$

$\boxed{\vec{AC}}$ $\boxed{\vec{BD}}$ $\boxed{\vec{0}}$ $\boxed{\vec{EC}}$

10 In dem Quader ABCDEFGH sind folgende Vektoren definiert:

$\vec{a} = \vec{AB};\ \vec{b} = \vec{AE};\ \vec{c} = \vec{AD}$

Ordnen Sie passende Vektoren einander zu.

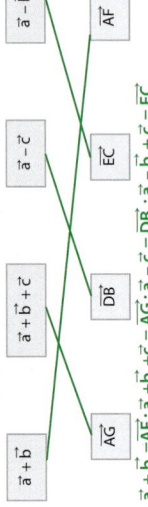
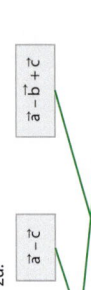

$\boxed{\vec{a} + \vec{b}}$ $\boxed{\vec{AG}}$ $\boxed{\vec{DB}}$ $\boxed{\vec{a} + \vec{b} + \vec{c}}$ $\boxed{\vec{EC}}$ $\boxed{\vec{a} - \vec{c}}$ $\boxed{\vec{a} - \vec{b} + \vec{c}}$ $\boxed{\vec{AF}}$

11 Gegeben sind die Punkte A(3|4|1), B(4|6|3) und D(5|-1|2). Bestimmen Sie die Koordinaten eines Punktes C, sodass die Punkte ABCD in dieser Reihenfolge ein Parallelogramm bilden.

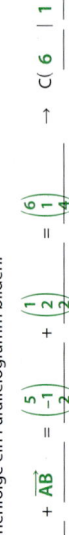

$\vec{a} + \vec{b} = \vec{AF}; \vec{a} + \vec{b} + \vec{c} = \vec{AG}; \vec{a} - \vec{c} = \vec{DB}; \vec{a} - \vec{b} + \vec{c} = \vec{EC}$

$\vec{OC} = \underline{\vec{OD}} + \underline{\vec{AB}} = \begin{pmatrix}5\\-1\\2\end{pmatrix} + \begin{pmatrix}1\\2\\2\end{pmatrix} = \begin{pmatrix}6\\1\\4\end{pmatrix}$ → C(6 | 1 | 4)

12 Bei der Punktspiegelung eines Punktes B an einem Punkt A erhält man den Spiegelpunkt B'. Bestimmen Sie die Koordinaten von B' durch einen Ansatz mit geeigneten Vektoren.

a) A(4|4); B(7|6)   (siehe Abbildung)

$\vec{OB'} = \binom{1}{2}$

b) A(1|2|3); B(3|-4|-1)

$\vec{OB'} = \begin{pmatrix}-1\\8\\7\end{pmatrix}$ Ansatz $\vec{OB'} = \vec{OA} + (-\vec{AB})$

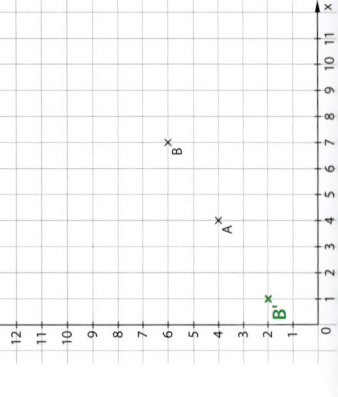

6 Berechnen Sie den Wert für k, sodass die Vektoren $\binom{3}{4}$ und $\binom{-1}{2+k}$ kollinear sind.

$$\binom{3}{4} = t \cdot \binom{-1}{2+k} \quad \rightarrow \quad t = -3 \text{ und } k = -\frac{10}{3}$$

Weiterführende Aufgaben

7 Führen Sie den Nachweis für die lineare Unabhängigkeit der Vektoren $\vec{a} = \begin{pmatrix} -1 \\ 0 \\ 0 \end{pmatrix}$, $\vec{b} = \begin{pmatrix} 0 \\ -1 \\ 1 \end{pmatrix}$ und $\vec{c} = \begin{pmatrix} 0 \\ 0 \\ 1 \end{pmatrix}$ zu Ende.

Hilfe: wenn $x \cdot \vec{a} + y \cdot \vec{b} + z \cdot \vec{c} = \vec{0}$ nur neben $x = y = z = 0$ gilt, sind $\vec{a}$, $\vec{b}$ und $\vec{c}$ linear unabhängig.

$$x \cdot \begin{pmatrix} -1 \\ 0 \\ 0 \end{pmatrix} + y \cdot \begin{pmatrix} 0 \\ -1 \\ 1 \end{pmatrix} + z \cdot \begin{pmatrix} 0 \\ 0 \\ 1 \end{pmatrix} = \begin{pmatrix} 0 \\ 0 \\ 0 \end{pmatrix} \Leftrightarrow \begin{vmatrix} -x + z = 0 \\ -y = 0 \\ y + z = 0 \end{vmatrix}$$

Daraus folgt: y = z = **0** und x = **0** .

Die Vektoren $\vec{a}$, $\vec{b}$ und $\vec{c}$ sind linear unabhängig.

8 Gegeben ist ein Quader mit den Bezeichnungen wie in der Abbildung.

Die Kantenlängen betragen $\overline{AD} = 3$ LE, $\overline{AE} = 4$ LE, $\overline{AB} = 5$ LE.

Kreuzen Sie an, welche Aussagen Sie für wahr halten.

[x] Die Vektoren $\overrightarrow{AB}$, $\overrightarrow{AE}$ und $\overrightarrow{AD}$ sind linear unabhängig.

[ ] Die Vektoren $\overrightarrow{AB}$, $\overrightarrow{AE}$, $\overrightarrow{AD}$ und $\overrightarrow{AC}$ sind linear unabhängig.

zu viele

[ ] Die Vektoren $\overrightarrow{EC}$ und $\overrightarrow{HC}$ sind kollinear.

z.B. $\overrightarrow{HC}$ und $\overrightarrow{EB}$

[x] Der Schnittpunkt M der Raumdiagonalen des Quaders hat die Koordinaten M|2,5 | 2,5 | 1,5).

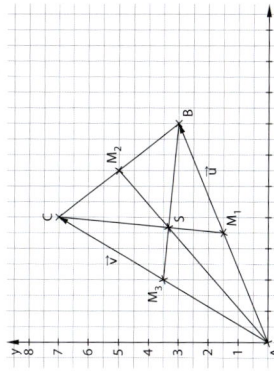

9 Die Vektoren $\vec{a} = \begin{pmatrix} 1 \\ -2 \\ 1 \end{pmatrix}$, $\vec{b} = \begin{pmatrix} -1 \\ 1 \\ 1 \end{pmatrix}$ und $\vec{c} = \begin{pmatrix} -1 \\ 1 \\ -3 \end{pmatrix}$ werden mithilfe des GTR auf lineare Unabhängigkeit untersucht.

Kreuzen Sie an, welche der Aussagen Sie in diesem Sachzusammenhang für korrekt halten.

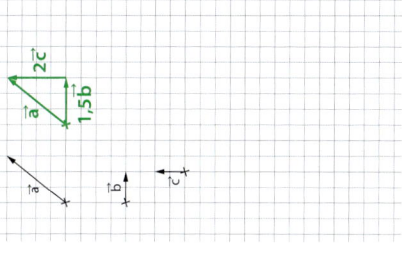

```
1.1                    *LGS_linUn.ren ⇒        RAD [1]

linSolve( { x−y−z=0
           { −2·x+y−z=0    , {x,y,z} )
           { −3·x+y−3·z=0

                              {−2·c2,−3·c2,c2}
```

[x] Aus dem Ansatz $x \cdot \vec{a} + y \cdot \vec{b} + z \cdot \vec{c} = \vec{0}$ ergibt sich das dargestellte lineare Gleichungssystem.

[ ] Die vom GTR angezeigte Lösungsmenge weist darauf hin, dass das Gleichungssystem keine Lösungen besitzt.

[ ] Weil man c2 auch gleich Null setzen kann, sind die Vektoren linear unabhängig.

[x] Weil die Variable c2 für eine beliebige reelle Zahl steht, gibt es auch Lösungen, die vom Nullvektor verschieden sind. Deshalb sind die Vektoren linear abhängig.

10 Ein Dreieck ABC wird durch die Vektoren $\vec{u} = \overrightarrow{AB}$ und $\vec{v} = \overrightarrow{AC}$ aufgespannt. Der Punkt A liegt im Ursprung. M_1, M_2 und M_3 sind die Mittelpunkte der Dreieckseiten. S ist der Schwerpunkt des Dreiecks.

Ordnen Sie den Verbindungsvektoren die passende Linearkombination zu.

Hinweis: S teilt jede Seitenhalbierende im Verhältnis 2 : 1.

$\vec{v} - \vec{u}$ — $\overrightarrow{AM_2}$

$\frac{1}{2} \cdot (\vec{v} + \vec{u})$ — $\overrightarrow{M_3M_2}$

$\frac{1}{2} \cdot \vec{u}$ — $\overrightarrow{BC}$

$\frac{1}{3} \vec{u} - \frac{2}{3} \vec{v}$ — $\overrightarrow{CS}$

Basisaufgaben

1 Multiplikation eines Vektors mit einer reellen Zahl:

a) Zeichnen Sie einen Repräsentanten des Vektors $2\vec{a}$ von Punkt A aus und einen Repräsentanten des Vektors $-1,5\vec{a}$ von Punkt B aus .

b) Wählen Sie für den Vektor $\vec{x}$ die korrekten Vektoren $3\vec{x}$ und $\frac{1}{2}\vec{x}$.

① $\vec{x} = \binom{4}{-2}$ [ ] $3\vec{x} = \binom{12}{6}$ [x] $\frac{1}{2}\vec{x} = \binom{2}{-1}$ $\binom{12}{-6}$

② $\vec{x} = \binom{6}{8}$ [x] $3\vec{x} = \binom{18}{24}$ [ ] $\frac{1}{2}\vec{x} = \binom{-12}{24}$ $\binom{-2}{3}{4}$

③ $\vec{x} = \binom{2a}{3a}{a}$ [ ] $3\vec{x} = \binom{6a}{9a}{a}$ [ ] $\frac{1}{2}\vec{x} = \binom{a}{1,5a}{a}$ $\binom{6a}{9a}{3a}$, $\binom{a}{1,5a}{0,5a}$

2 Wählen Sie alle korrekten Vereinfachungen der Summen.

[ ] $4 \cdot (2\vec{a} - 3\vec{b}) - 2 \cdot (4\vec{a} - 6\vec{b}) = 8\vec{a} - 12\vec{b} - 8\vec{a} + 12\vec{b} = 16\vec{a} - 24\vec{b}$

[x] $-2 \cdot \left[\begin{pmatrix} -3 \\ 0,5 \\ 2 \end{pmatrix} - 3 \cdot \begin{pmatrix} -1 \\ -2 \\ 4 \end{pmatrix} \right] + 3 \cdot \begin{pmatrix} 2 \\ -1 \\ -1 \end{pmatrix} = 2 \cdot \begin{pmatrix} -6 \\ 6,5 \\ -10 \end{pmatrix} + 3 \cdot \begin{pmatrix} 0 \\ 2,5 \\ 2,5 \end{pmatrix}$

$= \begin{pmatrix} 12+0 \\ -13+6 \\ 20+12 \end{pmatrix} = \begin{pmatrix} 12 \\ -7 \\ 32 \end{pmatrix}$

3 Kollinearität von Vektoren: Markieren Sie kollineare Vektoren mit derselben Farbe.

$\vec{a} = \binom{1}{1}$; $\vec{b} = \binom{1}{-2}$; $\vec{c} = \binom{2}{-1}$; $\vec{d} = \binom{-\pi}{-\pi}$; $\vec{e} = \binom{\sqrt{2}}{\sqrt{2}}$; $\vec{f} = \binom{10}{0,1}$; $\vec{g} = \binom{1}{-2}{-1}$

$\vec{a}, \vec{c}, \vec{e}$ sowie $\vec{b}, \vec{d}, \vec{f}$

4 Wählen Sie zum gegebenen Vektor $\vec{a}$ den zugehörigen Einheitsvektor $\vec{e}$.

① $\vec{a}_1 = \binom{1}{-2}$ ② $\vec{a}_2 = \binom{1}{1}$ ③ $\vec{a}_3 = \binom{k}{0}$ mit $k \neq 0$ ④ $\vec{a}_4 = \binom{3}{4}$

$\vec{e} = \frac{1}{|k|} \cdot \binom{k}{0}$ ③

$\vec{e} = \frac{1}{\sqrt{4+4+1}} \cdot \binom{2}{-2}{1} = \frac{1}{3} \cdot \binom{2}{1}$ ①

$\vec{e} = \frac{1}{\sqrt{3}} \cdot \binom{1}{1} = \frac{1}{3}\sqrt{3} \cdot \binom{1}{1}$ ②

$\vec{e} = \frac{1}{\sqrt{9+16}} \cdot \binom{3}{4} = \frac{1}{5} \binom{3}{4}$ ④

Einheitsvektor zu $\vec{a} \neq \vec{0}$:
$\vec{e} = \frac{1}{|\vec{a}|} \cdot \vec{a}$ mit $|\vec{e}| = 1$

5 Linearkombination von Vektoren: Ermitteln Sie zeichnerisch und rechnerisch.

a) Stellen Sie in der Abbildung den Vektor $\vec{a}$ zeichnerisch als Linearkombination der Vektoren $\vec{b}$ und $\vec{c}$ dar. (Eine Kästchenbreite entspricht einer Längeneinheit.)

b) Wählen Sie die korrekten Schritte zur rechnerischen Ermittlung des Vektors $\vec{a} = \binom{2}{3}$ als Linearkombination der Vektoren $\vec{b} = \binom{2}{4}$ und $\vec{c} = \binom{4}{4}$.

$\vec{a} = r \cdot \vec{b} + s \cdot \vec{c}$,

d.h. [x] $\binom{2}{3} = r \cdot \binom{2}{4} + s \cdot \binom{4}{4}$ [ ] $\binom{2}{3} = r \cdot \binom{-2}{4} + s \cdot \binom{4}{-4}$

[ ] $4s = 2 - 2r = 3 - 4r$ und $2r = 1$ [ ] $r = s$

$2 = 2r + 4s$ und $3 = 4r + 4s$, also

[x] $r = \frac{1}{2}$; $s = \frac{1}{4}$ [ ] $r = -\frac{1}{2}$; $s = \frac{1}{2}$

[ ] $\vec{a} = -\frac{1}{2} \cdot \vec{b} + \frac{1}{2} \cdot \vec{c}$ [x] $\vec{a} = \frac{1}{2} \cdot \vec{b} + \frac{1}{4} \cdot \vec{c}$

1 Die Punkte A(3 | 2 | 1), B(4 | 2 | 1) und D(3 | 3 | 1) sind Eckpunkte eines Würfels ABCDEFGH.
Ergänzen Sie die Koordinaten der anderen Eckpunkte. Geben Sie alle Möglichkeiten an.

A(3 | 2 | 1),   B(4 | 2 | 1),   C(**4** | **3** | **1**)

E(**3** | **2** | **2**),   F(**4** | **2** | **2**),   G(**3** | **3** | **2**),   H(**4** | **3** | **2**)

A(3 | 2 | 1),   B(4 | 2 | 1),   D(3 | 3 | 1),   C(**4** | **3** | **1**)

E(**3** | **2** | **0**),   F(**4** | **2** | **0**),   G(**3** | **3** | **0**),   H(**4** | **3** | **0**)

2 Gegeben sei ein Quadrat ABCD mit der Seitenlänge 1 LE.
Zeichnen Sie eines der möglichen Koordinatensysteme ein, dessen Achsen parallel zu den Quadratseiten sind, und in dem einer der Eckpunkte des Quadrates die Koordinaten (1|1) hat. Wählen Sie alle möglichen Koordinaten der Eckpunkte.

☒ A(1|1), B(2|1), C(2|2), D(1|2)   ☒ A(0|0), B(1|0), C(1|1), D(0|1)

☐ A(1|0), B(1|2), C(0|2), D(0|1)   ☒ A(1|0), B(2|0), C(2|1), D(1|1)

☒ A(0|1), B(1|1), C(1|2), D(0|2)   ☐ A(2|1), B(2|0), C(2|2), D(2|–1)

z. B.:

3 Kreuzen Sie die richtigen Koordinaten und den korrekten Betrag des Vektors $\overrightarrow{AB}$ an.

a) A(–2|3); B(5|–1)
☒ $\overrightarrow{AB} = \binom{-7}{2}$; $|\overrightarrow{AB}| = \sqrt{53}$ ☐ $\overrightarrow{AB} = \binom{7}{-4}$; $|\overrightarrow{AB}| = \sqrt{65}$

b) A(a | 2a | –a); B(1 – a | a – 2 | a²)
☒ $\overrightarrow{AB} = \begin{pmatrix} 1-2a \\ -a-2 \\ a^2+a \end{pmatrix}$; $|\overrightarrow{AB}| = \sqrt{a^4 + 2a^3 + 6a^2 + 5}$ ☐ $\overrightarrow{AB} = \begin{pmatrix} -1 \\ 0 \\ a^2 \end{pmatrix}$; $|\overrightarrow{AB}| = \sqrt{a^4 - a}$

c) A(–3|5); B(x|2 – x)
☐ $\overrightarrow{AB} = \binom{x-3}{7-x}$; $|\overrightarrow{AB}| = \sqrt{3} \cdot |x - 7|$ ☒ $\overrightarrow{AB} = \begin{pmatrix} x+3 \\ -x-3 \end{pmatrix}$; $|\overrightarrow{AB}| = \sqrt{2} \cdot |x + 3|$

4 Vereinfachen Sie den Term $\vec{a} - 2 \cdot (\vec{b} - 3\vec{a}) + 3 \cdot (-2\vec{a} + \vec{b})$ so weit wie möglich.

$\vec{a} + \vec{b}$

5 Die Vektoren $\vec{a}$, $\vec{b}$ und $\vec{c}$ sind in der Abbildung dargestellt.
Ermitteln Sie die Vektorsumme $2\vec{a} - 4\vec{b} + \vec{c}$ zeichnerisch und rechnerisch.

$\vec{a} = \binom{2}{2}$; $\vec{b} = \binom{2}{0}$; $\vec{c} = \binom{2}{-1}$

$2\vec{a} - 4\vec{b} + \vec{c} = 2 \cdot \binom{2}{2} - 4 \cdot \binom{2}{0} + \binom{2}{-1} = \binom{-2}{3}$

6 Ermitteln Sie, falls möglich, alle Werte des reellen Parameters t, so dass die Vektoren $\overrightarrow{AB} = \binom{1+t}{4}$ und $\overrightarrow{CD} = \binom{2}{1-t}$
a) den gleichen Betrag haben bzw. **b)** kollinear sind.

a) $|\overrightarrow{AB}| = \sqrt{t^2 + 2t + 21}$ $|\overrightarrow{CD}| = \sqrt{t^2 - 2t + 9}$

Durch Gleichsetzen und Lösen der Gleichung erhält man t = **–3** , für diesen Wert haben die Vektoren den gleichen Betrag.

b) $\binom{1+t}{4} = k \cdot \binom{2}{-2}$ ⇒   k = **–2**   und t = **–5**

⇒ t = **–5** und t = **2: Widerspruch!**

"Die beiden Vektoren sind kollinear für die reelle Zahl t" gilt für **keine reelle Zahl t** .

---

7 Überprüfen Sie, ob die Vektoren $\binom{1}{1}{2}$, $\binom{3}{-1}{1}$ und $\binom{1}{4}{4}$ linear unabhängig sind. x $\cdot \binom{1}{1}{2}$ + y $\cdot \binom{3}{-1}{1}$ + z $\cdot \binom{1}{4}{4}$ = $\binom{0}{0}{0}$

Daraus folgt x = **0** , y = **0** , z = **0** . Die Vektoren sind linear **unabhängig** .

8 Gegeben sind die Punkte A(4 | 7 | –2), B(–3 | 5 | 6) und C(1 | –5 | 7).
a) Ergänzen Sie den Nachweis dafür, dass das Dreieck ABC gleichschenklig-rechtwinklig ist.

Gleichschenklig: ☒ $|\overrightarrow{AB}| = |\overrightarrow{BC}| = 3 \cdot \sqrt{13}$ ☐ $|\overrightarrow{AB}| = |\overrightarrow{AC}| = 3 \cdot \sqrt{26}$ ☒ $|\overrightarrow{AB}| = |\overrightarrow{AC}| = 3 \cdot \sqrt{26}$ ☐ $|\overrightarrow{AC}| = 3 \cdot \sqrt{13}$

Rechtwinkligkeit gilt nach dem Satz des **Pythagoras** : $(3 \cdot \sqrt{13})^2 + (3 \cdot \sqrt{13})^2 = 2 \cdot (3 \cdot \sqrt{13})^2 = (3 \cdot \sqrt{2 \cdot 13})^2$

b) Die Punkte P, Q und R sind (in dieser Reihenfolge) die Mittelpunkte der Seiten $\overline{AB}$, $\overline{AC}$ und $\overline{BC}$ des Dreiecks ABC.
Ergänzen Sie die fehlenden Koordinaten der Punkte:

P(**0,5** | 6 | **2**), Q(**2,5** | **1** | 2,5) und R(–1 | **0** | **6,5**).

c) Kreuzen Sie an, in welchem Verhältnis die Flächeninhalte der Dreiecke PQR und ABC stehen.

☐ 1 : 1   ☐ 1 : 2   ☐ 1 : 3   ☒ 1 : 4

d) Ermitteln Sie die Koordinaten eines Punktes D, sodass A, B, C und D ein Quadrat bilden.   D(**8** | **–3** | **–1**)

Zusatzaufgabe: Begründen Sie, weshalb die Strecke $\overline{RQ}$ halb so lang wie die Strecke $\overline{AB}$ und parallel zu dieser ist.

$\overrightarrow{OD} = \overrightarrow{OA} + \overrightarrow{BC} = \overrightarrow{OC} - \overrightarrow{AB}$

z. B.: Aus $\overrightarrow{AB} = 2 \cdot \overrightarrow{RQ}$ folgen beide Eigenschaften.

9 Eine gerade Pyramide mit quadratischer Grundfläche ABCD und der Spitze S (mit positiver x_3-Koordinate) hat den Eckpunkt A(4 | 0 | 0) und ist 6 LE hoch. Die Diagonalen der Grundfläche liegen auf der x_1- bzw. x_2-Achse.
a) Betrachten Sie die Abbildung. Ergänzen Sie die fehlenden Koordinaten.

B(**0** | **4** | 0)   C(**–4** | **0** |0)

D(**0** | **–4** |0)   S(**0** | **0** | **6**)

b) Wählen Sie korrekte Berechnungen der Beträge der Vektoren.

☒ $|\overrightarrow{AB}| = \sqrt{(0-4)^2 + (4-0)^2 + (0-0)^2} = \sqrt{32} = 4 \cdot \sqrt{2}$

☐ $|\overrightarrow{AS}| = \sqrt{(0-4)^2 + (0-0)^2 + (6-0)^2} = \sqrt{52} = 4 \cdot \sqrt{3}$ ☒ $2 \cdot \sqrt{13}$

c) Zeichnen Sie den Verschiebungsvektor vom Mittelpunkt P der Strecke AB zum Mittelpunkt Q der Strecke $\overline{AS}$ in das Schrägbild ein und geben Sie die Koordinaten von $\overrightarrow{PQ}$ an.

P(**2** | **2** |0)   Q(**2** | **0** | **3**)

☐ $\overrightarrow{PQ} = \binom{0}{0}{-3}$ ☒ $\overrightarrow{PQ} = \binom{0}{-2}{3}$

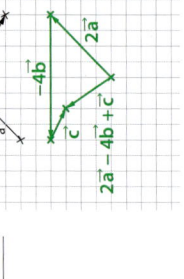

d) Durch eine zur x_1x_2-Ebene parallele Ebene in der Höhe des Punktes Q wird die Pyramide ABCDS in zwei Teilkörper zerlegt. Kreuzen Sie an, in welchem Verhältnis die Volumina der entstandenen Teilkörper zueinander stehen.

☐ 1 : 1   ☐ 1 : 2   ☒ 1 : 7   ☐ 1 : 8

10 Ein Kleinflugzeug wird zum Beobachtungszeitpunkt t = 0 im Punkt A(1 | 2,5 | 3) gesichtet (Koordinaten in Kilometer).
Eine Minute später befindet sich das Flugzeug bei geradlinigem Kurs im Punkt B(3 | 4,5 | 4).   **(3 km/min)**

a) Wählen Sie die Geschwindigkeit des Flugzeugs in Kilometer pro Stunde.   v = ☐ 450 km/h   ☒ 180 km/h   **(3 km/min)** ☒ 180 km/h

b) Geben Sie die Position des Flugzeugs nach weiteren zwei Minuten an, wenn man geradlinigen Kurs voraussetzt.

P(**7** | **8,5** | **6**)

Basisaufgaben

1 Ordnen Sie die Parameterwerte von t den Punkten A, B, C, D zu, die auf der Geraden g liegen.

g: $\vec{x} = \begin{pmatrix} 1 \\ 0 \\ -1 \end{pmatrix} + t \cdot \begin{pmatrix} -1 \\ 2 \\ 1 \end{pmatrix}$ mit t ∈ ℝ

A(0|2|0)	t = 0	t = 1	t = -2	C(1|0|-1)	t = 3	D(-2|6|2)

B(3|-4|-3)

2 In den Abbildungen ist eine Gerade g mit g: $\vec{x} = \vec{OA} + r \cdot \vec{a}$ (r ∈ ℝ) dargestellt.

a) Veranschaulichen Sie die folgenden Punktmengen in den Abbildungen:

0 ≤ r ≤ 2   -1 ≤ r ≤ 1   r ∈ ℕ; r > 0

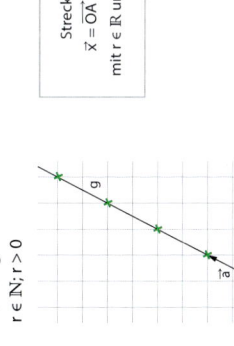

b) Für r = 3 erhält man den Ortsvektor des Punktes B.
Geben Sie den Parameterwert r eines Punktes Q an, der die Strecke AB halbiert. **1,5**

3 Gegeben ist die Gleichung einer Geraden g durch $\vec{x} = \begin{pmatrix} 2 \\ 1 \\ 3 \end{pmatrix} + t \cdot \begin{pmatrix} 1 \\ -2 \\ 1 \end{pmatrix}$ mit t ∈ ℝ.

Kreuzen Sie an, welche der Gleichungen dieselbe Gerade g beschreiben.

$x = \begin{pmatrix} 2 \\ 1 \\ -1 \end{pmatrix} + s \cdot \begin{pmatrix} -1 \\ 1 \\ -1 \end{pmatrix}$ mit s ∈ ℝ [X]

$x = \begin{pmatrix} 4 \\ 2 \\ 6 \end{pmatrix} + t \cdot \begin{pmatrix} -4 \\ 4 \\ 2 \end{pmatrix}$ mit t ∈ ℝ [ ]

$x = \begin{pmatrix} 4 \\ -3 \\ 5 \end{pmatrix} + r \cdot \begin{pmatrix} 1 \\ -2 \\ 1 \end{pmatrix}$ mit r ∈ ℝ [X]

$x = \begin{pmatrix} 3 \\ 1/2 \\ 2 \end{pmatrix} + \frac{1}{2} \cdot \begin{pmatrix} 1 \\ -2 \\ 1 \end{pmatrix}$ mit t ∈ ℝ [X]

4 Schiffbrüchige im Punkt P(10|120) sollen von einem Schiff, das sich in der Position S(50|20) befindet, auf kürzestem Wege geborgen werden (Längenangaben in km).

a) Wählen Sie den Vektor der Fahrtrichtung, die das Schiff nehmen muss.

$\vec{OP} = \begin{pmatrix} 10 \\ 120 \end{pmatrix}$ [ ] $\vec{OP} = \begin{pmatrix} 50 \\ 20 \end{pmatrix}$ [ ] $\vec{SP} = \begin{pmatrix} -40 \\ 100 \end{pmatrix}$ [X]

b) Bestimmen Sie die Entfernung zwischen dem Schiff und den Schiffbrüchigen.

$\vec{SP} = \sqrt{40^2 + 100^2} \approx 107{,}7\,\text{km}$

c) Prüfen Sie, ob ein anderes Schiff mit der Position T(-30|220) den Schiffbrüchigen näher ist.

$\vec{TP} = \begin{pmatrix} 40 \\ -100 \end{pmatrix}$, $\vec{TP} \approx 107{,}7\,\text{km}$

Beide Schiffe sind gleich weit von den Schiffbrüchigen entfernt.

> Strecke $\vec{AB}$:
> $\vec{x} = \vec{OA} + r \cdot \vec{AB}$
> mit r ∈ ℝ und 0 ≤ r ≤ 1

---

5 Ergänzen Sie Parametergleichungen für

a) die Gerade g_{BC}: $\vec{x} = \begin{pmatrix} 4 \\ -2 \\ 3 \end{pmatrix} + t \cdot \begin{pmatrix} -2 \\ 1 \\ 1 \end{pmatrix}$ mit t ∈ ℝ

b) die Mittelsenkrechte von $\vec{AB}$: $\vec{x} = \begin{pmatrix} 0{,}5 \\ -1 \\ 1 \end{pmatrix} + t \cdot \begin{pmatrix} 0 \\ 1 \\ 1 \end{pmatrix}$ mit t ∈ ℝ

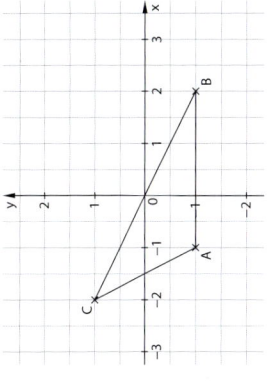

6 Ordnen Sie den Eigenschaften passende Geradengleichungen zu. (Es gilt jeweils t ∈ ℝ.)

A: Die Gerade liegt vollständig in der $x_1 x_3$-Ebene.	B: Die Gerade verläuft parallel zur $x_1 x_2$-Ebene.	C: Die Gerade hat den Spurpunkt S(0|1|1) mit der $x_2 x_3$-Ebene.
D: Die Gerade schneidet die x_1-Achse im Punkt D(-1|0|0).	E: Die Gerade hat den Abstand 1 von der $x_1 x_2$-Ebene.	F: Die Gerade hat den Spurpunkt F(0|-1|1) mit der $x_2 x_3$-Ebene.

g_1: $\vec{x} = \begin{pmatrix} 2 \\ 1 \\ 1 \end{pmatrix} + t \cdot \begin{pmatrix} 1 \\ 1 \\ 0 \end{pmatrix}$ **B, E, F**

g_2: $\vec{x} = \begin{pmatrix} 0 \\ 1 \\ 1 \end{pmatrix} + t \cdot \begin{pmatrix} 1 \\ 1 \\ 1 \end{pmatrix}$ **C, D**

g_3: $\vec{x} = t \cdot \begin{pmatrix} 1 \\ 0 \\ 1 \end{pmatrix}$ **A**

Weiterführende Aufgaben

7 Ergänzen Sie.
Die Punkte (k + 1|1|0) mit k ∈ ℝ liegen auf einer Geraden g mit $\vec{x} = \begin{pmatrix} 1 \\ 1 \\ 0 \end{pmatrix} + k \cdot \begin{pmatrix} 1 \\ 0 \\ 0 \end{pmatrix}$ mit k ∈ ℝ.

Die Gerade liegt in der $x_1 x_2$-Ebene und verläuft parallel zur x_1-Achse im Abstand **1**.

8 Ein Flugzeug wird um 12:10 Uhr im Punkt A(5|4|10) geortet. Um 12:15 Uhr befindet es sich im Punkt B(36|-15|8). (Angaben in km)
Die Flugbahn wird im Folgenden als geradlinig mit konstanter Geschwindigkeit über einer horizontalen Ebene angenommen.

a) Es handelt sich um einen Sinkflug, da die x_3-Koordinate von B **kleiner** ist als die von A.

b) Wählen Sie die Geschwindigkeit des Flugzeuges in km/h:
$347 \frac{km}{h}$ [ ] $437 \frac{km}{h}$ [X] $743 \frac{km}{h}$ [ ]

c) Geben Sie an, in welchem Punkt C sich das Flugzeug um 12:20 Uhr befindet.
$|\vec{AB}| = \sqrt{1326}\,\text{km} \approx 36{,}4\,\text{km}$ in 5 Min. Betrag der Geschwindigkeit $v = \frac{36{,}4\,\text{km}}{5\,\text{Min.}} \approx 437 \frac{km}{h}$.

[X] C(67|-34|6)   [ ] C(73|-14|20)   [ ] C(12|3|2)

$\vec{OC} = \vec{OA} + 2 \cdot \vec{AB} = \begin{pmatrix} 67 \\ -34 \\ 6 \end{pmatrix}$

Nach weiteren 5 Minuten:
(bzw. $\vec{OC} = \vec{OB} + \vec{AB}$)

d) Zeigen Sie, dass der Punkt D(160|-91|0) zur Flugbahn gehört. $\vec{OD} = \vec{OA} + t \cdot \vec{AB}$ für t = 5

e) Berechnen Sie, um welche Uhrzeit dieser Punkt erreicht würde. **12:35 Uhr**

Für t = 1 gelangt das Flugzeug von A nach B und braucht dafür 5 Minuten. Der Parameterwert t = 5 beschreibt deshalb eine Zeit von 25 Minuten, der Aufprall würde um 12:35 Uhr stattfinden.

Zusatzaufgabe: Beschreiben Sie, welche Bedeutung der Punkt D im vorliegenden Sachverhalt hätte.
Da die z-Koordinate von D gleich 0 ist, wäre das der Punkt des Auftreffens des Flugzeuges auf der Ebene. Es würde sich um einen fürchterlichen Unfall handeln, denn wegen der Annahme konstanter Geschwindigkeit würde das Flugzeug mit ca. 437 $\frac{km}{h}$ aufprallen.

Basisaufgaben

1 Durch die Eckpunkte des Würfels lassen sich Geraden legen.
Kreuzen Sie an, ob die Geraden g und h durch die angegebenen Punkte parallel oder windschief zueinander sind, oder ob sie einander schneiden.

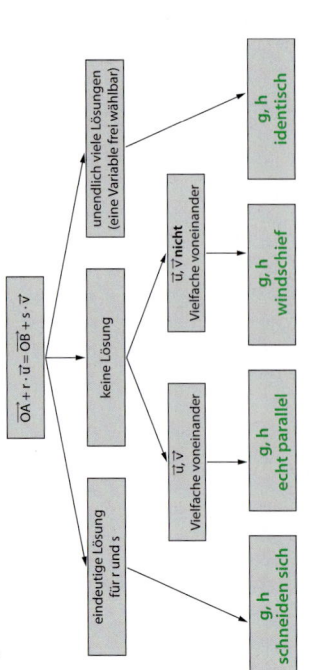

Gerade g	Gerade h	parallel	windschief	schneiden
A und B	G und H	x		
A und G	B und H			x
E und H	B und F		x	

2 Ergänzen Sie die fehlenden Felder für eine Lagebestimmung zweier Geraden.

$\overrightarrow{OA} + r \cdot \vec{u} = \overrightarrow{OB} + s \cdot \vec{v}$

- keine Lösung
  - $\vec{u}; \vec{v}$ nicht Vielfache voneinander → **g, h windschief**
  - $\vec{u}; \vec{v}$ Vielfache voneinander → **g, h echt parallel**
- unendlich viele Lösungen (eine Variable frei wählbar) → **g, h identisch**
- eindeutige Lösung für r und s → **g, h schneiden sich**

$\overrightarrow{OA}; \overrightarrow{OB}$: Stützvektoren
$\vec{u}; \vec{v}$: Richtungsvektoren

3 Ordnen Sie die Lagebeziehungen den Geradenpaaren g und h korrekt zu. Es gilt jeweils r ∈ ℝ und s ∈ ℝ.

A $g: \vec{x} = \begin{pmatrix} 1 \\ 0 \end{pmatrix} + r \cdot \begin{pmatrix} 1 \\ 1 \end{pmatrix}$
$h: \vec{x} = s \cdot \begin{pmatrix} -1 \\ -1 \end{pmatrix}$

B $g: \vec{x} = \begin{pmatrix} 0 \\ -1 \end{pmatrix} + r \cdot \begin{pmatrix} -2 \\ 3 \end{pmatrix}$
$h: \vec{x} = \begin{pmatrix} -5 \\ -8 \end{pmatrix} + s \cdot \begin{pmatrix} 2 \\ 0.5 \end{pmatrix}$

C $g: \vec{x} = \begin{pmatrix} 5 \\ 2 \\ -3 \end{pmatrix} + r \cdot \begin{pmatrix} 3 \\ -1 \\ -6 \end{pmatrix}$
$h: \vec{x} = \begin{pmatrix} 3 \\ 0 \\ 1 \end{pmatrix} + s \cdot \begin{pmatrix} -1 \\ -1 \\ 2 \end{pmatrix}$

D $g: \vec{x} = \begin{pmatrix} -2 \\ 1 \\ 1 \end{pmatrix} + r \cdot \begin{pmatrix} 1 \\ 3 \\ 2 \end{pmatrix}$
$h: \vec{x} = \begin{pmatrix} 1 \\ 1 \\ 1 \end{pmatrix} + s \cdot \begin{pmatrix} 0 \\ 0 \\ 1 \end{pmatrix}$

- P: g und h sind zueinander parallel → **P − A**
- I: g und h sind identisch → **I − C**
- S: g und h schneiden sich → **S − B**
- W: g und h sind windschief → **W − D**

4 Kreuzen Sie Zutreffendes an. Korrigieren Sie falsche Aussagen.
Für die Gerade $g: \vec{x} = \begin{pmatrix} 0 \\ 0 \\ 1 \end{pmatrix} + t \cdot \begin{pmatrix} 0 \\ 1 \\ 0 \end{pmatrix}$ mit t ∈ ℝ gilt:

Nr.	Aussage	Wahr?	Korrektur
a)	g durchstößt die x_1x_2-Ebene		**g durchstößt die x_1x_3-Ebene**
b)	g verläuft parallel zur x_2x_3-Ebene	x	
c)	g schneidet h mit $\vec{x} = \begin{pmatrix} 0 \\ 0 \\ 1 \end{pmatrix} + r \cdot \begin{pmatrix} 1 \\ 0 \\ 0 \end{pmatrix}$ in S(1|1|1)		**Der Schnittpunkt ist T(1|0|1).**

---

5 Deuten Sie die GTR-Rechnungen unter dem Aspekt der gegenseitigen Lage zweier Geraden.

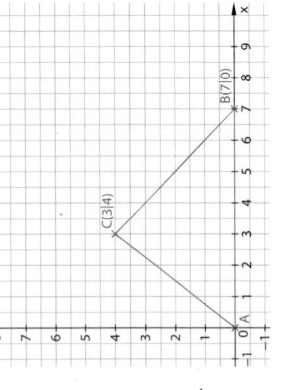

Schnittpunkt existiert	**parallel / windschief**	**identisch**
t = 2, s = −1; S(2|2|2)	hier windschief, da keine Vielfachen	für beliebiges s ist t = 2 − 3s

6 Gegeben ist ein Dreieck ABC.

a) Geben Sie an, auf welcher der Geraden die Höhe h_c bzw. die Seitenhalbierende s_a des Dreiecks ABC liegt.

$\vec{x} = \begin{pmatrix} 5 \\ 2 \end{pmatrix} + t \cdot \begin{pmatrix} 1 \\ 1 \end{pmatrix}$ mit t ∈ ℝ _____

$\vec{x} = \begin{pmatrix} 5 \\ 2 \end{pmatrix} + r \cdot \begin{pmatrix} 5 \\ 2 \end{pmatrix}$ mit r ∈ ℝ **s_a**

$\vec{x} = \begin{pmatrix} 3 \\ 4 \end{pmatrix} + s \cdot \begin{pmatrix} 0 \\ 1 \end{pmatrix}$ mit s ∈ ℝ **h_c**

b) Eine Geradengleichung in der Tabelle bleibt übrig:
Durch sie wird die **Mittelsenkrechte** der Seite a beschrieben.

c) Schnittpunkt von h_c und s_a: S($ 3 $ |1,2). _____

Weiterführende Aufgaben

7 Für eine Autobahn wird ein Tunnel durch einen Berg gebaut,
seine Eingänge liegen bei A und B. Vom Punkt C eines senkrecht
verlaufenden Stollens aus ist ein geradlinig verlaufender
Entlüftungsschacht in Richtung des Vektors $\vec{v}$ geplant, der den
Tunnel im Punkt S treffen soll.

Vervollständigen Sie die Angaben für
A(100|20|100), B(400|200|90), C(210|122|z), $\vec{v} = \begin{pmatrix} 2 \\ -6 \\ -3 \end{pmatrix}$.

Allgemeiner Punkt P des Tunnels:
P(①|20 + 180r|②), des Entlüftungsschachtes: Q(③|122 − 6s|④).

Der Schnittpunkt hat die Koordinaten S(220|⑤|⑥), denn s = ⑦.

Für den Startpunkt C des Entlüftungsschachtes gilt z = ⑧, denn r = ⑨.

① **100 + 300r** , ② **100 − 10r** , ③ **210 + 2s** , ④ **z − 3s** ,
⑦ **5** , ⑧ **111** , ⑨ **$\frac{2}{5}$** , ⑤ **92** , ⑥ **96**

8 Gegeben sind die Geraden g_k durch die Gleichung $\vec{x} = \begin{pmatrix} 0 \\ 1 \\ 1 \end{pmatrix} + t \cdot \begin{pmatrix} k \\ 1 − k \\ −1 \end{pmatrix}$ mit t, k ∈ ℝ.
Kreuzen Sie alle wahren Aussagen an.

- [x] Der Punkt A(0|0|1) ist der Schnittpunkt aller Geraden g_k.
- [x] Der Punkt B(0|1|0) ist der Schnittpunkt der Geraden g_0 mit der x_2-Achse.
- [ ] Die Gerade h mit $\vec{x} = \begin{pmatrix} 0 \\ 1 \\ 0 \end{pmatrix} + r \cdot \begin{pmatrix} 0 \\ −1 \\ 1 \end{pmatrix}$ mit r ∈ ℝ ist windschief zu jeder der Geraden g_k.
- [x] Auf der Geraden $\vec{x} = \begin{pmatrix} 1 \\ 0 \\ 0 \end{pmatrix} + s \cdot \begin{pmatrix} −1 \\ 1 \\ 0 \end{pmatrix}$ mit s ∈ ℝ liegen alle Spurpunkte der Geraden g_k mit der x_1x_2-Ebene.

Basisaufgaben

1 Durch die Eckpunkte A(2|0|0), C(0|3|0) und F(2|3|3) des Quaders ist eine Ebene E festgelegt.

a) Ergänzen Sie die Gleichung, sodass die Ebene E durch den Stützvektor $\overrightarrow{OA}$ sowie die Richtungsvektoren $\overrightarrow{AC}$ und $\overrightarrow{AF}$ beschrieben wird.

$\vec{x} = \begin{pmatrix} 2 \\ 0 \\ 0 \end{pmatrix} + r \cdot \begin{pmatrix} -2 \\ 3 \\ 0 \end{pmatrix} + s \cdot \begin{pmatrix} 0 \\ 3 \\ 3 \end{pmatrix}$ mit r, s ∈ ℝ

b) Kreuzen Sie an: Die Gleichung

$\vec{x} = \begin{pmatrix} 0 \\ 3 \\ 3 \end{pmatrix} + t \cdot \begin{pmatrix} 2 \\ 0 \\ 3 \end{pmatrix} + u \cdot \begin{pmatrix} 4 \\ 0 \\ 6 \end{pmatrix}$ mit t, u ∈ ℝ ist

☐ eine ☒ keine Gleichung für die Ebene E.

Die Richtungsvektoren sind parallel, also nicht linear unabhängig: Die Gleichung beschreibt keine Ebene, sondern eine Gerade.

2 Kreuzen Sie an, welche Aussagen bezogen auf die Ebene E: $\vec{x} = \begin{pmatrix} 1 \\ 1 \\ 1 \end{pmatrix} + r \cdot \begin{pmatrix} 1 \\ 1 \\ 0 \end{pmatrix} + s \cdot \begin{pmatrix} 0 \\ 0 \\ 1 \end{pmatrix}$ mit r, s ∈ ℝ wahr sind.

a)	Die x_3-Achse ist in E enthalten.	x
b)	Für r = 2 und s = 3 ergibt sich der Punkt Q(3|3|3) mit Q ∈ E.	**Q(3|3|4)**
c)	Die Gerade g mit $\vec{x} = t \cdot \begin{pmatrix} -1 \\ -1 \\ 0 \end{pmatrix}$ mit t ∈ ℝ ist Spurgerade von E in der x_1x_2-Ebene.	x
d)	Die Ebene E steht senkrecht auf die x_1x_2-Ebene.	x

3 Ordnen Sie der Beschreibung eine passende Ebenengleichung zu.

E: Die Ebene enthält die Punkte B(0|2|0), C(2|0|0) und D(0|0|2).

F: Die Ebene enthält den Punkt Q(2|0|0) und die x_3-Achse.

G: Die Ebene enthält den Punkt P(2|0|0) und liegt parallel zur x_2x_3-Ebene.

A: $\vec{x} = \begin{pmatrix} 2 \\ 0 \\ 0 \end{pmatrix} + r \cdot \begin{pmatrix} 0 \\ 0 \\ 1 \end{pmatrix} + s \cdot \begin{pmatrix} 0 \\ 1 \\ 0 \end{pmatrix}$ mit r, s ∈ ℝ

B: $\vec{x} = \begin{pmatrix} 2 \\ 0 \\ 0 \end{pmatrix} + r \cdot \begin{pmatrix} -1 \\ 0 \\ 0 \end{pmatrix} + s \cdot \begin{pmatrix} -1 \\ 0 \\ 1 \end{pmatrix}$ mit r, s ∈ ℝ

C: $\vec{x} = \begin{pmatrix} 2 \\ 0 \\ 0 \end{pmatrix} + r \cdot \begin{pmatrix} 0 \\ 0 \\ k \end{pmatrix} + s \cdot \begin{pmatrix} k \\ 0 \\ 0 \end{pmatrix}$ mit r, s, k ∈ ℝ und k ≠ 0

4 Gegeben ist die Ebene E durch $\vec{x} = \begin{pmatrix} 10 \\ 1 \\ -6 \end{pmatrix} + r \cdot \begin{pmatrix} -2 \\ 1 \\ 0 \end{pmatrix} + s \cdot \begin{pmatrix} 4 \\ 0 \\ -3 \end{pmatrix}$ mit r, s ∈ ℝ.

Ergänzen Sie die fehlenden Koordinaten so, dass die Punkte A, B und C die Spurpunkte der Ebene ergeben:

A(**4** |0|0), B(0| **2** |0), C(0|0| **3**), A: r = −1, s = **−2** , B: r = **1** , s = **−2** , C: r = **−1** , s = **−3**

5 Die Geraden g: $\vec{x} = \begin{pmatrix} 5 \\ 2 \\ -1 \end{pmatrix} + t \cdot \begin{pmatrix} 2 \\ 1 \\ -1 \end{pmatrix}$ und h: $\vec{x} = \begin{pmatrix} 0 \\ 0 \\ -1 \end{pmatrix} + u \cdot \begin{pmatrix} 1 \\ 0 \\ 2 \end{pmatrix}$ mit t, u ∈ ℝ schneiden einander.

Die Ebene E wird mit g und h aufgespannt. Wählen Sie Gleichungen, die E beschreiben.

☒ $\vec{x} = \begin{pmatrix} 1 \\ 0 \\ 1 \end{pmatrix} + r \cdot \begin{pmatrix} 2 \\ 1 \\ -1 \end{pmatrix} + s \cdot \begin{pmatrix} 1 \\ 0 \\ 4 \end{pmatrix}$ mit r, s ∈ ℝ   ☒ $\vec{x} = \begin{pmatrix} 5 \\ 2 \\ -1 \end{pmatrix} + r \cdot \begin{pmatrix} 2 \\ 1 \\ -1 \end{pmatrix} + s \cdot \begin{pmatrix} 1 \\ 0 \\ -6 \end{pmatrix}$ mit r, s ∈ ℝ

Als Ortsvektor von E kann man den Schnittpunkt S(1|0|1) von g und h oder einen anderen Punkt von E, z. B. auf g oder h, wählen und als Richtungsvektoren von E Richtungsvektoren von g und h bzw. Vielfache davon.

Weiterführende Aufgaben

6 Interpretieren Sie die Ergebnisse des GTR bezüglich der gegenseitigen Lage einer Ebene E mit den Parametern r und s und einer Geraden g mit dem Parameter t. Begründen Sie kurz Ihre Auffassung.

linSolve … „Keine Lösung gefunden"

Gerade in der Ebene mit P(2t|0|t); t ∈ ℝ. **(genau eine Variable)**

Gerade schneidet Ebene in S(1|1|1). **(r = s = 0 und t = 1)**

Ebene und Gerade parallel zueinander. **(keine Schnittpunkte/Lösung)**

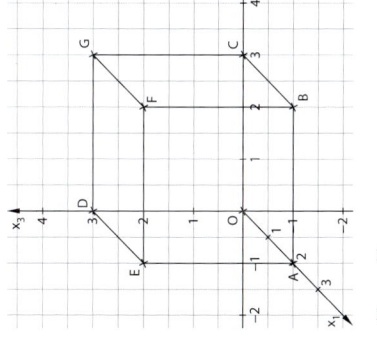

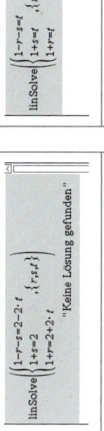

$v = \frac{s}{t}$

7 In einem stark vereinfachten mathematischen Modell können die Wolkendecke bzw. die Kondensstreifen von Flugzeugen als eine Ebene bzw. als Geraden betrachtet werden (Koordinatenangaben in km):

Punkte P der „Wolkendecke": P(r|s|9) mit r, s ∈ ℝ

Punkte Q der „Flugbahn" von Flugzeug A:
Q(5 + 5t|5 + 8t|t) mit t ∈ ℝ und t ≥ 0

Punkte R der „Flugbahn" von Flugzeug B:
R(20 + u|4,5u|0,5u) mit u ∈ ℝ und u ≥ 0

Die Beträge der Richtungsvektoren der Flugbahnen geben die Geschwindigkeiten der Flugzeuge in Kilometer pro Minute an. Die Parameter t und u stehen für die Flugzeit in Minuten. Beide Flugzeuge starten gleichzeitig.

Ergänzen Sie die Sätze, sodass wahre Aussagen entstehen.

a) Die Flugbahnen haben den gemeinsamen Punkt S(30| **45** | **5**).

b) Zum Zeitpunkt t = u = 0 sind die Flugzeuge ca. **15,8km** voneinander entfernt.

c) Flugzeug B erreicht den gemeinsamen Punkt S der Flugbahnen ca. **5** Minuten **nach** dem Flugzeug A.

d) Das Flugzeug A hat nach ca. **9** Minuten die Wolkendecke erreicht.
Zu diesem Zeitpunkt hat das Flugzeug B noch ca. **41,7km** auf seiner Flugbahn bis zur Wolkendecke zurückzulegen.

8 Die Skizze zeigt im Schrägbild das Modell eines Schuppens mit einem Pultdach. Der Schuppen ist 3 m breit und 4 m lang.
Die Höhe vorn beträgt 2 m, die Höhe hinten 2,5 m.
Ergänzen Sie die fehlenden Koordinaten.

Punkte: E(**3** | **0** | **2**); F(3 | **4** | 2); G(**0** | 4 | **2,5**);
H(**0** | **0** | **2,5**)

Ebene, in der das Pultdach liegt:

$\vec{x} = \begin{pmatrix} 3 \\ 2 \\ 2 \end{pmatrix} + r \cdot \begin{pmatrix} -3 \\ 0 \\ 0,5 \end{pmatrix} + s \cdot \begin{pmatrix} 0 \\ 4 \\ 0 \end{pmatrix}$ mit r, s ∈ ℝ

$\vec{x} = \overrightarrow{OE} + r \cdot \overrightarrow{EH} + s \cdot \overrightarrow{EF}$

Alle Punkte P, die in der Dachfläche EFGH liegen:

P(3 − **3r** | 4 · **s**|2 + 0,5 · **r**) mit r, s ∈ ℝ und 0 ≤ r ≤ **1**
und **0** ≤ s ≤ 1.

Basisaufgaben

1 Skalarprodukt: Ergänzen Sie die Berechnung des Skalarprodukts der Vektoren $\vec{a}$ und $\vec{b}$.

$\vec{a} \cdot \vec{b} = \begin{pmatrix}3\\1\\3\end{pmatrix} \cdot \begin{pmatrix}-1\\3\end{pmatrix} = 3 \cdot (-1) + 1 \cdot 3 = 0$

Die Vektoren $\vec{a}$ und $\vec{b}$ sind
[x] orthogonal [ ] parallel zueinander,
da $\vec{a} \cdot \vec{b} = 0$.

$\vec{a} \cdot \vec{b} = \begin{pmatrix}a_1\\a_2\\a_3\end{pmatrix} \cdot \begin{pmatrix}b_1\\b_2\\b_3\end{pmatrix} = a_1 \cdot b_1 + a_2 \cdot b_2 + a_3 \cdot b_3$

2 Ordnen Sie zu. Es gilt: $a \neq 0$, $b \neq 0$.

R:0 **B, D, E**
X:4 **A, C**

A: $\begin{pmatrix}1\\2\\1\end{pmatrix} \cdot \begin{pmatrix}2\\3\\-4\end{pmatrix}$ B: $\begin{pmatrix}2\\-1\\-4\end{pmatrix} \cdot \begin{pmatrix}3\\-1\\-2\end{pmatrix}$ C: $\begin{pmatrix}3\\2\end{pmatrix} \cdot \begin{pmatrix}2\\-1\end{pmatrix}$ D: $\begin{pmatrix}a\\-b\\0\end{pmatrix} \cdot \begin{pmatrix}b\\a\\b\end{pmatrix}$ E: $\begin{pmatrix}1\\\frac{1}{2}\\\frac{1}{5}\end{pmatrix} \cdot \begin{pmatrix}-\frac{3}{5}\\\frac{1}{5}\\3\end{pmatrix}$

3 Ergänzen Sie die Rechnungen.

a) $\begin{pmatrix}x\\2\\0\end{pmatrix} \cdot \begin{pmatrix}3\\3\\5\end{pmatrix} = 10$
$3x + 2x = 10$
$5x = 10$
$x = 2$

b) $\begin{pmatrix}x\\4\\4\end{pmatrix} \cdot \begin{pmatrix}2x\\4\\4\end{pmatrix} = 6$
$2x^2 + 4x + 8 = 6$
$x^2 + 2x + 4 = 3$
$x = -1$

c) $\begin{pmatrix}x^2\\6x\\4\end{pmatrix} \cdot \begin{pmatrix}3x\\x\\3x^2\end{pmatrix} = 0$
$3x^3 + 6x^2 + 12\,x^2 = 0$
$3x^2(x+6) = 0$
$x = 0$ oder $x = -6$

4 Orthogonale Vektoren: Bestimmen Sie – falls möglich – a so, dass die Vektoren $\vec{a}$ und $\vec{b}$ orthogonal zueinander sind.

a) $\vec{a} = \begin{pmatrix}a\\1\\4\end{pmatrix}$ und $\vec{b} = \begin{pmatrix}3\\-1\\-2\end{pmatrix}$
a = 3

b) $\vec{a} = \begin{pmatrix}a\\-1\\4\end{pmatrix}$ und $\vec{b} = \begin{pmatrix}-a\\-2\\2\end{pmatrix}$
keine reelle Lösung

c) $\vec{a} = \begin{pmatrix}a\\2a\\4\end{pmatrix}$ und $\vec{b} = \begin{pmatrix}-a\\2\\0\end{pmatrix}$
a = 0 oder a = 4

5 Dem Augenschein nach könnte das Dreieck ABC bei A einen rechten Innenwinkel besitzen.
Ergänzen Sie die Widerlegung dieser Annahme.

$\vec{AB} \cdot \vec{AC} = \begin{pmatrix}4\\1\end{pmatrix} \cdot \begin{pmatrix}-1\\3\end{pmatrix} = -4 + 3 = -1 \neq 0$

6 Betrag eines Vektors: Untersuchen Sie das Dreieck ABC mit A(5|1|2), B(2|4|2) und C(-1|1|2).

$\vec{AB} = \begin{pmatrix}-3\\3\\0\end{pmatrix}$, $\vec{AC} = \begin{pmatrix}-6\\0\\0\end{pmatrix}$, $\vec{BC} = \begin{pmatrix}-3\\-3\\0\end{pmatrix}$;
$\vec{AB} \cdot \vec{AC} = 18$; $\vec{BC} \cdot \vec{AC} = 18$; $\vec{AB} \cdot \vec{BC} = 0$;
$|\vec{AC}| = 6$; $|\vec{AB}| = \sqrt{18}$; $|\vec{BC}| = \sqrt{18}$

Das Dreieck ABC ist:
[x] rechtwinklig [ ] spitzwinklig [ ] stumpfwinklig [x] gleichschenklig [ ] gleichseitig

$|\vec{a}| = \sqrt{\vec{a} \cdot \vec{a}}$

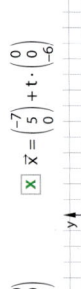

---

7 Die Berechnung eines zu $\vec{a}$ und $\vec{b}$ senkrechten Vektors $\vec{c}$ wurde mit dem GTR durchgeführt.
Ergänzen Sie die Erläuterung für
$\vec{a} = \begin{pmatrix}1\\-2\\4\end{pmatrix}$ und $\vec{b} = \begin{pmatrix}3\\2\\-1\end{pmatrix}$.

linSolve$\left(\{x-2\cdot y+4\cdot z=0, 3\cdot x+2\cdot y-z=0\}, \{x,y,z\}\right)$
$\left\{\dfrac{-3\cdot c1}{4}, \dfrac{13\cdot c1}{8}, c1\right\}$

Mit $\vec{c} = \begin{pmatrix}x\\y\\z\end{pmatrix}$ muss gelten $\vec{a} \cdot \vec{c} = 0$ und $\vec{b} \cdot \vec{c} = 0$.

Das führt auf das Gleichungssystem
$x - 2y + 4z = 0$
$3x + 2y - z = 0$.

Die Lösungsmenge $\left\{-\frac{3}{4}c1, \frac{13}{8}c1, c1\right\}$ kann als eine

Menge von Vektoren $\vec{c} = \begin{pmatrix}-\frac{3}{4}t\\\frac{13}{8}t\\t\end{pmatrix}$ mit t ∈ ℝ, t ≠ 0 gedeutet werden:

Jeder Vektor $\vec{c}$ ist sowohl zu $\vec{a}$ als auch zu $\vec{b}$ __orthogonal__ .

GTR:
$\vec{a}$ mit norm($\vec{a}$)
$\vec{a} \cdot \vec{b}$ mit dotp($\vec{a}, \vec{b}$)

Weiterführende Aufgaben

8 Gesucht ist die Gleichung einer Geraden g, die zur Ebene E: $\vec{x} = \begin{pmatrix}2\\0\\0\end{pmatrix} + r \cdot \begin{pmatrix}-1\\0\\0\end{pmatrix} + s \cdot \begin{pmatrix}-2\\1\\0\end{pmatrix}$ mit r, s ∈ ℝ orthogonal ist.
Kreuzen Sie die richtigen Lösungen an. Es gilt jeweils t ∈ ℝ.

[x] $\vec{x} = \begin{pmatrix}-1\\1\\0\end{pmatrix} + t \cdot \begin{pmatrix}0\\0\\-1\end{pmatrix}$ [ ] $\vec{x} = \begin{pmatrix}0\\0\\0\end{pmatrix} + t \cdot \begin{pmatrix}0\\0\\1\end{pmatrix}$ [x] $\vec{x} = \begin{pmatrix}2\\0\\1\end{pmatrix} + t \cdot \begin{pmatrix}0\\0\\1\end{pmatrix}$ [x] $\vec{x} = \begin{pmatrix}-7\\5\\0\end{pmatrix} + t \cdot \begin{pmatrix}0\\0\\-6\end{pmatrix}$

9 Gegeben ist ein schiefes Prisma ABCDEF mit A(4|0|0), B(0|4|0) und D(4|3|4).

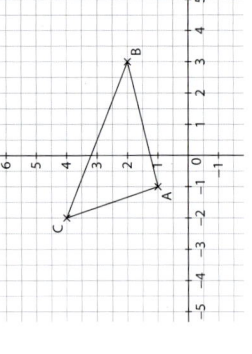

a) Wählen Sie die Koordinaten der Punkte E und F.
[ ] E(0|7|4) [ ] E(-2|6|3)
[ ] F(-1|2|3) [x] F(0|3|4)

b) Kreuzen Sie orthogonale Paare von Vektoren an.
[x] $\vec{FD}$ und $\vec{FE}$ [x] $\vec{DA}$ und $\vec{DF}$ [ ] $\vec{DA}$ und $\vec{DE}$

c) M ist Mittelpunkt der Strecke $\overline{FB}$:
[x] M(0|3,5|2) [ ] M(1|1|3).

d) „Die Gerade durch die Punkte D und M verläuft senkrecht zur Ebene durch die Punkte BCFE."
Die Aussage ist [ ] wahr [x] falsch. z.B.: $\vec{DM} \cdot \vec{FB} = 4,5 \neq 0$
Begründen Sie kurz Ihre Auffassung.

Die Gerade durch D und M durchstößt die x_1x_2-Ebene im Punkt P.

e) Auf der x_2-Achse liegt ein Punkt Q derart, dass die Strecken $\vec{AE}$ und $\vec{EQ}$ orthogonal zueinander sind. Geben Sie die fehlenden Koordinaten von Q an.

P(-4| 4 |0)

Q(0 | $\frac{65}{7}$ |0)

f) Geben Sie das Volumen des Prismas an. $V = A_G \cdot h = \frac{4\cdot4}{2} \cdot 4 = 32\,VE$

10 Der Punkt P(0|0|4) ist Eckpunkt eines Quadrats. Orthogonal zur Ebene, in der dieses Quadrat liegt, verläuft die Gerade g: $\vec{x} = \begin{pmatrix}3\\2\\1\end{pmatrix} + t \cdot \begin{pmatrix}0\\1\\0\end{pmatrix}$ mit t ∈ ℝ. Kreuzen Sie an. Zusatzaufgabe: Begründen Sie dies.

Das Quadrat liegt in der [ ] x_1x_2-Ebene [ ] x_2x_3-Ebene [x] x_1x_3-Ebene.

Aus dem Richtungsvektor von g ergibt sich, dass die Gerade g senkrecht zur x_1x_3-Ebene verläuft.
Außerdem verläuft g senkrecht zur Ebene des Quadrates, also liegt diese parallel zur x_1x_3-Ebene.
Weil der Punkt P, eine Ecke des Quadrates, auf der x_3-Achse liegt, muss das ganze Quadrat in der

Basisaufgaben

1 Winkel zwischen Vektoren:
Die Punkte A(3|2|−4), B(−2|1|5) und C(5|1|1) bilden das Dreieck ABC.

a) Ergänzen Sie die Berechnung der Größe des Innenwinkels α bei A.

Hilfe: $\cos(\triangleleft) = \frac{|\vec{a} \cdot \vec{b}|}{|\vec{a}| \cdot |\vec{b}|}$

$\vec{AB} = \begin{pmatrix} -5 \\ -1 \\ 9 \end{pmatrix}$, $\vec{AC} = \begin{pmatrix} 2 \\ -1 \\ 5 \end{pmatrix}$

$|\vec{AB}| = \sqrt{(-5)^2 + (-1)^2 + 9^2} = \sqrt{107}$

$|\vec{AC}| = \sqrt{2^2 + (-1)^2 + 5^2} = \sqrt{30}$

$\vec{AB} \cdot \vec{AC} = (-5) \cdot 2 + (-1) \cdot (-1) + 9 \cdot 5 = 36$

$\cos(\alpha) = \frac{\vec{AB} \cdot \vec{AC}}{|\vec{AB}| \cdot |\vec{AC}|} = \frac{36}{\sqrt{107} \cdot \sqrt{30}} \approx 0,6354$

$\Rightarrow \alpha \approx \cos^{-1}(0,6354) \approx 50,55°$

b) Berechnen Sie die Größen der Innenwinkel β und γ des Dreiecks ABC.

Winkel bei B: β ≈ 31,64°

Winkel bei C: γ ≈ 97,81°

c) Notieren Sie eine Rechnung zur Überprüfung des Ergebnisses für γ.

γ = 180° − α − β

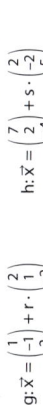

2
Kreuzen Sie alle Fehler bei der Berechnung der Größe des Innenwinkels α bei A im Dreieck ABC an.

Schritt der Berechnung	Fehler?
A(3|0), B(4|3), C(−1|2)	
$\vec{AB} = \begin{pmatrix} -1 \\ -3 \end{pmatrix}$; $\vec{AC} = \begin{pmatrix} -4 \\ 2 \end{pmatrix}$	x $\vec{AB} = \begin{pmatrix} 4 \\ 3 \end{pmatrix} - \begin{pmatrix} 3 \\ 0 \end{pmatrix} = \begin{pmatrix} 1 \\ 3 \end{pmatrix}$
$|\vec{AB}| = \sqrt{10}$; $|\vec{AC}| = \sqrt{18}$	x $|\vec{AC}| = \sqrt{20}$
$\vec{AB} \cdot \vec{AC} = 1 \cdot (-4) + 3 \cdot 2 = -2$	x 2
$\cos(\alpha) = \frac{2}{\sqrt{10} \cdot \sqrt{20}} \approx 0,1414$	
α ≈ 98,57°	x α ≈ 81,87°

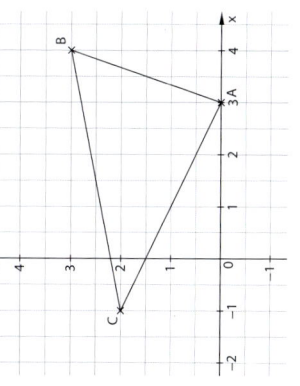

Rechner auf Gradmaß!

3
Kreuzen Sie richtige Aussagen an.

x Wenn $0 \leq \frac{\vec{a} \cdot \vec{b}}{|\vec{a}| \cdot |\vec{b}|} \leq 1$, so gilt für den Winkel φ zwischen $\vec{a}$ und $\vec{b}$: $0° \leq \varphi \leq 90°$.

x Wenn $-1 \leq \frac{\vec{a} \cdot \vec{b}}{|\vec{a}| \cdot |\vec{b}|} \leq 0$, so gilt für den Winkel φ zwischen $\vec{a}$ und $\vec{b}$: $90° \leq \varphi \leq 180°$.

x Wenn die Vektoren $\vec{a}$ und $\vec{b}$ und der Winkel dazwischen bekannt sind, kann man das Skalarprodukt $\vec{a} \cdot \vec{b}$ berechnen: Es ist das Produkt aus den Beträgen der Vektoren und dem Kosinus des von ihnen eingeschlossenen Winkels.

☐ Der Schnittwinkel zweier Geraden entspricht immer dem Winkel, den ihre Richtungsvektoren miteinander bilden.

Zusatzaufgabe: Korrigieren Sie falsche Aussagen.
Der Winkel zwischen den Richtungsvektoren kann auch ein stumpfer Winkel 90° < α < 180° sein.
Als Schnittwinkel der Geraden wird aber in diesem Fall stets der spitze Nebenwinkel 180° − α angegeben.

4 Winkel zwischen Geraden:
Gegeben sind drei Geraden g, h und k. Es gilt r, s, t ∈ ℝ.

$g: \vec{x} = \begin{pmatrix} 1 \\ -1 \\ 2 \end{pmatrix} + r \cdot \begin{pmatrix} 2 \\ 1 \\ -2 \end{pmatrix}$ $h: \vec{x} = \begin{pmatrix} 7 \\ -4 \\ 1 \end{pmatrix} + s \cdot \begin{pmatrix} 2 \\ -2 \\ 5 \end{pmatrix}$ $k: \vec{x} = \begin{pmatrix} 7 \\ -4 \\ -4 \end{pmatrix} + t \cdot \begin{pmatrix} 1 \\ 2 \\ 3 \end{pmatrix}$

$\cos(\varphi) = \frac{\vec{a} \cdot \vec{b}}{|\vec{a}| \cdot |\vec{b}|}$

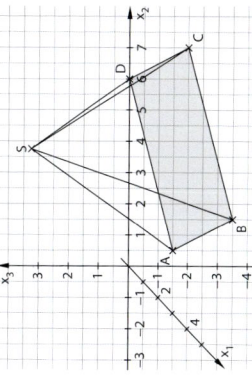

a) Berechnen Sie die Größe der Schnittwinkel von je zwei der Geraden.

$\triangleleft(g; h) \approx 180° − 117,66° = 62,34°$ $\triangleleft(g; k) \approx 180° − 100,26° = 79,74°$

$\triangleleft(h; k) \approx 52,78°$

b) Wählen Sie die Koordinaten des Schnittpunktes von g, h und k.

☐ (2|−2|5)   ☐ (1|−1|2)   x (7|2|−4)

Zusatzaufgabe:
Begründen Sie, weshalb sich alle drei Geraden in ein und demselben Punkt S schneiden.
Die Geraden h und k haben den Punkt P(7|2|−4) gemeinsam. Für r = 3 liegt S auch auf der Geraden g, also
schneiden sich alle drei Geraden in P(7|2|−4).

Weiterführende Aufgaben

5
Ein Schiff fährt einen geradlinigen Kurs und passiert nacheinander die Punkte A(14| 22|0) sowie B(−2|−4|0). Vom Schiff aus wird eine Sonde in den Punkten C(3|4|3) und etwas später in D(−1|−2|1) gesichtet. Die Sonde bewegt sich ebenfalls auf geradlinigem Kurs.

a) Die Sonde erreicht die als eben angenommene Wasseroberfläche in einem Punkt E. Ergänzen Sie die fehlenden Berechnungsschritte für die Koordinaten von E.

Flugbahn der Sonde:
x $\vec{x} = \begin{pmatrix} 3 \\ 4 \\ 3 \end{pmatrix} + r \cdot \begin{pmatrix} -4 \\ -6 \\ -2 \end{pmatrix}$ ☐ $\vec{x} = \begin{pmatrix} -1 \\ -2 \\ 1 \end{pmatrix} + r \cdot \begin{pmatrix} 4 \\ 3 \end{pmatrix}$ mit r ∈ ℝ

Auftreffen auf der Wasseroberfläche für z = 0, also r = 1,5.   E(−3| −5 |0).

b) Das Schiff ändert in B seinen Kurs, um die Sonde im Punkt E aufzunehmen. Ergänzen Sie die Berechnung der Größe des Winkels, um den das Schiff seinen Kurs ändern muss.

Richtungsvektor des Schiffes: $\vec{AB} = \begin{pmatrix} -16 \\ a \end{pmatrix}$; Richtung von B nach E: $\vec{BE} = \begin{pmatrix} b \\ -1 \\ 0 \end{pmatrix}$, a = −26 , b = −1 .

Winkel φ zwischen $\vec{AB}$ und $\vec{BE}$: $\cos(\varphi) = \frac{42}{2 \cdot \sqrt{233} \cdot \sqrt{2}} \approx 0,973$ φ ≈ 39,13° x φ ≈ 13,39° in Fahrtrichtung nach x rechts ☐ links

Das Schiff muss seinen Kurs um ca. φ ≈ 13,39° in Fahrtrichtung nach x rechts ☐ links ändern.

6
Die Punkte A(3|2|0), B(7|5|0), C(4|9|0), D(0|6|0) und S(3,5|5,5|5) bilden eine Pyramide. Ergänzen Sie die Aussagen,

① Die Vektoren $\vec{AB} = \begin{pmatrix} 4 \\ 3 \\ 0 \end{pmatrix}$ und $\vec{DC} = \begin{pmatrix} 4 \\ 3 \\ 0 \end{pmatrix}$ sind zueinander parallel und gleich lang.

② Es gilt $\vec{AB} \cdot \vec{BC} = \begin{pmatrix} 4 \\ 3 \\ 0 \end{pmatrix} \cdot \begin{pmatrix} -3 \\ 4 \\ 0 \end{pmatrix} = 0$ und $|\vec{AB}| = |\vec{BC}|$.

③ Aus ① und ② folgt, dass die Grundfläche ABCD ein Quadrat ist.

④ Der Punkt M(3,5|5,5|0) ist der Mittelpunkt der Grundfläche, denn z. B. $\vec{OM} = \vec{OA} + \frac{1}{2} \cdot \vec{AC}$.

⑤ Der Vektor $\vec{MS}$ steht senkrecht zur Grundfläche, denn z. B. $\vec{MS} \cdot \vec{AB} = 0$.

⑥ Für die Winkelgrößen gilt: ∢SBC ≈ 65,9°   ∢SBD ≈ 54,7°   ∢DSB ≈ 70,5°

⑦ Der Vektor $\begin{pmatrix} -6 \\ 8 \\ -5 \end{pmatrix}$ verläuft senkrecht zur Ebene aus den Punkten A, B und S.

Test – Geraden und Ebenen

1 Kreuzen Sie an, welche der Gleichungen eine korrekte Beschreibung für die Gerade g durch die Punkte A(2|−1|3) und B(4|2|−5) ist.

[x] $\vec{x} = \begin{pmatrix}2\\-1\\3\end{pmatrix} + t \cdot \begin{pmatrix}2\\3\\-8\end{pmatrix}$ mit t ∈ ℝ

[x] $\vec{x} = \begin{pmatrix}4\\2\\-5\end{pmatrix} + r \cdot \begin{pmatrix}-1\\-1{,}5\\4\end{pmatrix}$ mit r ∈ ℝ

[ ] $\vec{x} = \begin{pmatrix}2\\-3\\3\end{pmatrix} + s \cdot \begin{pmatrix}2\\8\end{pmatrix}$ mit s ∈ ℝ

2 Ergänzen Sie so, dass sich in Bezug auf den Würfel ABCDEFGH mit der Kantenlänge 5 wahre Aussagen ergeben.

a) Der Punkt M(5|2,5|5) ist der Mittelpunkt der Kante $\overline{EF}$.

b) Der Punkt P(5|−2,5|−5) liegt auf der Geraden durch die Punkte **A** und M.

c) Die Menge aller Punkte auf der Raumdiagonalen $\overline{DF}$ wird durch die Gleichung $\vec{x} = t \cdot \begin{pmatrix}1\\1\\1\end{pmatrix}$ mit t ∈ ℝ und **0** ≤ t ≤ **5** angegeben.

d) Die Gerade g durch die Punkte D und M sowie die Gerade h durch die Punkte C und E schneiden einander im Punkt $Q\left(\tfrac{10}{3}\middle|\tfrac{5}{3}\middle|\tfrac{10}{3}\right)$. Der Schnittwinkel φ von g und h hat die Größe φ ≈ **54,74°**.

e) Die Ebene ε durch die Punkte **C** , **E** und F wird beschrieben durch $\vec{x} = \begin{pmatrix}5\\5\\0\end{pmatrix} + r \cdot \begin{pmatrix}0\\1\\0\end{pmatrix} + s \cdot \begin{pmatrix}-5\\-5\\0\end{pmatrix}$ mit r, s ∈ ℝ. oder durch $\vec{x} = r \cdot \begin{pmatrix}-5\\-5\\-5\end{pmatrix} + s \cdot \begin{pmatrix}0\\0\end{pmatrix}$

f) Der Punkt Q(2|6|2) liegt auf der Ebene ε von Teilaufgabe **2e**.

3 Ordnen Sie den Geradenpaaren die zutreffende Lagebeziehung zu. Es gilt jeweils r, s ∈ ℝ.

A: g: $\vec{x} = \begin{pmatrix}3\\2\\0\end{pmatrix} + r \cdot \begin{pmatrix}-3\\-3\\4\end{pmatrix}$ und h: $\vec{x} = \begin{pmatrix}1\\8\\-8\end{pmatrix} + s \cdot \begin{pmatrix}-3\\9\\-12\end{pmatrix}$

B: g: $\vec{x} = \begin{pmatrix}-3\\2\\0\end{pmatrix} + r \cdot \begin{pmatrix}-1\\1\\1\end{pmatrix}$ und h: $\vec{x} = \begin{pmatrix}3\\-2\\4\end{pmatrix} + s \cdot \begin{pmatrix}-1\\-1\\-1\end{pmatrix}$

C: g: $\vec{x} = \begin{pmatrix}2\\1\\-3\end{pmatrix} + r \cdot \begin{pmatrix}1\\0\\1\end{pmatrix}$ und h: $\vec{x} = \begin{pmatrix}2\\1\\-3\end{pmatrix} + s \cdot \begin{pmatrix}-1\\1\\1\end{pmatrix}$

D: g: $\vec{x} = \begin{pmatrix}0\\2\\-1\end{pmatrix} + r \cdot \begin{pmatrix}7\\-1\\1\end{pmatrix}$ und h: $\vec{x} = \begin{pmatrix}3\\-1\\-4\end{pmatrix} + s \cdot \begin{pmatrix}1\\-2\\-4\end{pmatrix}$

P: g und h sind zueinander parallel, aber nicht identisch.

I: g und h sind identisch.

W: g und h sind windschief.

S: g und h schneiden einander unter einem Winkel von 90°.

4 Der Punkt P liegt in der Ebene E: $\vec{x} = \begin{pmatrix}-2\\0\\1\end{pmatrix} + r \cdot \begin{pmatrix}0\\1\\1\end{pmatrix} + s \cdot \begin{pmatrix}-1\\2\\0\end{pmatrix}$ mit r, s ∈ ℝ.

Ergänzen Sie seine Koordinaten: P(x|0|3) mit x = **1** .

5 Gegeben ist die Ebene E_1: $\vec{x} = \begin{pmatrix}0\\0\\1\end{pmatrix} + r \cdot \begin{pmatrix}1\\0\\0\end{pmatrix} + s \cdot \begin{pmatrix}0\\1\\0\end{pmatrix}$ mit r, s ∈ ℝ.

Geben Sie eine Gleichung der Ebene E_2 an, die aus E_1 durch Spiegelung an der x_1x_2-Ebene hervorgeht.

Hinweis: Wenn eine Ebene E_2 durch Spiegelung von E_1 an der Ebene F hervorgeht, dann gilt für eine zu den Ebenen senkrechte Gerade mit ihren Durchstoßpunkten P_1, D und P_2: $\overline{P_1D} = \overline{DP_2}$.

E_2: $\vec{x} = \begin{pmatrix}0\\0\\-1\end{pmatrix} + r \cdot \begin{pmatrix}1\\0\\0\end{pmatrix} + s \cdot \begin{pmatrix}0\\1\\0\end{pmatrix}$ mit r, s ∈ ℝ

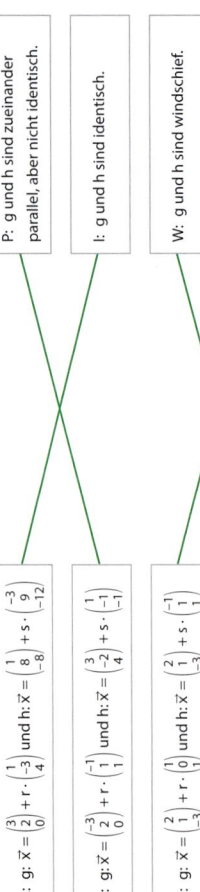

6 Bestimmen Sie die Größe des Winkels φ, den die Vektoren $\vec{a}$ und $\vec{b}$ einschließen.

a) $\vec{a} = \begin{pmatrix}2\\2\\3\end{pmatrix}$; $\vec{b} = \begin{pmatrix}-2\\-2\\-3\end{pmatrix}$; φ = **180°**

b) $\vec{a} = \begin{pmatrix}2\\3\\3\end{pmatrix}$; $\vec{b} = \begin{pmatrix}4\\6\\6\end{pmatrix}$; φ = **0°**

c) $\vec{a} = \begin{pmatrix}1\\2\\3\end{pmatrix}$; $\vec{b} = \begin{pmatrix}6\\-1\\2\end{pmatrix}$; φ ≈ **65,3°**

7 Berechnen Sie x, sodass die Vektoren a und b orthogonal zueinander sind.

a) $\vec{a} = \begin{pmatrix}1\\x\\0\end{pmatrix}$; $\vec{b} = \begin{pmatrix}-1\\x\\1\end{pmatrix}$, $x_1 = 1$ oder $x_2 = $ **−1**

b) $\vec{a} = \begin{pmatrix}x\\6x\end{pmatrix}$; $\vec{b} = \begin{pmatrix}0\\2x\\3\end{pmatrix}$; $x_1 = 0$ oder $x_2 = $ **−9**

8 Im Punkt Q(3|4|0) liegt ein Flughafen, von dem ein Flugzeug startet. Zwei Minuten nach dem Start wird das Flugzeug in R(7|12|4) gesichtet. (Koordinatenangaben in km)

Der Flug wird als geradlinig und mit konstanter Geschwindigkeit angenommen, wobei der Betrag des Richtungsvektors den Betrag der Geschwindigkeit in Kilometer pro Minute angibt.

Die Flugbahn wird durch die Gleichung $\vec{x} = \overrightarrow{OQ} + t \cdot \overrightarrow{QR}$ mit t ∈ ℝ, t ≥ 0 beschrieben.

a) Interpretieren Sie die Bedeutung des Parameters t im Sachzusammenhang.   Zeit, in **2 Minuten**

b) Geben Sie den Betrag der Geschwindigkeit v des Flugzeuges in km/h an. $|\vec{v}| \approx 294 \,\tfrac{km}{h},\ |\vec{v}| = \dfrac{|\overline{QR}|}{2} \cdot 60$

c) Ermitteln Sie, in welcher Höhe über der als eben angenommenen Erdoberfläche das Flugzeug sich vier Minuten nach dem Start befindet. $h = \mathbf{8\,km},\ \vec{q} + 2 \cdot (\vec{r} - \vec{q})$

d) Zum Startzeitpunkt wird ein Ballon im Punkt P(15|8|8) bemerkt.   [ ] P liegt auf der Flugbahn   [x] P liegt nicht auf der Flugbahn

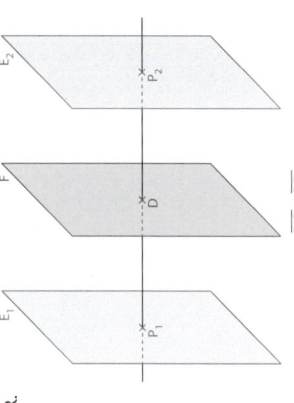

9 Gegeben sind die Punkte A(0|0|0), B(1|0|0) und C(0|1|0).

a) Der Punkt D liegt senkrecht über dem Schnittpunkt S der Seitenhalbierenden des Dreiecks ABC.

Ergänzen Sie die fehlenden Koordinaten von $S\left(a\middle|\tfrac{1}{3}\middle|b\right)$ und $D\left(a\middle|\tfrac{1}{3}\middle|1\right)$ mit

[x] $a = \tfrac{1}{3}$ [ ] $a = \tfrac{2}{3}$ [x] $b = 0$ [ ] $b = 1$

b) Das Volumen der Pyramide ABCD:

[ ] $V = \tfrac{1}{2}$VE   [ ] $V = \tfrac{1}{3}$VE   [x] $V = \tfrac{1}{6}$VE

c) Eine zur x_1x_2-Ebene parallele Ebene E mit dem Abstand $\tfrac{1}{2}$ schneidet die Seitenkanten der Pyramide ABCD. Ergänzen Sie die fehlenden Koordinaten der Schnittpunkte von E mit den Seitenkanten der Pyramide.

$S_{AD} = \left(\tfrac{1}{6}\middle|\tfrac{1}{6}\middle|\tfrac{1}{2}\right)$

$S_{BD} = \left(\tfrac{2}{3}\middle|\tfrac{1}{6}\middle|\tfrac{1}{2}\right)$

$S_{CD} = \left(\tfrac{1}{6}\middle|\tfrac{2}{3}\middle|\tfrac{1}{2}\right)$

d) Ergänzen Sie die Abbildung mit der Darstellung der Pyramide ABC_tD (t = 1) nun die Punkte $C_t(t|1|0)$ mit t ∈ ℝ.

Zusatzaufgabe: Begründen Sie, weshalb das Volumen aller Pyramiden ABC_tD gleich groß ist.

Beispielsweise:

Die dreieckige Grundfläche ABC_t der Pyramide hat die Grundseite $\overline{AB}$ mit der Länge 1. Alle Punkte $C_t(t|1|0)$ liegen auf einer zur x_1-Achse parallelen Geraden im Abstand 1, daher hat die Höhe der Grundfläche für alle t ∈ ℝ die Länge 1 und $A_G = \frac{1 \cdot 1}{2} = \frac{1}{2}$. Da auch die Höhe der Pyramiden (Abstand von D zur x_1x_2-Ebene) immer 1 beträgt, ist das Volumen immer $V = \frac{1}{6}$ VE.

Basisaufgaben

1 Empirisches Gesetz der großen Zahlen: Ein 2x2-Steckbaustein wurde unter gleichen Bedingungen n-mal geworfen. Betrachtet wurde das Ereignis A: „Eine der vier gleichen Seitenflächen liegt oben."
a) Ergänzen Sie die fehlenden Werte für absolute Häufigkeit H(A) bzw. die relative Häufigkeit h(A).
b) Geben Sie auf der Grundlage dieser Daten einen Schätzwert für die Wahrscheinlichkeit des Ereignisses A an.

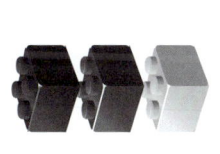

n	30	90	150	210	270	330
H(A)	5	23	38	59	84	103
h(A)	0,17	0,26	0,25	0,28	0,31	0,31

Schätzwert für die Wahrscheinlichkeit

z.B.: 0,31

2 Wahrscheinlichkeiten bei Laplace-Experimenten: Aus einer Urne mit fünf gelben, drei roten und zwei blauen Kugeln wird zufällig eine Kugel gezogen und ihre Farbe festgestellt. Ordnen Sie jedem Ereignis die Wahrscheinlichkeit zu.

A: Die gezogene Kugel ist gelb.
$p_1 = 0,3$ **B**

B: Die gezogene Kugel ist rot.

C: Die gezogene Kugel ist rot oder blau.
$p_2 = 0$ **D**

D: Die gezogene Kugel ist grün.
$p_3 = 0,5$ **A, C**

$$P(A) = \frac{\text{Anzahl der Ergebnisse günstig für A}}{\text{Anzahl aller Ergebnisse}}$$

3 Baumdiagramm und Pfadregeln: Ein idealer Würfel wird zweimal geworfen. Bei jedem Wurf wird notiert, ob eine Sechs oben liegt.
a) Ergänzen Sie das Baumdiagramm.
b) Geben Sie die Wahrscheinlichkeiten der Ereignisse an:
A: In beiden Würfen liegt die Sechs oben.
B: Im ersten Wurf erscheint eine Sechs, im zweiten Wurf keine Sechs.
C: Es wird genau einmal eine Sechs geworfen.

$P(A) = \frac{1}{6} \cdot \frac{1}{6} = \frac{1}{36}$ $P(B) = \frac{1}{6} \cdot \frac{5}{6} = \frac{5}{36}$

$P(C) = \frac{1}{6} \cdot \frac{5}{6} + \frac{5}{6} \cdot \frac{1}{6} = \frac{10}{36} = \frac{5}{18}$

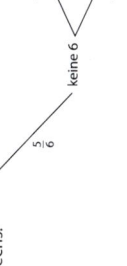

Baumdiagramm: $\frac{1}{6}$ 6, $\frac{5}{6}$ keine 6; 6, keine 6; $\frac{1}{6}$ 6, $\frac{5}{6}$ keine 6; $\frac{1}{6}$ 6, $\frac{5}{6}$ keine 6

4 Aus einer Urne mit zwei roten und drei schwarzen Kugeln wird dreimal genau eine Kugel mit Zurücklegen gezogen und deren Farbe notiert. Kreuzen Sie an, ob alle für das angegebene Ereignis günstigen Ergebnisse angegeben sind.

[x] A: Nur im zweiten Zug rot   (s, r, s)

[ ] B: Im zweiten Zug rot.   (s, r, s), (r, r, r), **(s, r, r)**, **(r, r, s)**

[ ] C: Zweimal rot.   (r, r, s), **(r, s, r)**, **(s, r, r)**

[ ] D: Frühestens im zweiten Zug rot.   (s, r, s), **(s, r, r)**, (s, s, r), (s, s, s)

Zusatzaufgabe: Ergänzen Sie die fehlenden Ergebnisse.

5 Pfadregeln: Ergänzen Sie durch Ankreuzen zu wahren Aussagen.
a) Die Wahrscheinlichkeit eines zusammengesetzten Ergebnisses erhält man über die [ ] Addition / [x] Multiplikation der Einzelwahrscheinlichkeiten entlang des Pfades.
b) Die Wahrscheinlichkeit eines Ereignisses erhält man über die [x] Addition / [ ] Multiplikation der Wahrscheinlichkeiten aller zugehörigen Pfade.

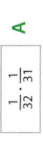

6 Aus einem Skatkartenspiel werden ohne Zurücklegen nacheinander zwei Karten zufällig gezogen.
Ordnen Sie den Ereignissen die passenden Berechnungen zu.
A: Es werden im ersten Zug das Herz-As und im zweiten Zug die Kreuz-Dame gezogen.
B: Es werden in beliebiger Reihenfolge die Herz-Dame und ein König gezogen.
C: Es werden in beliebiger Reihenfolge eine rote und eine schwarze Karte gezogen.

$2 \cdot \frac{1}{2} \cdot \frac{16}{31}$ **C**

$\frac{1}{32} \cdot \frac{4}{31} + \frac{4}{32} \cdot \frac{1}{31}$ **B**

$\frac{1}{32} \cdot \frac{1}{31}$ **A**

7 Vierfeldertafel: Von den 180 Lernenden der gymnasialen Oberstufe des Gymnasiums in B-Stadt sind 72 männlich. Von den Jungen kommen 38 direkt aus B-Stadt, von den Mädchen sind nur 25 % direkt aus B-Stadt.
a) Vervollständigen Sie für diesen Sachverhalt die Vierfeldertafel.

z.B.:
1. 180 − 72 =108   2. 72 − 38 = 34,
3. 108 : 4 = 27   4. 38 + 27 = 65,
5. 180 − 65 =115   6. 108 − 27 =81

	Jungen	Mädchen	
aus B-Stadt	38	27	65
nicht aus B-Stadt	34	81	115
	72	108	180

b) Kreuzen Sie alle wahren Aussagen an.

[x] Etwa 64 % aller Lernenden der gymnasialen Oberstufe kommen nicht aus B-Stadt.

[ ] Der Anteil der Jungen an allen Schülerinnen und Schüler aus B-Stadt beträgt 25 %.
$\frac{38}{65} \approx 58,5\%$

[x] 60 % aller Lernenden der gymnasialen Oberstufe sind weiblich.

[x] Der Anteil der weiblichen Oberstufenschüler an allen Oberstufenschülern, die nicht aus B-Stadt kommen, beträgt ca. 70,4 %.

Weiterführende Aufgaben

8 Angenommen, ein Elfmeterschütze hat eine konstante Trefferquote von 80 % bei jedem Schuss, wenn er dreimal auf das Tor schießt. Ordnen Sie den Ereignissen die richtige Wahrscheinlichkeit zu.
A: höchstens einen Treffer.
B: genau einen Treffer.
C: mindestens einen Treffer.

$p_1 = 0,992$ **C**

$p_2 = 0,096$ **B**

$p_3 = 0,104$ **A**

9 Aus einem Skatspiel wird eine Karte zufällig gezogen. Berechnen Sie die Wahrscheinlichkeiten der Ereignisse E und F.
E: Es wird Herz gezogen.
F: Es ist die Herz-Dame, wenn Herz gezogen wurde.

$P(E) = \frac{8}{32} = \frac{1}{4}$

$P(F) = \frac{1}{8}$

10 Aus einer Urne mit zwei weißen, einer gelben, einer roten und einer blauen Kugel werden ohne Zurücklegen zwei Kugeln gezogen. Berechnen Sie die Wahrscheinlichkeiten folgender Ereignisse.
A: Die erste gezogene Kugel ist eine weiße Kugel, die zweite die blaue Kugel.
B: Die erste Kugel ist nicht die blaue und die zweite Kugel ist nicht die gelbe.
C: Es wird zweimal eine Kugel derselben Farbe gezogen.
D: Es tritt sowohl das Ereignis A als auch das Ereignis B ein.

$\frac{2}{5} \cdot \frac{1}{4} = \frac{1}{10}$

$\frac{4}{5} \cdot \frac{3}{4} = \frac{3}{5}$

$\frac{2}{5} \cdot \frac{1}{4} + 3 \cdot \frac{1}{5} \cdot \frac{0}{4} = \frac{0}{10}$

$P(A \cap B) = P(A) = \frac{1}{10}$

Bedingte Wahrscheinlichkeit

Basisaufgaben

1 Ergänzen Sie den Text, sodass eine wahre Aussage entsteht.

„Für zwei Ereignisse A und B versteht man unter der bedingten Wahrscheinlichkeit P_A (B) die Wahrscheinlichkeit dafür, dass das Ereignis __B__ eintritt, wenn man schon weiß, dass das Ereignis __A__ eingetreten ist."

2 In einer Schachtel liegen Zettel, die mit einer der Zahlen 1, 2, 3, 4, 5 beschriftet sind. Nacheinander wird zufällig ohne Zurücklegen zweimal jeweils genau ein Zettel gezogen. Betrachten Sie das Ereignis A: „Die Summe der gezogenen Zahlen ist 6."

a) Die Übersicht zeigt alle möglichen Ergebnisse für das Ziehen von zwei Zahlen ohne Zurücklegen.

Markieren Sie farbig alle für das Ereignis A günstigen Ergebnisse, wenn weiter keine Bedingung gestellt wird.

Schließen Sie daraus auf P(A).

$P(A) = \frac{4}{20} = \frac{1}{5}$

(1, 2)	(1, 3)	(1, 4)	**(1, 5)**	
(2, 1)	(2, 3)	**(2, 4)**	(2, 5)	
(3, 1)	(3, 2)	(3, 4)	(3, 5)	
(4, 1)	**(4, 2)**	(4, 3)	(4, 5)	
(5, 1)	(5, 2)	(5, 3)	(5, 4)	

b) Betrachten Sie das Ereignis A unter der Bedingung B:

„Es ist bekannt, dass beide gezogenen Zahlen ungerade sind."

Tragen Sie in die Übersicht die fehlenden Zahlenpaare ein, die für das Ereignis B in Frage kommen, und markieren Sie dort die für das Ereignis A günstigen Ergebnisse farbig.

Schließen Sie daraus auf die Wahrscheinlichkeit von P_B(A).

$P_B(A) = \frac{2}{6} = \frac{1}{3}$

(1, 3)		**(1, 5)**
(3, 1)		**(3,5)**
(5, 1)	(5, 3)	

3 Aus einem Skatkartenspiel (s. S. 53) wurde zufällig eine Karte gezogen. Betrachten Sie die Ereignisse A: „Es wurde die Herz-Dame gezogen.",
B: „Es wurde eine rote Karte gezogen." und C: „Es wurde eine Dame gezogen." Ordnen Sie die Zahlenwerte den Wahrscheinlichkeiten zu.

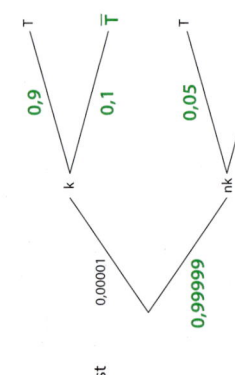

$P_A(B) = \frac{P(A \cap B)}{P(A)}$ für $P(A) > 0$

$P(A) = \frac{1}{32}$; $P(B) = \frac{1}{2}$; $P(C) = \frac{1}{8}$; $P_A(B) = \frac{1}{2}$; $P_B(A) = \frac{1}{16}$; $P_C(A) = \frac{1}{4}$

$P(A)$	$P(B)$	$P(C)$	$P_B(A)$	$P_C(A)$
$\frac{1}{4}$	$\frac{1}{32}$	$\frac{1}{2}$	$\frac{1}{16}$	$\frac{1}{8}$

4 Bei einer Verkehrskontrolle telefonierten von 130 Fahrern unter 35 Jahren 60 Fahrer während der Fahrt mit dem Handy. Bei den 150 kontrollierten Autofahrern, die mindestens 35 Jahre alt waren, gab es 40 Verstöße gegen das Verbot, während der Fahrt mit dem Handy zu telefonieren.

a) Ergänzen Sie die Vierfeldertafel.

b) Kreuzen Sie an, welcher der Terme die bedingte relative Häufigkeit korrekt angibt.

	A: Alter < 35	B: Alter ≥35	
H: Verstoß gegen Handy-Verbot	60	**40**	**100**
K: Kein Verstoß gegen Handy-Verbot	70	**110**	**180**
	130	**150**	**280**

① Anteil der unter 35-Jährigen, die nicht gegen das Handyverbot am Steuer verstoßen.
   ☒ $P_K(A)$ ☐ $P_A(K)$ ☐ $\frac{60}{130}$ ☒ $\frac{70}{130}$

② Anteil derjenigen, die gegen das Handyverbot verstießen, an den mindestens 35-Jährigen.
   ☐ $P_H(B)$ ☒ $P_B(H)$ ☐ $\frac{40}{150}$ ☒ $\frac{40}{150}$

③ Anteil der unter 35-Jährigen an allen, die sich nicht an das Handyverbot halten
   ☐ $P_A(H)$ ☒ $P_H(A)$ ☒ $\frac{60}{100}$ ☐ $\frac{60}{130}$

④ Anteil der mindestens 35-Jährigen an allen, die nicht gegen das Handyverbot verstoßen
   ☐ $P_K(B)$ ☒ $P_B(K)$ ☒ $\frac{110}{180}$ ☐ $\frac{110}{150}$

---

5 Das äußere Quadrat habe den Flächeninhalt 1. Die Flächeninhalte der Rechtecke im Inneren können als Maße der Wahrscheinlichkeiten von Ereignissen A und B aufgefasst werden.

Ergänzen Sie:

Das äußere Quadrat enthält **100** Kästchen

$P(A) = $ **0,12** $P(B) = $ **0,16** $P_B(A) = \frac{1}{16}$ $P_A(B) = \frac{1}{12}$ $P(A \cap B) = \frac{1}{100}$

6 Angenommen, 30 % der PKW-Besitzer einer bestimmten Automarke erhalten im Rahmen einer Rückrufaktion die Aufforderung, mit ihrem Auto bis zu einem festgelegten Termin eine Vertragswerkstatt aufzusuchen (Ereignis R). 80 % davon folgen dieser Aufforderung bis zu diesem Termin (Ereignis F).

Ergänzen Sie das Baumdiagramm in Bezug auf dieses Sachverhalt durch Eintragen der Wahrscheinlichkeiten P_R(F) sowie P(R∩F) an den zugehörigen Stellen.

Geben Sie auch die Größe dieser Wahrscheinlichkeiten an.

$P_R(F) = 0,8$ F   **P(R∩F) = 0,24**

   R

0,3   0,2 $\overline{F}$

0,7 $\overline{R}$

Weiterführende Aufgaben

7 In einer Urne liegen fünf gleichartige Kugeln, von denen zwei rot und drei schwarz sind. Die roten Kugeln sind mit 1 und 2 nummeriert, die schwarzen Kugeln mit 1, 2 und 3.
Aus der Urne wird zufällig eine Kugel entnommen. Ordnen Sie den Ereignissen A, B, C und D die zugehörigen Wahrscheinlichkeiten zu.

A: Die entnommene Kugel ist rot.   B: Die entnommene Kugel trägt die Nummer 1.

C: Die entnommene Kugel ist rot, wenn man schon weiß, dass die entnommene Kugel die Zahl 1 trägt.   D: Die entnommene Kugel ist rot und drei schwarz sind.   schon weiß, dass die entnommene Kugel schwarz ist.

$p_1 = 0,4$ **A, B** $p_2 = 0,5$ **C** $p_3 = 0,6$ $p_4 = \frac{1}{3}$ **D**

Zusatzaufgabe: Eine der Wahrscheinlichkeiten p_1, p_2, p_3 und p_4 wird bei Teilaufgabe 7 (oben) nicht gebraucht.
Formulieren Sie ein Ereignis zum betrachteten Sachverhalt, das zu dieser bisher nicht verwendeten Wahrscheinlichkeit passt.   **Individuell, z. B.: „Die entnommene Kugel ist schwarz." mit $p_3 = 0,6$**

8 Eine seltene Krankheit trete im Durchschnitt bei einer von 100000 Personen auf. Es wurde ein Test zur Erkennung dieser Krankheit entwickelt, der diese Krankheit bei einer untersuchten Person mit 90 %iger Sicherheit erkennt, wenn sie wirklich vorliegt (Sensitivität). Ist die getestete Person nicht krank, wenn sie wirklich dieser Krankheit betroffen, so fällt der Test mit 5 %iger Wahrscheinlichkeit trotzdem positiv aus (Spezifität).
Es ist die Wahrscheinlichkeit dafür gesucht, dass die untersuchte Person wirklich an dieser Krankheit erkrankt ist (k), wenn der Test positiv ausgefallen ist (T).

a) Ergänzen Sie das Baumdiagramm und die Rechnung.

0,00001   k   0,9   T

0,1 $\overline{T}$

0,99999   nk   0,05   T

0,95 $\overline{T}$

$P_T(k) = \dfrac{0,00001 \cdot \boxed{0,9}}{0,00001 \cdot \boxed{0,9 + 0,9999} \cdot 0,05} \approx 0,00018$

b) Ergänzen Sie die Vierfeldertafel der relativen Häufigkeiten zu diesem Sachverhalt.

	krank	nicht krank	
Test positiv	0,00001 · 0,9	0,99999 · 0,05	**0,050009**
Test negativ	**0,00001 · 0,1**	0,99999 · 0,95	**0,949992**
	0,00001	0,99999	1

Basisaufgaben

1 Ergänzen Sie zu einer wahren Aussage.

① Zwei Ereignisse A und B heißen **stochastisch unabhängig**, wenn gilt: $P_A(B) = P(B)$.

② Zwei Ereignisse A und B sind genau dann **stochastisch unabhängig**, wenn gilt: $P A \cap B = P(A) \cdot P(B)$.

③ Zwei Ereignisse A und B heißen **kausal abhängig**, wenn sie in Ursache und **Wirkung** voneinander abhängen.

2 In einer Schale liegen drei schwarze und zwei rote Kugeln. Es wird zweimal genau eine Kugel gezogen.

a) Vervollständigen Sie die Baumdiagramme.

Mit Zurücklegen

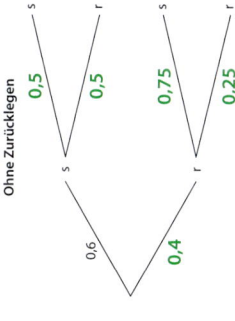

Ohne Zurücklegen

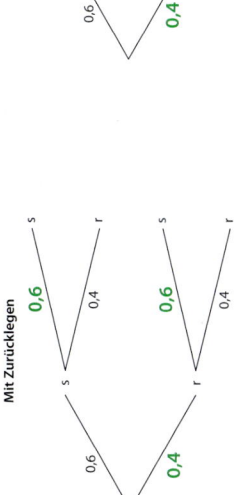

b) Ergänzen Sie für die Ereignisse A: „Schwarz im 1. Zug" und B: „Rot im 2. Zug" die Tabelle.

Wahrscheinlichkeit	Ziehen mit Zurücklegen	Ziehen ohne Zurücklegen
P(A)	0,6·0,6+0,6·0,4=0,6	0,6·0,5+0,6·0,5=0,6
P(B)	0,6·0,4+0,4·0,4=0,4	0,6·0,5+0,4·0,25=0,4
$P_A(B)$	0,4	0,5
P(A∩B)	0,6·0,4=0,24	0,6·0,5=0,3≠0,6·0,4
Stochastisch unabhängig?	ja	nein

3 Die Übersicht zeigt alle möglichen Ergebnisse beim Werfen zweier Spielwürfel.

a) Markieren Sie verschiedenfarbig alle Ergebnisse, die zu den Ereignissen A: „Zwei gleiche Augenzahlen" bzw. B: „Augensumme 6" gehören.

(1,1) A	(1,2)	(1,3)	(1,4)	(1,5) B	(1,6)
(2,1)	(2,2) A	(2,3)	(2,4) B	(2,5)	(2,6)
(3,1)	(3,2)	(3,3) A/B	(3,4)	(3,5)	(3,6)
(4,1)	(4,2) B	(4,3)	(4,4) A	(4,5)	(4,6)
(5,1) B	(5,2)	(5,3)	(5,4)	(5,5) A	(5,6)
(6,1)	(6,2)	(6,3)	(6,4)	(6,5)	(6,6) A

b) Berechnen Sie die Wahrscheinlichkeiten und schließen Sie daraus, ob A und B stochastisch unabhängig sind.

$P(A) = \frac{1}{6}$ $P(B) = \frac{5}{36}$ $P(A \cap B) = \frac{1}{36}$

$P_A(B) = \frac{1}{6}$

Schlussfolgerung: $P_A(B) \neq P(B)$ bzw. $P(A \cap B) \neq P(A) \cdot (PB)$, also sind A und B stochastisch **abhängig**.

c) Untersuchen Sie in analoger Weise das Ereignis A und das Ereignis C: „Die zweite gewürfelte Zahl ist eine Sechs."

$P(A) = \frac{1}{6}$ $P(C) = \frac{1}{6}$ $P(A \cap B) = \frac{1}{6}$ $P_A(C) = \frac{1}{6}$ $P(A \cap B) = \frac{1}{36}$

Schlussfolgerung: $P_{A(B)} = P(B)$ bzw. $P(A \cap B) = P(A) \cdot (PB)$, also sind A und B stochastisch **unabhängig**.

---

4 Eintausend Personen wurden zufällig ausgewählt und auf zwei Merkmale untersucht: A: „Die Person ist sportlich wenig aktiv." und B: „Die Person hat Normalgewicht."
Die Ergebnisse sind in der Vierfeldertafel mit absoluten Häufigkeiten dargestellt.

	A	Ā	
B	43	7	50
B̄	814	136	950
	857	143	1000

a) Die relativen Häufigkeiten werden als Wahrscheinlichkeiten betrachtet. Kreuzen Sie an, welche Ergebnisse richtig sind.

☐ $P_A(B) = \frac{43}{1000}$ ☐ $P_A(B) = \frac{43}{50}$ ☒ $P_A(B) = \frac{43}{857}$

☐ $P(B) = \frac{857}{1000}$ ☐ $P(B) = \frac{43}{50}$ ☒ $P(B) = \frac{50}{1000}$

b) Begründen Sie, dass anhand der korrekten Werte für diesen Personenkreis A und B annähernd stochastisch unabhängig sind.

$P_A(B) = \frac{43}{857} \approx 0,0502$ $P(B) = \frac{50}{1000} = 0,05$

☒ $P_A(B) \approx 0,0502$ ☒ $P(B) = 0,05$

Es gilt: $P_A(B)$ und $P(B)$ sind ☐ nicht ☒ annähernd ☐ genau gleich groß.

Die korrekten Werte für diesen Personenkreis zeigen: A und B sind annähernd stochastisch unabhängig.

Weiterführende Aufgaben

5 Auf Unabhängigkeit schließen: In der Urne A sind zwei rote und eine blaue Kugel, in der Urne B sind vier rote und zwei blaue Kugeln. Es wird zufällig eine der Urnen ausgewählt und auf gut Glück aus dieser eine Kugel gezogen. Es werden die Ereignisse C: „Es wurde Urne A gewählt." und D: „Es wurde eine rote Kugel gezogen." betrachtet.

a) Ergänzen Sie im Baumdiagramm und in der Vierfeldertafel die fehlenden Eintragungen.

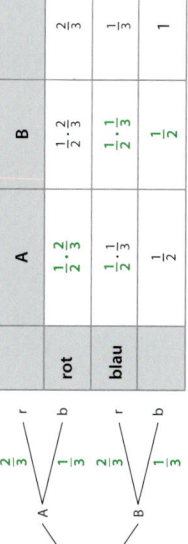

> A und B unabhängig
> ⇔
> $P(A \cap B) = P(A) \cdot P(B)$

	A	B	
rot	$\frac{1}{2} \cdot \frac{2}{3}$	$\frac{1}{2} \cdot \frac{2}{3}$	$\frac{2}{3}$
blau	$\frac{1}{2} \cdot \frac{1}{3}$	$\frac{1}{2} \cdot \frac{1}{3}$	$\frac{1}{3}$
	$\frac{1}{2}$	$\frac{1}{2}$	1

b) Ergänzen Sie zu wahren Aussagen.

Die Ereignisse C und D sind stochastisch unabhängig, denn es gilt nach den Pfadregeln $P(C \cap D) = \frac{1}{2} \cdot \frac{2}{3} = \frac{1}{3}$.

sowie $P(C) = \frac{1}{2}$ und $P(D) = \frac{1}{2} \cdot \frac{2}{3} + \frac{1}{2} \cdot \frac{2}{3} = \frac{2}{3}$.

Damit gilt nach dem Multiplikationssatz $P(C) \cdot P(D) = \frac{1}{2} \cdot \frac{2}{3} = \frac{1}{3}$ $= P(C \cap D$).

6 Unabhängigkeit voraussetzen: Der Nachweis eines Krankheitserregers in Blutproben eines Patienten soll in zwei voneinander unabhängigen Laboren erfolgen. Labor 1 liegt in 98 % aller Fälle mit der Diagnose richtig, bei Labor 2 sind es sogar 99 % richtige Diagnosen. Die Wahrscheinlichkeit einer Fehldiagnose sowohl durch Labor 1 als auch durch Labor 2 kann dann durch folgenden Rechenweg bestimmt werden. Begründen Sie die Lösungsschritte.

A: „Labor 1 liefert eine richtige Diagnose." mit $P(A) = 0,98$ — Festlegung **geeigneter Ereignisse** anhand des Sachverhaltes

B: „Labor 2 liefert eine richtige Diagnose." mit $P(B) = 0,99$

$P(\bar{A}) = 1 - 0,98 = 0,02$ und $P(\bar{B}) = 1 - 0,99 = 0,01$ — Wahrscheinlichkeit der **Gegenereignisse**

$P(\bar{A} \cap \bar{B}) = P(\bar{A}) \cdot P(\bar{B})$ — Voraussetzung: **Unabhängigkeit**

$P(\bar{A} \cap \bar{B}) = 0,02 \cdot 0,01 = 0,0002$

Das Risiko, dass sowohl Labor 1 als auch Labor 2 eine Fehldiagnose liefert, liegt bei **0,02 %**.

Zufallsgrößen und Wahrscheinlichkeitsverteilung

Basisaufgaben

1 Ergänzen Sie die Sätze zu wahren Aussagen.

a) Eine Zufallsgröße X ordnet jedem Ergebnis eines Zufallsexperiments eine **reelle Zahl x** zu.

b) Die Zuordnung, die jedem Wert x, den eine Zufallsgröße X annehmen kann, die Wahrscheinlichkeit $P(X = x)$ zuordnet, heißt **Wahrscheinlichkeitsverteilung** von X.

c) Ergänzen Sie die fehlenden Werte der Zufallsgröße X: „Summe der Augenzahlen beim Werfen zweier Würfel."

x	2	3	4	5	6	7
$P(X=x)$	$\frac{1}{36}$	$\frac{2}{36}$	$\frac{3}{36}$	$\frac{4}{36}$	$\frac{5}{36}$	$\frac{6}{36}$

x	8	9	10	11	12
$P(X=x)$	$\frac{5}{36}$	$\frac{4}{36}$	$\frac{3}{36}$	$\frac{2}{36}$	$\frac{1}{36}$

d) Stellen Sie die Wahrscheinlichkeitsverteilung in einem Säulendiagramm dar. Nutzen Sie dazu das Koordinatensystem.

e) Die **Summe** der Einzelwahrscheinlichkeiten einer Wahrscheinlichkeitsverteilung beträgt 1.

2 Kreuzen Sie jedes Histogramm an, das die Wahrscheinlichkeitsverteilung einer Zufallsgröße darstellen kann. [ ] [X]

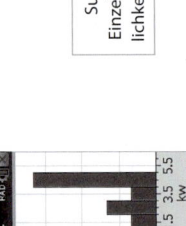
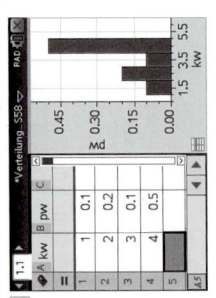

Summe der Einzelwahrscheinlichkeiten gleich 1.

3 Die Tabelle soll alle die Wahrscheinlichkeitsverteilung einer Zufallsgröße X beschreiben.

k	4	5	6	7	8
$P(X=k)$	0,1	0,2	0,2	0,3	0,2

a) Ergänzen Sie den fehlenden Wert für $P(X = 7)$.

b) Ordnen Sie den Ereignissen die passende Gleichung oder Ungleichung sowie die korrekte Wahrscheinlichkeit zu.

A: X ist kleiner als 5.
B: X ist größer als 5.
C: X ist höchstens 5.
D: X ist mindestens 5.

$X > 5$ **B** $X \geq 5$ **D** $X < 5$ **A** $X \leq 5$ **C**

$p_1 = 0,7$ **B** $p_2 = 0,1$ **A** $p_3 = 0,3$ **C** $p_4 = 0,9$ **D**

4 Markieren Sie die Säulen für das angegebene Intervall und ermitteln Sie die zugehörige Intervallwahrscheinlichkeit.

$3 \leq xw < 7$ $P(3 \leq xw < 7) = \mathbf{0,8}$

$2 \leq xw < 6$ $P(2 \leq xw < 6) = \mathbf{0,8}$

$30 \leq xw \leq 41$ $P(30 \leq xw \leq 41) = \mathbf{0,5}$

5

Ein Tetraederwürfel, der mit den Zahlen 1, 2, 3 und 4 beschriftet ist, wird zweimal geworfen.

a) Ergänzen Sie die tabellarische Übersicht der möglichen Ergebnisse.

(1;1)	(1;2)	(1;3)	(1;4)
(2;1)	(2;2)	(2;3)	(2;4)
(3;1)	(3;2)	(3;3)	(3;4)
(4;1)	(4;2)	(4;3)	(4;4)

b) Ordnen Sie den auf diesem Zufallsversuch beruhenden Zufallsgrößen die passende Wahrscheinlichkeitsverteilung zu:

X_1 Summe der Augenzahlen:
A [ ] B [ ] C [X]

X_2 Betrag der Differenz der Augenzahlen:
A [X] B [ ] C [ ]

X_3 Quotient der größeren durch die kleinere Augenzahl:
A [ ] B [X] C [ ]

A:
x	0	1	2	3
$P(X=x)$	$\frac{1}{4}$	$\frac{3}{8}$	$\frac{1}{4}$	$\frac{1}{8}$

B:
x	1	2	3	4	1,5	$\frac{4}{3}$
$P(X=x)$	$\frac{1}{4}$	$\frac{1}{4}$	$\frac{1}{8}$	$\frac{1}{8}$	$\frac{1}{8}$	$\frac{1}{8}$

C:
x	2	3	4	5	6	7	8
$P(X=x)$	$\frac{1}{16}$	$\frac{1}{8}$	$\frac{3}{16}$	$\frac{1}{4}$	$\frac{3}{16}$	$\frac{1}{8}$	$\frac{1}{16}$

c) Geben Sie eine Zufallsgröße bezüglich des zweimaligen Tetraederwurfs an, die zu der Wahrscheinlichkeitsverteilung D passt.

Zufallsgröße: **„Produkt der Augenzahlen"**

D:
x	1	2	3	4	6	8	9	12	16
$P(X=x)$	$\frac{1}{16}$	$\frac{1}{8}$	$\frac{1}{8}$	$\frac{3}{16}$	$\frac{1}{8}$	$\frac{1}{8}$	$\frac{1}{16}$	$\frac{1}{8}$	$\frac{1}{16}$

Weiterführende Aufgaben

6 Für ein Glücksspiel wird eine Urne mit sechs Kugeln benutzt, von denen eine grün (g), zwei blau (b) und drei weiß (w) sind. Ein Spieler entnimmt der Urne eine Kugel ohne Zurücklegen. Ist die Kugel weiß, ist das Spiel beendet, andernfalls nicht. Bei jeder weiteren Entnahme einer Kugel ohne Zurücklegen ist das Spiel beendet, wenn eine weiße oder blaue Kugel gezogen wird, andernfalls nicht.

a) Vervollständigen Sie die Ergebnismenge: $\{(g, b), (g, w \underline{\quad}), (b, g, b), (b, g, g), (b, g, w \underline{\quad}), (b, b \underline{\quad}), (b, w), w\}$

b) Für die am Spielende gezogene Kugel gilt: Ist sie weiß, wird dem Spieler ein Euro ausgezahlt, ist sie blau, werden ihm zwei Euro ausgezahlt. Ergänzen Sie die Wahrscheinlichkeitstabelle für die Zufallsgröße „Auszahlung an den Spieler."

Auszahlung in Euro	1	2
Wahrscheinlichkeit	$\frac{17}{20}$	$\frac{3}{20}$

7 Die Darstellung zeigt das Ergebnis einer Simulation des Werfens eines Tetraederwürfels mit dem GTR.

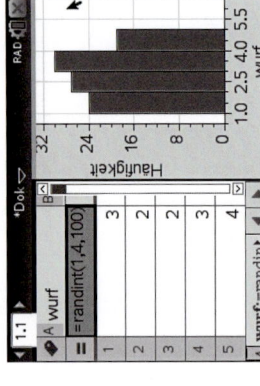

a) Übertragen Sie die Werte aus dieser Darstellung in eine Tabelle der Wahrscheinlichkeitsverteilung.

Ergebnis	1	2	3	4
Wahrscheinlichkeit	0,24	0,27	0,30	0,19

b) Kreuzen Sie alle wahren Aussagen an.

[X] Theoretisch ergibt sich bei einem fairen Tetraederwürfel für jedes Ergebnis die gleiche Wahrscheinlichkeit $p = 0,25$.

[X] Die Abweichungen von dieser Gleichverteilung sind durch den Zufallscharakter der Simulationen zu erklären.

Basisaufgaben

1 Erwartungswert: Berechnen Sie den Erwartungswert E(X) der Zufallsgröße X.

Hilfe: $E(X) = x_1 \cdot P(X=x_1) + x_2 \cdot P(X=x_2) + \cdots + x_n \cdot P(X=x_n)$

a)
x_k	1	2	3	4
$P(X=x_k)$	0,2	0,1	0,4	0,3

$E(X) = 1 \cdot 0{,}2 + 2 \cdot 0{,}1 + 3 \cdot 0{,}4 + 4 \cdot 0{,}3 = 2{,}8$

b)
x_k	-5	-3	0	2	5	6
$P(X=x_k)$	0,05	0,1	0,3	0,15	0,3	0,1

$E(X) = -5 \cdot 0{,}05 - 3 \cdot 0{,}1 + 0 \cdot 0{,}3 + 2 \cdot 0{,}15 + 5 \cdot 0{,}3 + 6 \cdot 0{,}1 = 1{,}85$

c)
x_k	-1,8	-0,5	0	0,5	1,8
$P(X=x_k)$	0,2	0,2	0,2	0,2	0,2

$E(X) = (-1{,}8 - 0{,}5 + 0 + 0{,}5 + 1{,}8) \cdot 0{,}2 = 0$

2 Das Glücksrad ist in zwei Sektoren mit den Zentriwinkeln 120° und 240° unterteilt. Es wird nach folgenden Regeln gespielt:

Der Spieler muss einen Einsatz von fünf Euro zahlen.

Das Glücksrad wird zweimal gedreht. Die Auszahlung an den Spieler hängt davon ab, wohin der Pfeil beide Male zeigt:

– zweimal auf den blauen Sektor: 14 Euro,
– zweimal auf den weißen Sektor: 10 Euro,
– auf verschiedenfarbige Sektoren: 0 Euro.

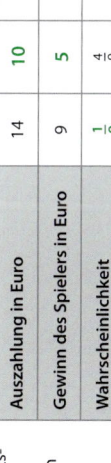

a) Ergänzen Sie die Tabelle der Wahrscheinlichkeitsverteilung für den Gewinn des Spielers.

Auszahlung in Euro	14	10	0
Gewinn des Spielers in Euro	9	5	-5
Wahrscheinlichkeit	$\frac{1}{9}$	$\frac{4}{9}$	$\frac{4}{9}$

b) Berechnen Sie den Erwartungswert E(G) für den Gewinn des Spielers.

$E(G) = 9€ \cdot \frac{1}{9} + 5€ \cdot \frac{4}{9} - 5€ \cdot \frac{4}{9} = 1€$

3 Der Einsatz des Spielers für das in Aufgabe 2 beschriebene Glücksspiel soll so gewählt werden, dass es sich um ein faires Spiel handelt. Ergänzen Sie die Rechnung.

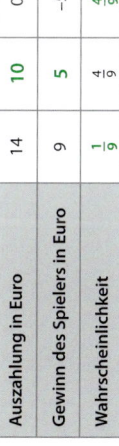

$(14 - x) \cdot \frac{1}{9} + (10 - x) \cdot \frac{4}{9} + (0 - x) \cdot \frac{4}{9} = 0 \Rightarrow \frac{54 - 9x}{9} = 0 \Rightarrow x = 6€$

Faires Spiel: E(X) = 0

4 Varianz und Standardabweichung: Ermitteln Sie den Erwartungswert μ = E(X), die Varianz V(X) und die Standardabweichung σ(X) der Wahrscheinlichkeitsverteilung.

Hilfe: $V(X) = (x_1 - \mu)^2 \cdot P(X=x_1) + (x_2 - \mu)^2 \cdot P(X=x_2) + \cdots + (x_n - \mu)^2 \cdot P(X=x_n)$; $\sigma(X) = \sqrt{V(X)}$

k	-4	-2	0	3	5
P(X=k)	0,2	0,1	0,1	0,4	0,2

$E(X) = (-4) \cdot 0{,}2 + (-2) \cdot 0{,}1 + 0 \cdot 0{,}1 + 3 \cdot 0{,}4 + 5 \cdot 0{,}2 = 1{,}2$

$V(X) = (-4 - 1{,}2)^2 \cdot 0{,}2 + (-2 - 1{,}2)^2 \cdot 0{,}1 + (0 - 1{,}2)^2 \cdot 0{,}1 + (3 - 1{,}2)^2 \cdot 0{,}4 + (5 - 1{,}2)^2 \cdot 0{,}2 = 10{,}76$

$\sigma(X) = \sqrt{10{,}76} \approx 3{,}28$

5 Die angegebene Wahrscheinlichkeitsverteilung hat den Erwartungswert E(X) = 13,5. Die zugehörige Standardabweichung ist σ(X) ≈ 3,91 , b = 0,6

x	5	10	15	20
P(X=x)	0,1	0,2	b	0,1

---

6 Gegeben sind zwei Wahrscheinlichkeitsverteilungen A und B.

A:
k	-2	-1	0	1	2
P(X=k)	0,2	0,2	0,2	0,2	0,2

B:
k	-20	-10	0	10	20
P(X=k)	0,2	0,2	0,2	0,2	0,2

a) Kreuzen Sie an, zunächst ohne nachzurechnen, ob Sie die Aussagen für wahr halten.

[x] Beide Wahrscheinlichkeitsverteilungen haben den Erwartungswert E(X) = 0.
[ ] Der Erwartungswert von B ist größer als der von A.
[ ] Beide Wahrscheinlichkeitsverteilungen haben die gleiche Standardabweichung.
[x] Die Standardabweichung von B ist größer als die von A.

b) Berechnen Sie für beide Wahrscheinlichkeitsverteilungen den Erwartungswert sowie die Standardabweichung und vergleichen Sie die Ergebnisse mit Ihren Vermutungen aus Teilaufgabe a.

A: E(X) = 0 , V(X) = 2 ; σ(X) = √2 ≈ 1,41

B: E(X) = 0 , V(X) = 200 ; σ(X) = √200 ≈ 14,14

Weiterführende Aufgaben

7 Herr Köstlich betreibt einen Imbiss.

Er bereitet pro Tag 350 belegte Brötchen vor. An 5% der Tage behält er 100 Brötchen übrig, an 20% der Tage 50 Brötchen, an 40% der Tage 30 Brötchen und an 10% der Tage 10 Brötchen übrig. An allen anderen Tagen verkauft er alle Brötchen. An einem Brötchen verdient er 0,50€, bei einem nicht verkauften macht er 0,80€ Verlust.

a) Ergänzen Sie die Verteilung der relativen Häufigkeiten für seinen Gewinn pro Tag.

Gewinn in Euro pro Tag	250·0,50 + 100·(-0,80) = 125 - 80 = 45	110	136	162	175
Relative Häufigkeit	0,05	0,20	0,40	0,10	0,25

b) Ergänzen Sie die Berechnung für den durchschnittlichen Gewinn pro Tag.

Er beträgt **138,60** Euro, denn 45·0,05 + 110·0,20 + 136·0,40 + 162·0,10 + 175·0,25 = 138,60

8 Ein Händler kauft bei einem Hersteller Taschen zu einem Preis von 28 Euro ein. Erfahrungsgemäß sind 10% der Taschen mit kleinen Fehlern behaftet.

a) Er verkauft die einwandfreien Taschen zu einem Preis von 38 Euro, die mit kleinen Mängeln behafteten 10% billiger. Ergänzen Sie die Tabelle.

Verkaufspreis in Euro	38	38 - 0,1·38 = 34,20
Gewinn des Händlers in Euro	10	6,20
Wahrscheinlichkeit	0,9	0,1

b) Kreuzen Sie den Betrag an, der dem Gewinn des Händlers in Euro entspricht, wenn er 800 solcher Taschen verkauft.

[ ] 8000 [ ] 30096 [ ] 22400 [x] 7696

Zusatzaufgabe: Der Händler möchte einen durchschnittlichen Gewinn von mindestens 12 Euro pro verkaufte Tasche erzielen. Geben Sie an, welchen Preis in Euro er für eine einwandfreie Tasche mindestens ansetzen muss. 40,41

9 Ein Test enthält fünf Multiple-Choice-Fragen mit je vier Antwortmöglichkeiten. Die jeweils einzige richtige Antwort soll durch Ankreuzen angegeben werden. Wähle jede korrekte Angabe der Wahrscheinlichkeit, durch bloßes Raten alle richtigen Antworten zu erhalten.

[ ] $\frac{1}{4}$ [x] $\left(\frac{1}{4}\right)^5$ [x] $\frac{1}{1024}$ [ ] $5 \cdot \frac{1}{4}$

Test – Grundlagen der Stochastik

1 Eine Urne enthält eine rote Kugel und vier weiße Kugeln. Es werden nacheinander zwei Kugeln zufällig entnommen.

a) Ergänzen Sie die Baumdiagramme durch Eintragen der Pfadwahrscheinlichkeiten.

Mit Zurücklegen

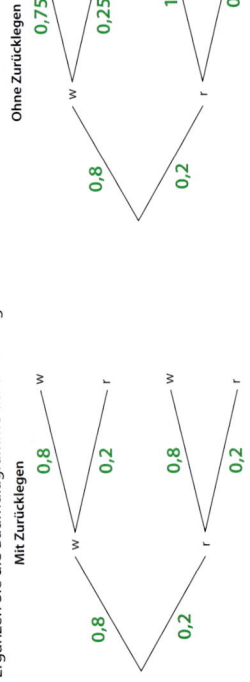

Ohne Zurücklegen

b) Kreuzen Sie die korrekte Wahrscheinlichkeit für das Ereignis an.

A: Beim Ziehen mit Zurücklegen wird zweimal eine weiße Kugel gezogen.
☐ 0,16   ☐ 1   ☐ 0   ☒ 0,64

B: Beim Ziehen ohne Zurücklegen wird zweimal eine rote Kugel gezogen.
☐ 0,04   ☒ 1   ☐ 0   ☐ 0,2

C: Beim Ziehen ohne Zurücklegen wird eine weiße und eine rote Kugel gezogen.
☒ 0,4   ☐ 1   ☐ 0   ☐ 0,2

2 Ein Glücksrad ist in sechs gleich große Sektoren eingeteilt. Ein Sektor ist weiß, zwei sind rot und drei sind gelb gefärbt.

a) Das Glücksrad wird zweimal gedreht. Ordnen Sie die Wahrscheinlichkeiten den Ereignissen A, B, C zu.

A: Es erscheint mindestens einmal ein roter Sektor.   B: Es erscheint zweimal die gleiche Farbe.   C: A∩B

B $\frac{1}{3}\cdot\frac{1}{6}+\frac{1}{6}+\frac{1}{2}\cdot\frac{1}{2}=\frac{14}{36}=\frac{7}{18}\approx 0,39$ **C** $P(\{(rot, rot)\})=\frac{1}{3}\cdot\frac{1}{3}=\frac{1}{9}$ **A** $1-\left(\frac{2}{3}\cdot\frac{2}{3}\right)=\frac{5}{9}\approx 0,56$

3 Ein Tetraederwürfel, dessen Seiten die Zahlen 1, 2, 3 und 4 tragen, wird zweimal geworfen.
Es werden die Ereignisse A, B, C und D betrachtet.
A: „Die erste Zahl ist größer als die zweite Zahl."   B: „Die Summe beider Zahlen ist mindestens 6."
C: „Beide Zahlen sind gleich."   D: „Die zweite Zahl ist eine 3."

a) Ergänzen Sie die Tabelle der Wahrscheinlichkeiten.

P(A)	P(B)	P(C)	P(D)	$P_B(A)$	$P_A(B)$	$P_D(C)$	$P_C(D)$
$\frac{3}{8}$	$\frac{3}{8}$	$\frac{1}{4}$	$\frac{1}{4}$	$\frac{1}{3}$	$\frac{1}{3}$	$\frac{1}{4}$	$\frac{1}{4}$

b) Kreuzen Sie an, welche der Aussagen Sie für wahr halten.
☐ Die Ereignisse A und B sind stochastisch unabhängig.
☒ Die Ereignisse C und D sind stochastisch unabhängig.

4 Etwa 5 % der Menschen leiden an Zöliakie. Sie vertragen kein Gluten in Lebensmitteln. Angenommen, ein Zöliakie-Test erkennt mit 96 %iger Wahrscheinlichkeit diese Krankheit, wenn die getestete Person wirklich an ihr erkrankt ist. Wird eine gesunde Person diesem Test unterzogen, so wird diese Person mit 98%iger Wahrscheinlichkeit auch als gesund erkannt.

a) Vervollständigen Sie die Vierfeldertafel zu diesem Sachverhalt.

	Zöliakie liegt vor	Zöliakie liegt nicht vor	
Test zeigt Zöliakie an	0,048	0,019	0,067
Test zeigt Zöliakie nicht an	0,002	0,931	0,933
	0,05	0,95	1

b) Kreuzen Sie an, welcher Wert der Wahrscheinlichkeit entspricht, wirklich an Zöliakie erkrankt zu sein, wenn der Test positiv ausfiel, also das Vorliegen der Krankheit anzeigte.
☐ 1   ☒ ca. 0,716   ☐ ca. 0,048   ☐ ca. 0,05

---

5 Kreuzen Sie an, welche der Diagramme als Histogramm der Wahrscheinlichkeitsverteilung einer Zufallsgröße in Frage kommen.

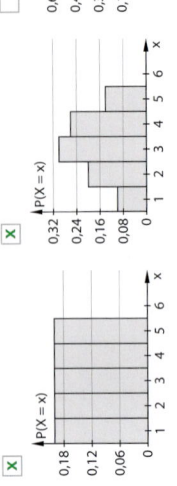

☒   ☒   ☐   ☐

6 Ein Würfel wird zweimal geworfen. Fällt dabei keine Sechs, so erhält der Spieler nichts ausgezahlt. Für genau eine Sechs erhält der Spieler sechs Euro ausgezahlt. Fallen zwei Sechsen, erhält der Spieler zwölf Euro ausgezahlt. Der Spieler muss einen Einsatz von einem Euro zahlen. Die Zufallsgröße X beschreibt den Gewinn des Spielers.

a) Ergänzen Sie die Tabelle der Wahrscheinlichkeitsverteilung von X mit $a=\frac{25}{36}$, $b=\frac{10}{36}$, $c=5$, $d=11$, $e=12$, $f=\frac{21}{36}$

k: Gewinn des Spielers in Euro	−1	c	d
P(X = k): Wahrscheinlichkeit	a	b	$\frac{1}{36}$

b) Kreuzen Sie an, welcher der Werte dem Erwartungswert des Gewinns des Spielers entspricht.
☐ 6€   ☐ 9€   ☒ 1,0

c) Ermitteln Sie, wie hoch der Einsatz des Spielers sein müsste, damit dieses Spiel fair ist.   x = **2** €
$(0-x)\cdot\frac{25}{36}+(6-x)\cdot\frac{10}{36}+(12-x)\cdot\frac{1}{36}=0$ ☐ 2,70€

7 Eine Zufallsgröße X ist durch die Wahrscheinlichkeitsverteilung in der Tabelle gegeben. Ermitteln Sie

x	0	2	3	4	8
P(X = x)	0,15	0,20	0,25	0,3	0,1

a) den Erwartungswert   E(X) = **3,15**
b) die Standardabweichung   σ(X) ≈ **2,08**

8 Von den Teilnehmern an der theoretischen Fahrschulprüfung bestanden 70 % sofort diese Prüfung. Alle Teilnehmer, die diese erste Prüfung nicht bestanden hatten, nahmen an der Nachprüfung teil. Diese wurde von 40 % der Teilnehmer bestanden. Bei den folgenden Aufgaben sollen diese relativen Häufigkeiten als Wahrscheinlichkeiten aufgefasst werden.

a) Vervollständigen Sie das Baumdiagramm für die Ereignisse
B: sofort bestanden, N: Nachprüfung bestanden

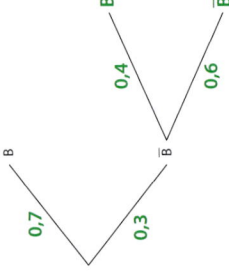

b) Ermitteln Sie, mit welcher Wahrscheinlichkeit ein Teilnehmer die theoretische Fahrschulprüfung spätestens nach der ersten Wiederholungsprüfung bestand.
$0,7+0,3\cdot 0,4=0,82$

c) Berechnen Sie die Wahrscheinlichkeit, dass – bei dieser Bestehensquote – von fünf Teilnehmern mindestens einer sowohl durch die erste als auch durch die zweite Prüfung fällt.
$1-0,82^5\approx 0,63$

d) Bei der theoretischen Fahrschulprüfung gibt es auch Fragen, bei denen man die richtige Antwort unter vier angegebenen Antwortmöglichkeiten pro Frage ankreuzen muss. Angenommen, ein Prüfling, der keine Ahnung hat, kreuzt bei zehn solcher Fragen jedes Mal zufällig durch bloßes Raten ein Antwortfeld an. Ermitteln Sie die Wahrscheinlichkeit, dass er bei dieser Methode alle zehn Fragen richtig beantwortet.
$\left(\frac{1}{4}\right)^{10}\approx 9{,}54\cdot 10^{-7}$, **also fast null**

9 Vervollständigen Sie für die Wahrscheinlichkeitsverteilung mit
E(X) = 13,5:

x	5	10	15	20
P(X = x)	0,3	a	b	0,4

a = **0,1**   , b = **0,2**   , σ(X) ≈ **6,34**

Basisaufgaben

1 Berechnen Sie n!

Hilfe: $1 = 1 \cdot 0!$ und $n \cdot ... = 1 \cdot 2 \cdot 3 \cdot ... = n!$; $n! = n \cdot (n-1)!$

a) $3! = 1 \cdot 2 \cdot 3 = 6$

b) $\frac{5!}{3!} = \frac{5 \cdot 4 \cdot 3 \cdot 2 \cdot 1}{3 \cdot 2 \cdot 1} = 20$

c) $\frac{20!}{19!} = \frac{20 \cdot 19!}{1 \cdot 19!} = 20$

2 Kreuzen Sie alle richtigen Lösungen für die Berechnung der Binomialkoeffizienten an.

Hilfe: $\binom{n}{k} = \frac{n!}{k! \cdot (n-k)!}$ Binomialkoeffizient "n über k"

$\binom{3}{1}$: [ ] 1 [x] $\frac{3!}{2!}$ [x] 3 [x] $\binom{3}{2}$

$\binom{10}{0}$: [x] 10 [ ] 0 [x] 1 [x] $\binom{10}{10}$

$\binom{7}{3}$: [ ] $\frac{7}{3}$ [x] $\frac{7 \cdot 6 \cdot 5}{1 \cdot 2 \cdot 3}$ [x] $\binom{7}{4}$ [x] 35

$\binom{8}{6}$: [x] $\frac{8 \cdot 7 \cdot 6 \cdot 5 \cdot 4 \cdot 3}{6 \cdot 5 \cdot 4 \cdot 3 \cdot 2 \cdot 1}$ [x] $\frac{8 \cdot 7}{1 \cdot 2}$ [x] 28 [x] $\binom{8}{2}$

$\binom{n}{k} = \binom{n}{n-k}$

3 Ergänzen Sie die Sätze durch Ankreuzen so, dass wahre Aussagen entstehen.

a) Es gibt $\binom{n}{k}$ Möglichkeiten, aus einer Urne mit n [ ] gleichartigen / [x] verschiedenen Kugeln k Kugeln [x] ohne / [ ] mit Zurücklegen zu entnehmen, wenn die Reihenfolge [ ] tatsächlich / [x] nicht berücksichtigt wird.

b) Die Zahl $\binom{50}{12}$ gibt die Anzahl der [x] Möglichkeiten / [ ] möglichen Reihenfolgen an, aus einer Menge mit [x] 50 / [ ] 12 Elementen [x] 12 / [ ] 50 Elemente [ ] nacheinander / [x] „mit einem Griff" zu entnehmen.

c) Die Zahl 5! gibt die Anzahl der [ ] Möglichkeiten / [x] möglichen Reihenfolgen an, fünf [ ] gleichartige / [x] verschiedene Gegenstände in einer Reihe anzuordnen.

4 Berechnen Sie die Anzahl der Auswahlmöglichkeiten.

a) Aus einem Kader von sechs gleich-starken Biathleten werden 4 für die Staffel ausgewählt.

$\binom{6}{4} = \binom{6}{2} = \frac{6 \cdot 5}{1 \cdot 2} = 15$

b) Aus 24 Schülern werden durch ein Losverfahren zwei Sprecher ausgewählt.

$\binom{24}{2} = \frac{24 \cdot 23}{1 \cdot 2} = 276$

c) Auf einem Schein mit 3×6 Feldern werden 15 verschiedene Felder zufällig angekreuzt.

$\binom{18}{15} = \binom{18}{3} = \frac{18 \cdot 17 \cdot 16}{1 \cdot 2 \cdot 3} = 3 \cdot 17 \cdot 16 = 816$

5 In einer Schale liegen vier verschiedenfarbige Kugeln.

Berechnen Sie die Wahrscheinlichkeit, dass bei einer Ziehung eine bestimmte Farbe nicht gezogen wird.

$p = \frac{3}{4}$

Zusatzaufgabe: Es wird viermal nacheinander eine Kugel gezogen und ihre Farbe festgestellt. Beurteilen Sie die Aufgabenstellung und folgende Erklärungen:

„Es gibt $4 + 3 + 2 + 1 = 10$ mögliche Ergebnisse, denn bei der 1. Ziehung gibt es vier, der 2. Ziehung noch drei, bei der 3. Ziehung noch zwei und bei der 4. Ziehung noch eine Auswahlmöglichkeit."

Die Aufgabenstellung ist unvollständig, denn es wird nicht gesagt, ob die Kugeln mit oder ohne Zurücklegen gezogen werden. Die Auswahlmöglichkeiten bei jeder Ziehung werden nicht addiert, sondern multipliziert. Für das Ziehen ohne Zurücklegen ergeben sich $4 \cdot 3 \cdot 2 \cdot 1 = 4! = 24$ mögliche Ergebnisse. Für das Ziehen mit Zurücklegen gibt es $4 \cdot 4 \cdot 4 \cdot 4 = 256$ mögliche Ergebnisse.

6 Binomialverteilung: Ordnen Sie jeder Karte den richtigen Lösungsterm zu.

A: $5 \cdot 4 \cdot 3$ B: $5 \cdot 5 \cdot 5$ C: $\binom{5}{3}$

1: Gesucht ist die Anzahl aller dreistelligen natürlichen Zahlen, deren Ziffern ungerade sind. **B**

2: Gesucht ist die Anzahl aller möglichen Platzierungen (Gold, Silber, Bronze), wenn fünf gleichstarke Athleten um die drei Medaillen kämpfen. **A**

3: Gesucht ist die Anzahl der Möglichkeiten, die drei Personen haben, um auf fünf leeren Stühlen Platz zu nehmen. **C**

7 Kreuzen Sie an, mit welchem Befehl des Grafikrechners Binomialkoeffizienten $\binom{n}{k}$ berechnet werden.

[x] 5. Wahrscheinlichkeit [ ] 1. Fakultät!
[ ] 6. Statistik [ ] 2. Permutationen
[ ] 7. Matrix und Vektor [x] 3. Kombinationen

8 Berechnen Sie mit einem digitalen Mathematikwerkzeug und geben Sie, falls das sinnvoll und möglich ist, einen Näherungswert an.

$\binom{100}{5} \approx 7{,}53 \cdot 10^7$ $\binom{1000}{500} \approx 2{,}7 \cdot 10^{299}$ $\binom{10000}{5000}$ **nicht möglich**

9 Eine Kantine bietet drei Vorspeisen, fünf Hauptgerichte und vier Desserts an. Berechnen Sie die Anzahl der Menüzusammenstellungen, wenn jeweils genau eine Vorspeise, ein Hauptgericht und ein Dessert zu einem Menü gehören.

$\binom{3}{1} \cdot \binom{5}{1} \cdot \binom{4}{1} = 60$

10 Die schöne Helena hat beim Ankleiden die Wahl zwischen drei Hosen, fünf T-Shirts und vier Paar Schuhen. Kreuzen Sie an, wie viele Möglichkeiten der Auswahl sie hat, wenn ihr jede Zusammenstellung recht ist.

[x] $3 \cdot 4 \cdot 5$ [ ] $\binom{3}{1} + \binom{5}{1} + \binom{4}{1}$ [ ] $3! + 5! + 4!$ [x] 60

Weiterführende Aufgaben

11 Aus den Farben Rot, Blau, Weiß und Gelb werden drei verschiedene Farben ausgewählt, um Flaggen mit drei verschiedenfarbigen horizontalen Streifen herzustellen. Dabei soll die Reihenfolge der Farben eine Rolle spielen.

Wie viele verschiedene derartige Flaggen lassen sich herstellen?

$\binom{4}{3} \cdot 3! = 4 \cdot 6 = 24$

12 Aus einer Menge von acht Amerikanern, sieben Deutschen und fünf Briten sollen vier Personen zufällig ausgewählt werden. Gesucht ist die Wahrscheinlichkeit, dass unter den ausgewählten vier Personen nur Amerikaner sind.

Kreuzen Sie die richtigen Lösungen an.

[ ] $\frac{\binom{8}{4}}{\binom{8}{4}}$ [x] $\frac{\binom{8}{4}}{\binom{20}{4}}$ [ ] $\frac{1}{\binom{20}{4}}$ [x] $\frac{14}{969}$

[ ] $\frac{8}{20}$ [ ] $\frac{81}{20!}$ [x] $\frac{70}{4845}$ [x] $\frac{8 \cdot 7 \cdot 6 \cdot 5}{20 \cdot 19 \cdot 18 \cdot 17}$

13 Eine kleine Firma mit 12 Angestellten, von denen fünf Frauen sind, will eine Arbeitsgruppe aus fünf Personen bilden. In der Arbeitsgruppe soll mindestens eine Frau sein. Berechnen Sie die Anzahl der Möglichkeiten, eine solche Arbeitsgruppe zu bilden.

$\binom{5}{1} \cdot \binom{7}{4} + \binom{5}{2} \cdot \binom{7}{3} + \binom{5}{3} \cdot \binom{7}{2} + \binom{5}{4} \cdot \binom{7}{1} + \binom{5}{5} \cdot \binom{7}{0}$

$= 175 + 350 + 210 + 35 + 1 = 771$

Bernoulli-Ketten und Binomialverteilung

Basisaufgaben

1 Bernoulli-Experiment: Kreuzen Sie an, ob ein Bernoulli-Experiment vorliegt. Wenn dies der Fall ist, so geben Sie, wenn möglich, die Trefferwahrscheinlichkeit an.

Hilfe: Ein Bernoulli-Experiment ist ein Zufallsexperiment, bei dem nur die Ausgänge „Treffer" und „kein Treffer" unterschieden werden.

Zufallsexperiment	Bernoulli-Experiment	Trefferwahrscheinlichkeit
Ein Spielwürfel wird geworfen und festgestellt, ob eine gerade Zahl geworfen wurde.	x	0,5
Zwei Spielwürfel werden gleichzeitig geworfen. Das Produkt der Augenzahlen wird ermittelt.		
Ein Steckbaustein wird geworfen und festgestellt, ob die Seite mit den Noppen oben liegt.	x	Nicht Laplace
Ein zufällig ausgewählter Bürger wird gefragt, ob er bei der nächsten Wahl die Partei ABC wählt oder nicht wählt.	x	Nicht Laplace

2 Ergänzen Sie die Texte, sodass wahre Aussagen entstehen.

a) Wird ein Bernoulli-Experiment [x] n-mal / [ ] k-mal mit [ ] abnehmender / [x] konstanter Trefferwahrscheinlichkeit wiederholt, so spricht man von einer Bernoulli-Kette der Länge n.

b) In einer Urne liegen 12 weiße und 6 schwarze Kugeln. Das Ziehen einer Kugel und das Feststellen ihrer Farbe kann nur dann als Bernoulli-Experiment aufgefasst werden, wenn es sich um Ziehen [x] mit / [ ] ohne Zurücklegen handelt.

3 Bernoulli-Kette: Kreuzen Sie an, ob eine Bernoulli-Kette vorliegt. Wenn dies der Fall ist, so geben Sie die Länge n der Bernoulli-Kette und die Trefferwahrscheinlichkeit p an.

Zufallsexperiment	Bernoulli-Experiment	n	p
Eine Münze wird zwölfmal geworfen und festgestellt, ob „Wappen" oben liegt.	x	12	$\frac{1}{2}$
Für Blumenzwiebeln wird eine Keimgarantie von 95 % gegeben. Es wird für 50 dieser Blumenzwiebeln unter gleichen Bedingungen untersucht, ob sie keimen.	x	50	0,95
Für jeden Tag eines Monats wird die Anzahl der Sonnenstunden ermittelt.			

4 Angenommen, ein Basketballer hat eine konstante Trefferquote von 90 % bei jedem Freiwurf auf den Korb. Er wirft dreimal auf den Korb. Erläutern Sie die Bedeutung des Terms $\binom{3}{2} \cdot 0,9^2 \cdot 0,1^1$ in diesem Sachzusammenhang, indem Sie im Baumdiagramm die entsprechenden Pfade beschriften und farbig markieren für die Ereignisse:

T: Treffer, N: kein Treffer.

p = 0,9, 1 – p = 0,1
Wahrscheinlichkeit für genau 2 Treffer bei
3 Würfen: 3 · 0,9² · 0,1

---

5 Kreuzen Sie an, bei welchem Ereignis die zugehörige Wahrscheinlichkeit durch $\binom{3}{2} \cdot 0,5^3$ berechnet werden kann.
Zusatzaufgabe: Geben Sie dort, wo Sie nicht ankreuzen, einen korrekten Term für die Wahrscheinlichkeit an.

Zweimal „Wappen" beim dreifachen Münzwurf mit einer fairen Münze.	x
Aus einer Urne mit fünf weißen und fünf roten Kugeln werden nacheinander mit Zurücklegen drei Kugeln zufällig gezogen. Unter den gezogenen drei Kugeln sind zwei rote Kugeln.	x
Zwei Sechsen beim Werfen dreier Spielwürfel.	$\binom{3}{2} \cdot \frac{1}{6}^2 \cdot \frac{5}{6}^1$

6 Für eine binomialverteilte Zufallsgröße gilt n = 100 und p = 0,4. Ordnen Sie den Karten die zugehörigen Wahrscheinlichkeiten zu.

A: 0,027099   B: 1   C: 0,778 229

1: Es werden weniger als 70 Treffer erzielt. **B**	2: Es werden mindestens 50 Treffer erzielt. **A**	3: Es werden mindestens 36 und höchstens 48 Treffer erzielt. **C**

7 Der Term $\binom{12}{4} \cdot 0,3^4 \cdot 0,7^8 + \binom{12}{5} \cdot 0,3^5 \cdot 0,7^7$ berechnet die Wahrscheinlichkeit für ein Ereignis einer binomialverteilten Zufallsgröße X. Ergänzen Sie den Text durch Ankreuzen.

Der Term beschreibt die Wahrscheinlichkeit für [x] 4 oder 5 / [ ] 12 Treffer einer binomialverteilten Zufallsgröße mit der Anzahl von n = [x] 12 / [ ] 4 oder 5 Versuchsdurchführungen bei einer Trefferwahrscheinlichkeit von p = [x] 0,3 [ ] 0,7.

Weiterführende Aufgaben

8 Ein neu produziertes Hemd hat mit einer Wahrscheinlichkeit von 5 % kleine Mängel. Solche Hemden werden als 2. Wahl verkauft, alle anderen als 1. Wahl. Die Hemden werden zufällig in Kartons zu je 20 Stück verpackt.
Wählen Sie den richtigen Wert der folgenden Wahrscheinlichkeiten.

a) In einem Karton gibt es genau zwei Hemden 2. Wahl.   p = [x] 0,189 [ ] 0,9

b) In einem Karton sind mindestens 16 Hemden 1. Wahl.   p = [ ] 0,799 [x] 0,997

c) Unter 100 Kartons gibt es mindestens 99 mit jeweils mindestens 18 Hemden 1. Wahl.   p = [ ] 0,370 [x] 0,0036

9 In einer medizinischen Zeitschrift ist zu lesen: „Im Durchschnitt erkrankt jeder 23. Krankenhauspatient an einer Infektion, etwa 15 % davon an multiresistenten Erregern (MRE). Diese Keime sind besonders gefährlich, denn Antibiotika können ihnen nichts anhaben."

a) Erläutern Sie, unter welchen Annahmen die Anzahl der Erkrankungen von Patienten mit MRE als binomialverteilte Zufallsgröße aufgefasst werden kann.

Man muss annehmen, dass die Erkrankungen unabhängig voneinander mit gleicher
Wahrscheinlichkeit auftreten.

b) Wählen Sie die Berechnung der Wahrscheinlichkeit, dass von 650 Patienten eines Krankenhauses sich mehr als fünf mit MRE infizieren, wenn man als mathematisches Modell für die Anzahl der Erkrankungen eine Binomialverteilung annimmt.

[x] binomcdf(650, $\frac{1}{23}$ · 0.15,6,650) ≈ 0,253   [ ] binomcdf(650, $\frac{1}{23}$ · 0.15,5) ≈ 0,747

10 In jeder 7. Packung einer Schokoladenmarke ist laut Werbung des Herstellers ein kleines Geschenk enthalten. Wie viele dieser Packungen muss man mindestens kaufen, um mit mindestens 90%iger Wahrscheinlichkeit mindestens 10 dieser Geschenke zu erhalten?

[ ] 37   [ ] 73   [ ] 79   [x] 97   [ ] 137

n ≥ 97 ⇒ B durch systematisches Probieren: binomcdf(n, 1/7,10,n)n = 97, 0,901622

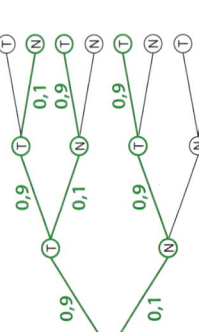
$$P(X = k) = \binom{n}{k} \cdot p^k \cdot (1 - p)^{n-k}$$

b) (Hinweis: Koordinatensystem für **–1** ≤ x ≤ **6** wegen der **Aufgabenstellung**   und

 –1 ≤ y ≤ **7** wegen des Extrempunktes **H(4|6,4)** , bei Bedarf Wertetabelle erstellen)

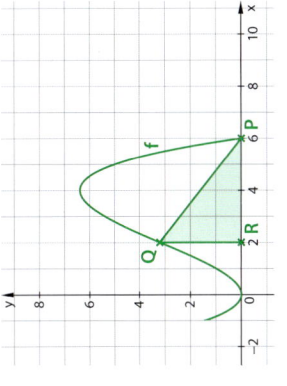

x	0	1	2	3	4	5	6
y	0	1	3,2	5,4	6,4	5	0
(Punkt)	T		W		H		P

c) Für den Flächeninhalt A eines Dreiecks mit der Grundseite g und der Höhe h gilt: $A = \frac{1}{2} \cdot g \cdot h$.

Das Dreieck PQR hat bei **R** einen **rechten**   Winkel, die Seite R$\overline{P}$ hat die Länge **6 – u** ,

$\overline{QR}$ **ist eine Höhe**   mit der Länge **f(u)** . Daher gilt:

$A(u) = \frac{1}{2} \cdot (6-u) \cdot f(u) = \frac{1}{2} \cdot (6-u) \cdot 0,2 \cdot u^2 \cdot (6-u) = 0,1 \cdot u^2 \cdot (6-u)^2$

$A(u) = 0,1 \cdot u^4 - 1,2 \cdot u^3 + 3,6 \cdot u^2$

d) $A(u) = 0,1 \cdot u^4 - 1,2 \cdot u^3 + 3,6 \cdot u^2$

$A'(u) = $ **$0,4 \cdot u^3 - 3,6 \cdot u^2 + 7,2 \cdot u$** $A''(u) = $ **$1,2 \cdot u^2 - 7,2 \cdot u + 7,2$**

Maximum:

$A'(u) = 0$ und $A''(u)$ **< 0** $A'(u) = 0$ ergibt **$0,4 \cdot u^3 - 3,6 \cdot u^2 + 7,2 \cdot u = 0$**   ⇒ $0,4u \cdot ($ **$u^2 - 9 \cdot u + 18$** $) = 0$

Nach dem Satz **vom Nullprodukt**   gilt: **$0,4u = 0$ oder $u^2 - 9 \cdot u + 18 = 0$.**

Der erste Faktor **0,4u**   ist null für **u = 0** .

Der zweite Faktor (**$u^2 - 9 \cdot u + 18$**) ist null für u = **3**   oder u = **6**

(Nach der **p-q-Formel**   oder **2.** binomischen Formel).

Da u = **0**   und u = **6**   nicht im Intervall 0 < u < 6 liegen, kommt nur u = **3**   für ein lokales Extremum in Frage.

$A''($ **3** $) = $ **$1,2 \cdot 3^2 - 7,2 \cdot 3 + 7,2$** $= -3,6 < 0$

An der Stelle u = **3**   liegt also ein lokales Maximum für den Flächeninhalt des Dreiecks vor.

Der maximale Flächeninhalt in FE beträgt $A($ **3** $) = $ **$0,1 \cdot 3^4 - 1,2 \cdot 3^3 + 3,6 \cdot 3^2 = 0,1 \cdot 81 = 8,1$.**

e) Wenn die Funktion f **die Geschwindigkeit des Höhenwachstums (in mm/Tag)**   angibt,

dann kann man den Höhenzuwachs von Tag **0**   bis Tag **6**   berechnen mit $\int_0^6 f(x)dx$.

$\int_0^6 \left(0,2 \cdot x^2 \cdot (6-x) \right)dx = \int_0^6 \left(1,2 \cdot x^2 - 0,2 \cdot x^3 \right)dx = [0,4 \cdot x^3 - 0,05 \cdot x^4]_0^6$

$= 0,4 \cdot 216 - 0,05 \cdot 1296 - 0 = 21,6$ (in **mm**) Gesamthöhe: **5**   cm + **2,16** cm = **7,16** cm